高等学校化学实验精品教材系列丛书

有机化学实验教程

Organic Chemistry Experiments

熊 非 编著

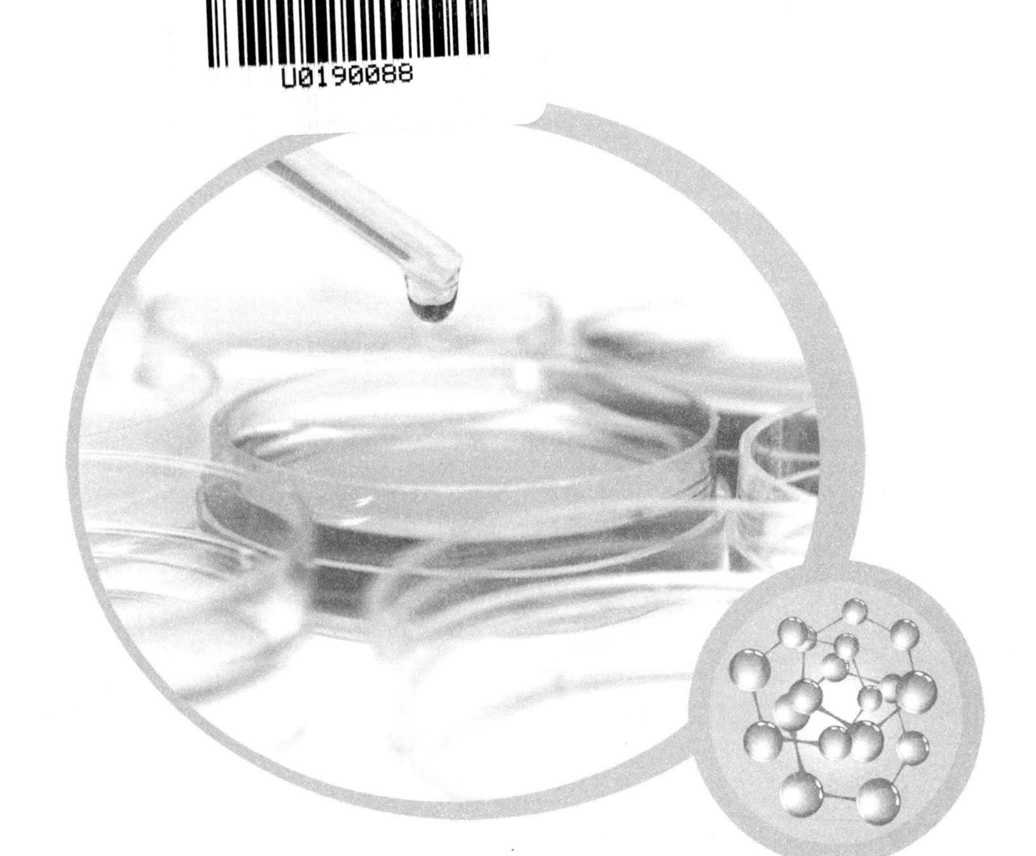

中国科学技术大学出版社

内 容 简 介

本书是上海理工大学高水平大学课程建设的成果。本书根据应用化学、材料化学、环境工程、制药工程、生物医学工程等专业的有机化学实验教学大纲要求编写，是一本较为系统的有机化学实验教学用书。编著者参考了国内外有关实验教材和参考书，以“基础—综合—设计”为主线，选编了几十个实验规程可靠、实用性强、体现绿色化学理念、涉及的操作技术全面、便于训练学生基本操作技能、有利于提高动手能力的典型实验。全书内容丰富、条理清晰，体现了由浅入深、循序渐进的思路，实验类型分配合理，各个实验项目应涵盖的要素完整，实验项目内容难度适中，并包含综合性、设计性实验。全书采用最新国家标准规定的术语、符号和法定计量单位，每个实验都配套编写“预习报告”模块，内容详尽、格式合理，方便学生课前预习、记录和填写，有利于提高学生正确、规范撰写实验报告的能力。

本书可作为综合性大学、师范院校、理工科院校的应用化学、化工、材料、制药、食品、生物和环境等专业本科生的实验教材，各学校可根据实际教学需要从中选择合适的实验进行教学。本书也可供从事有机化学和相关专业的研究人员参考。

图书在版编目(CIP)数据

有机化学实验教程/熊非编著. —合肥：中国科学技术大学出版社，2019.9
ISBN 978-7-312-04771-8

Ⅰ.有… Ⅱ.熊… Ⅲ.有机化学—化学实验—高等学校—教材 Ⅳ.O62-33

中国版本图书馆 CIP 数据核字(2019)第 194151 号

出版 中国科学技术大学出版社
安徽省合肥市金寨路 96 号，230026
http://press.ustc.edu.cn
https://zgkxjsdxcbs.tmall.com
印刷 安徽省瑞隆印务有限公司
发行 中国科学技术大学出版社
经销 全国新华书店
开本 787 mm×1092 mm 1/16
印张 12.5
字数 320 千
版次 2019 年 9 月第 1 版
印次 2019 年 9 月第 1 次印刷
定价 35.00 元

前　言

我们的目的是通过改变传统有机化学实验教材内容繁、难、偏、旧和过于注重理论知识的现状，加强课程内容与学生职业需求及现代市场经济发展的联系，编写出针对性强、可操作性强、综合性强，并能适应不同专业学生发展需求，体现课程结构的均衡性、综合性和选择性，注重专业与职业必备的基础知识和操作技能的实验教材。

本教材的主要特色和创新点如下：

(1) 减少传统实验教材中独立的实验操作原理的内容介绍，将实验内容部分的版式更新为"正文"和"边栏"两部分，结合具体实验操作内容，在"边栏"以补充说明或附注的形式简要介绍所涉及的实验操作基本原理，可同时起到启发学习、引导思考的作用。

(2) 在具体的单元实验内容的整体框架编排方面，与按照课时安排的教材不同，本教材将实验分段完成，并为每一个单元实验设计了实验预习报告和课前思考题，有助于提高学生的预习效果。

(3) 为适应时代发展规律，符合绿色环保理念，体现关心师生健康、以人为本的精神，本教材注重实验内容的微型化和实验室的环境保护，从传统的常量实验到微型、半微型实验的设计转化，体现了实验技术、教学思维和观念的创新。

(4) 本教材着眼于学生实验创新能力和综合科研能力的培养，从传统的设计经典实验教学向以科研促进实验教学内容的编撰转变，注重将体现先进科学理念和实验技术的最新科研成果作为实验教学案例，在传播最新科研进展的同时，激发学生的求知欲和科研兴趣。

(5) 本教材重新编写了文献查阅的最新方法，让学生对当前主流文献检索方法和手段有一定的了解和掌握，有利于帮助学生建立更为顺畅的学习模式，同时也有助于研究型开放性实验的授课。

(6) 由于有机化学与人类生活和工农业生产的关系十分密切，本教材在内容取材方面注重实验教学与现实生活、工业生产与环境效益的联系，注意引导学生思考和关注化学工作者应负有什么样的社会责任，能解决什么样的社会问题，能扮演什么样的社会角色，能发挥什么样的社会影响，以及能创造什么样的社会和经济价值。

本书由上海理工大学化学系熊非编著，各类仪器图和插图由习长城、洪丹凤、刘文广和王文强拍摄或绘制。书中“磺胺类抗菌素的合成”和“(4*S*,5*R*)-半酯的不对称合成”两个实验项目先后获得了上海高校化学实验教学指导委员会授予的第二届上海高校化学新实验展示会项目二等奖和上海高校化学实验教学研讨会优秀论文奖等；原创设计的“(±)-苯乙醇酸(扁桃酸)的合成和化学拆分”实验项目入选四川大学主编、化学工业出版社出版的“十一五”国家级规划教材《制药工程专业实验》(第3版)，在此一并表示感谢。另外，感谢上海理工大学化学系应用化学教研室的同仁们对本书的编写和正式出版前的内部试用提供的建议与帮助。

由于编者水平有限，书中难免存在疏漏或不妥之处，希望选用本教材的教师和同学提出宝贵的意见。

熊　非

2019年3月31日

目　　录

第1章 有机化学实验的基本知识

1.1 实验室守则

有机化学实验是大学化学实验课程体系的重要组成部分，同时也是化学类专业学生必修的重要基础实验课程之一。教学的目的不仅是验证基础有机化学的理论知识，更重要的是训练学生们的实验动手操作能力，使他们熟悉有机化合物的基本合成方法、分离提纯、结构与性质鉴定的手段和方法，使他们的专业知识、实验技能和创新能力得到同步提高。为了确保实验正常有序地进行和培养良好的实验习惯，实验指导教师和学生必须遵守以下实验室基本守则。

1.1.1 实验室安全守则

(1) 实验室应制定安全制度、特殊设备安全操作规程，落实防火、防爆、防盗、防事故等方面的安全措施，定期进行安全检查。

(2) 实验人员必须保持高度的安全意识和责任感，熟悉实验室及周边环境，如安全门、灭火器、水电开关和室内外水源的具体位置和使用方法。

(3) 易燃易爆、具有放射性以及有毒有害的物品，要严格按照相关规定领用、存放和保管，使用时应注意安全操作。

(4) 凡有危害性的实验，任课教师必须首先讲清楚操作规程和安全操作注意事项，之后必须有两人以上进行实验，不得随意让非实验人员操作。

(5) 凡需持证上岗的岗位，严禁无证人员上岗操作。

(6) 实验进行时，不得随意离开岗位，要密切注意实验的进展情况。

(7) 实验室产生的废弃物应分类收集存放，严禁随意丢弃或倒入下水道。

(8) 未经指导教师许可，不能擅自搬动或使用实验室内非本实验所需的其他仪器或设备。

(9) 实验结束后，应整理好实验设备和实验台；离开实验室前，应检查水、电、门窗、气等是否关闭。

(10) 出现意外事故时应保持镇静，并采取有效的自救措施及时逃生报警，如有可能，采取力所能及的控制措施。

1.1.2 学生实验守则

(1) 学生进入有机化学实验室后，应立即穿上长袖白大褂，佩戴防护眼镜，女同学的长发须扎在背后，必须严格遵守实验室的各项规章制度，听从指导，服从管理。

(2) 实验前必须接受安全教育，增强安全意识，掌握安全知识。实验时必须注意安全，防止人身和设备事故的发生。

(3) 实验室内必须保持安静和整洁，不准高声喧哗、打闹；不准抽烟、随地吐痰、乱丢纸屑杂物；不准做与实验无关的事；不准穿背心、裤衩、拖鞋（除规定须换专门拖鞋外）或赤脚进入实验室。

(4) 爱护公共财物，节约水电和试剂耗材，未经允许不得动用其他组的仪器、工具材料及与本实验无关的仪器或设备。

(5) 使用仪器设备时，应严格遵守操作规程，若发现异常现象，应立即停止使用，并及时向实验指导教师报告。如违反操作规程或不听从指导而造成仪器设备损坏等事故的，按相关规定进行处理。

(6) 增强安全环保意识，按有关规定领用、存放和处理生化试剂，放射性、剧毒物品，病菌，活体动物等实验用品。

(7) 实验完毕后，应清理实验场地，并将仪器、工具等放还原位，最后经指导教师签字同意后，方可离开实验室。

1.2　有机化学实验的要求

1.2.1　课前简介

安全实验是化学实验的基本要求，实验前必须了解和掌握实验室安全与急救常识；熟悉实验室水电阀门、消防器械以及紧急淋浴器械的位置和使用方法；熟悉实验室安全出口和紧急情况下的逃生路线。原则上要求每一位学生必须通过“安全准入考试”方可进入后续实验课程学习阶段。

1.2.2　实验预习

进入具体的有机化学实验操作前必须预习相关实验内容，明确实验的目的、原理、步骤和方法，理清实验的流程和思路，充分了解实验中需要使用的药品的性质和有可能引起的危害和注意事项，写出预习报告。预习报告的内容包括：实验名称、实验地点、实验时间、实验目的与要求、实验原理、主要试剂及产物的物理常数、实验步骤及现象等。本教材中的后续章节已设计与具体实验内容相对应的独立预习报告模块和课前思考题，学生可填空式地写入具体内容即可完成预习报告。学生在完成预习报告的过程中应将教材中的文字步骤改写成简单明了的实验步骤（不能照抄实验内容），步骤中的文字可用符号或图形简化，例如化学名改为结构式，克→g，毫升→mL，加→＋，加热→△，结构简单的小型玻璃仪器以示意图代替；指导教师可通过批阅思考题来考察学生的课前预习效果。学生在实验进行过程中原则上要求以自己的预习报告，就能完成具体的实验操作流程。若指导教师发现学生未完成预习报告，应责令该学生暂停实验，补写并达到预习基本要求后方可继续做实验。

1.2.3 实验操作

课前指导教师应对实验内容和操作注意事项进行系统讲解，并现场演示相关实验装置的搭建和拆卸，在条件允许的情况下结合多媒体教学，让学生对实验内容有更立体、更直观的了解和掌握。

在“基本实验操作技能训练”教学阶段，原则上要求学生在指导教师的指导下独立进行实验，应按照教师的讲解，教材中提示的步骤、方法、手段、试剂用量和反应条件来进行。在后期的“多步骤连续合成实验”和“综合设计性实验”教学阶段，学生在前期已掌握了一定的实验操作技能并能独立完成实验，若能提出新的实验设计方案，可与指导教师进行讨论，在得到教师认可后，方可进行实验方案的更改。

我国著名化学家卢嘉锡院士曾说过：“一个优秀化学工作者的‘元素组成’应当是‘C_3H_3’，即 Clear Head(清醒的头脑)，Clever Hands(灵巧的双手)和 Clean Habits(清洁的习惯)。”学生在实验过程中，应做到：认真操作、仔细观察、勤于思考、及时和如实地记录原始数据和实验现象。通过实验技能的训练，提高解决实际问题的能力。实验过程中产生的废弃物应分类收集，时刻保持桌面、地面和水槽清洁有序，养成良好的实验习惯。

1.2.4 实验报告

撰写实验报告是对已完成的实验内容进行从感性认识到理性认识的思考与总结过程，对后续毕业论文和科研论文的写作也是一种良好的基本技能训练。正式的实验报告应在预习报告的基础上增加部分内容，一般包括以下内容：实验名称、实验地点、实验时间、实验目的与要求、实验原理、主要试剂及产物的物理常数、实验步骤及现象、数据处理、实验流程图、实验结果与讨论、参考文献等。

“实验步骤”中应体现实验过程中实际操作的步骤和试剂用量，而不能照着教材或预习报告抄，同时各类试剂的具体用量记录应体现出称量有效数字。

“实验结果”中包括产率的计算，百分产率=(实际产量/理论产量)×100%，理论产量是根据反应方程式来计算原料全部转化成产物后的质量，在有机合成反应中，为了提高产率，往往需要增加某一反应物的用量，这时理论产量的计算应按原来使用量最少的反应物的物质的量来计算。由于部分原料消耗在副反应中、反应物转移和分离纯化过程中的损失等原因，实际产量往往会低于理论产量。

“实验讨论”中应体现自己实验过程中存在的问题或对实验内容提出进一步优化改进的意见和建议，另外，还需要对观察到的实验现象及所得实验结果进行必要的分析和总结。

1.2.5 实验考核

有机化学实验作为实践性教学课程，在考核过程中主要从实验操作能力、观察思考能力、分析和解决问题能力、书面表达能力、实事求是的科学素养和良好的实验习惯等方面进行综合考查。学期末进行具体实验操作的考核，与平时成绩进行综合评分。

1.3　化学试剂与化学危险品

1.3.1　化学试剂的分级

化学试剂按用途不同分为通用试剂和专用试剂；按结构类型分为无机试剂和有机试剂两大类。我国生产的无机化学试剂有数十万种，有机试剂已达百万余种，并且二者还在与日俱增。我国关于试剂的标准有国家标准(GB)、化学工业部部颁标准(HG)、化学工业部暂行标准(HGB)以及地方企业标准(QB)和厂订标准。近年来，一部分试剂的国家标准采用了国际标准或国外先进标准。通常化学试剂按纯度分为四级：

(1) 一级试剂，又称保证试剂，瓶签以绿色为标记，代号为 GR(Guaranteed Reagent)，又称优级纯，基准试剂也属于一级试剂；

(2) 二级试剂，又称分析纯试剂，瓶签以红色为标记，代号为 AR(Analytical Reagent)；

(3) 三级试剂，又称化学纯试剂，瓶签以蓝色为标记，代号为 CP(Chemical Pure)；

(4) 四级试剂，又称实验试剂，瓶签以棕色为标记，代号为 LR(Laboratorial Reagent)，也称工业试剂。

此外，还有光谱纯试剂(SP)、色谱纯试剂(包括气相色谱(GC)和液相色谱(LC))、生物试剂(BR)、生物染色剂(BS)和国家标准物质(GBW)等规格标记，如表 1.3.1 所示。

表 1.3.1　化学试剂等级对照表

等级	名称	英文名称	简写	适用范围	瓶签颜色
一级试剂	优级纯 (保证试剂)	Guaranteed Reagent	GR	精密分析工作和科学研究	绿色
二级试剂	分析纯 (分析试剂)	Analytical Reagent	AR	多数分析工作和科学研究	红色
三级试剂	化学纯	Chemical Pure	CP	一般分析工作和化学教学实验	蓝色
四级试剂	实验试剂 (工业试剂)	Laboratorial Reagent	LR	要求不高的实验和辅助试剂	棕色
其他	生物试剂	Biological Reagent	BR		黄色

基准试剂是一类用于标定滴定分析中标准溶液的标准物质，可作为滴定分析中的基准物使用，也可精确称量后用直接法配制标准溶液，实验室暂无储备时，一般可由优级纯试剂充当。基准试剂的主成分含量一般在 99.95%以上，杂质略低于优级纯或与优级纯相当。

高纯、光谱纯及纯度 99.99%(4 个 9 也用 4N 表示)以上的试剂主成分含量高，杂质含量比优级纯低，且规定的检验项目多。它主要用于微量及痕量分析中试样的分解及试液的制备。分光纯试剂要求在一定的波长范围内干扰物质的吸收小于规定值。国际纯粹化学和应用化学联合会(IUPAC)对化学标准物质分级的规定如表 1.3.2 所示。

表 1.3.2　IUPAC 对化学标准物质的分级

A 级	原子量标准
B 级	和 A 级最接近的基准物质
C 级	含量为(100±0.02)%的标准试剂
D 级	含量为(100±0.05)%的标准试剂
E 级	以 C 级或 D 级试剂为标准进行的对比测定所得的纯度或相当于这种纯度的试剂，比 D 级的纯度低

1.3.2　化学试剂的一般性质及安全管理

1. 化学试剂的一般性质

有机溶剂常具有熔沸点低、易燃、易挥发、难溶于水而易溶于有机溶剂等特点，大多为危险化学试剂，在保管和使用过程中要密切关注它们的危险性。而在无机试剂中要关注的是具有强腐蚀性的酸碱和有强氧化还原性的试剂。

2. 化学试剂的分类

化学试剂按照毒性可分为三类：第一类溶剂指已知可以致癌并被强烈怀疑对人和环境有害的溶剂，如苯、四氯化碳、1,2-二氯乙烷、1,1-二氯乙烷、1,1,1-三氯乙烷等；第二类溶剂指无基因毒性但对动物有致癌性的溶剂，如甲醇、甲苯、二甲苯、氯仿、乙腈、甲酰胺、环己烷、正己烷等；第三类溶剂指对人体低毒的溶剂，如甲酸、乙酸、乙醚、丙酮、甲酸乙酯、乙酸乙酯、乙酸甲酯、乙酸丙酯等。

按安全管理之需，化学试剂传统上分为六类：易爆品、易燃品、强氧化剂、强腐蚀剂、剧毒品及放射性试剂。此外，随着用途需要的变化，某些本来安全的试剂会成为一定时期的管制品，如乙酸酐、甲苯、丙酮等本无危险，但成为毒品制造原料后，就成为安全管理中的管制品了。

表 1.3.3　化学试剂毒性符号说明标准图

E	易爆		F	易燃	
T	有毒		F^+	很易燃	
T^+	极毒		F^{++}	极易燃	
O	氧化剂		C	腐蚀	
Xn	有害		N	危害环境	
Xi	刺激				

易燃性物质分为：(1) 高度易燃性物质(闪点在 20 ℃以下)：(第 1 类石油产品)石油醚、汽油、轻质汽油、挥发油、己烷、庚烷、辛烷、戊烯、邻二甲苯、醇类(甲基-戊基)、二甲醚、二氧杂环己烷、乙缩醛、丙酮、甲乙酮、三聚乙醛等；甲酸酯类(甲基-戊基)、乙酸酯类(甲基-戊基)、乙腈(CH_3CN)、吡啶、氯苯等。(2) 中度易燃性物质(闪点在 20～70 ℃范围)：(第 2 类石油产品)煤油、轻油、松节油、樟脑油、二甲苯、苯乙烯、烯丙醇、环己醇、2-乙氧基乙醇、苯甲醛、甲酸、乙酸等；(第 3 类石油产品)重油、杂酚油、锭子油、透平油、变压器油、1,2,3,4-四氢化萘、乙二醇、二甘醇、乙酰乙酸乙酯、乙醇胺、硝基苯、苯胺、邻甲苯胺等。(3) 低度易燃性物质(闪点在 70 ℃以上)：(第 4 类石油产品)齿轮油、马达油之类的重质润滑油；邻苯二甲酸二丁酯、邻苯二甲酸二辛酯之类的增塑剂；(动植物油类产品)亚麻仁油、豆油、椰子油、沙丁鱼油、鲸鱼油、蚕蛹油等。

使用易燃性物质的注意事项：(1) 由电源开关或静电产生的火花、赤热物体及烟头残火等，都容易引起易燃性物质着火燃烧，需注意不要将其靠近火源，或用明火直接加热。(2) 高温加热时分解放出的气体，容易引起着火；如果混入水之类的杂物，即会产生爆沸，致使引起热溶液飞溅而着火。(3) 当易燃物产生的蒸气比重较大时，则其蒸气容易滞留，必须保持使用地点通风良好。(4) 闪点高的物质，如果着火，因其溶液温度很高，一般难以扑灭。(5) 当容器中贮存的易燃物减少了时，往往容易着火爆炸，要加以注意。

可燃液体能挥发变成蒸气进入空气中，随着温度升高，挥发速率加快，当挥发的蒸气和空气的混合物与火源接触能够闪出火花时，这种短暂的燃烧过程叫作闪燃，发生闪燃的最低温度叫作闪点。闪点越低，引起火灾的危险性越大。闪点温度比着火点温度低一些。闪点是可燃性液体贮存、运输和使用的一个安全指标，同时也是可燃性液体的挥发性指标。闪点低的可燃性液体，挥发性高，容易着火，使用和贮存的安全性较差。一般要求可燃性液体的闪点比使用温度高 20～30 ℃，以保证使用安全和减少挥发损失。当可燃性液体液面上挥发出的燃气与空气的混合物浓度增大时，遇到明火可形成连续燃烧(持续时间不小于 5 s)的最低温度称为燃点。燃点一般高于闪点。

沸点为单一物质在一定压力下由液态转变为气态的温度值，转换过程中的温度不变，如水的沸点在标准大气压下为 100 ℃，沸腾过程中始终为 100 ℃。闪点和沸点越低表示其挥发性越强。区别是只有易燃液体有闪点。水是没有闪点的，即使把水烧开了也不能点燃水蒸气。闪点是液体危险性指数，闪点越低越容易引发火灾。

消防工程设计及应用中，根据闪点的不同将可燃液体分为三类：(1) 甲类液体：闪点小于 28 ℃的液体(如原油、汽油等)。(2) 乙类液体：闪点大于或等于 28 ℃但小于 60 ℃的液体(如喷气燃料、灯用煤油)。(3) 丙类液体：闪点大于 60 ℃的液体(重油、柴油、润滑油等)。

3. 化学试剂的贮存

实验室除了需要日常使用到各类化学试剂以外，还需要贮存一定量的化学试剂，它们大多具有一定的毒性，且部分是易燃易爆危险品，因此必须设专人保管。《全球化学品统一分类和标签制度》(GHS)规定，化学品存放时，非危险试剂按分类特点存放于一般的柜体中。危险试剂一般应储藏在地下室或增设特殊柜放在其他房间。对于闪点较低的危险品，特别是挥发性组分较多的样品，需要低温贮存，以最大限度地减少蒸发作用所导致的挥发性组分的流失。对于易发生危险反应及相抵触的试剂应隔开存放，并且药品柜外应按种类分别标明柜内所存放的试剂，标签应书写工整。

4. 危险性试剂或化学危险品的贮存方法

(1) 爆炸品：三硝基甲苯、硝化甘油、硝化纤维、苦味酸、雷汞等。

特性：摩擦、震动、撞击、接触火源、高温能引起激烈的爆炸。

保管与使用时的注意事项：单独装瓶并存放在安全处。使用时要避免摩擦、震动、撞击、接触火源。为避免造成有危险性的爆炸，实验中的用量要尽可能少。

(2) 强氧化剂：过氧化氢、过氧化钡、过硫酸盐、硝酸盐、高锰酸盐、重铬酸盐、氯酸盐等。强氧化性化学试剂包括过氧化物和含有强氧化能力的含氧酸及其盐，如高氯酸及其盐、高锰酸及其盐、重铬酸及其盐、五氧化二磷等。强氧化性化学试剂在适当条件下可放出氧气而发生爆炸，使用此类物质时，周边环境温度不能高于 30 ℃，且通风要良好。

特性：与还原剂接触易发生爆炸。

保管及使用时的注意事项：与酸类、易燃物、还原剂分开存放于阴凉通风处。使用时要注意其中切勿混入木屑、炭粉、金属粉、硫、硫化物、磷、油脂、塑料等易燃物。

事故例子：当拔出 30%浓度的过氧化氢试剂瓶的塞子时，常出现爆炸现象。

(3) 自燃品：白磷(白磷同时也是剧毒品)。

特性：跟空气接触易因缓慢氧化而引起自燃。

保管及使用时的注意事项：放在盛水的瓶中，白磷全部浸没在水下，具塞保存于阴凉处。使用时注意不要与皮肤接触，防止体温引起其自燃而造成难以愈合的烧伤。

(4) 遇水燃烧物：钾、钠、碳化钙、磷化钙、硅化镁、氢化钠等。

特性：与水激烈反应，产生可燃性气体并放出大量热。

保管与使用时的注意事项：贮存在坚固的密闭容器中，并存放于阴凉干燥处。少量的金属钾或钠应放在盛煤油的瓶中贮存，使钾或钠全部浸没在煤油中，并加盖或具塞存放。

(5) 易燃液体：汽油、苯、甲苯、乙醇、乙醚、乙酸乙酯、丙酮、乙醛、氯乙烷、二硫化碳等。

特性：易挥发，遇明火易燃烧；蒸气与空气的混合物达到爆炸极限范围，遇明火、火星或电火花均能发生猛烈的爆炸。

保管与使用时的注意事项：盖紧瓶塞，防止倾倒和外溢；存放在阴凉通风的专用橱中，并远离火种(包括易产生火花的器物)和氧化剂。

事故例子：乙醚从贮存瓶中渗出，由距离 2 m 以外燃烧器的火焰引起着火。

(6) 易燃固体：硝化棉、萘、樟脑、硫黄、红磷、镁粉、锌粉、铝粉等。

特性：着火点低，易点燃，其蒸气或粉尘与空气混合达一定程度，遇明火、火星或电火花均能激烈燃烧或爆炸；跟氧化剂接触易燃烧或爆炸。

保存及使用时的注意事项：跟氧化剂分开存放于阴凉处，并远离火源。

(7) 有毒化学试剂(毒品)：氰化钾、氰化钠等氰化物；三氧化二砷、硫化砷等含砷化合物；升汞及其他汞盐；汞单质和白磷等均为剧毒品，人体摄入极少量即能中毒致死。可溶性或酸溶性重金属盐以及苯胺、硝基苯等也为毒品。一般的化学试剂对人体均有毒害，使用时应避免吸入，使用后要及时洗手。

特性：人体摄入造成致命的毒害。

保管与使用时的注意事项：剧毒品必须锁在固定的铁橱中，由专人保管，购买和使用均要有台账记录，一般毒品也要妥善保管。使用过程中要严防摄入和直接接触身体。

(8) 腐蚀性化学试剂：浓酸(包括有机酸中的甲酸、乙酸等)、固态强碱或浓碱溶液、液溴、苯酚等。任何化学试剂碰到皮肤、黏膜、眼睛、呼吸器官时都要及时清洗，特别是触碰到腐蚀性极强的化学试剂。

特性:对衣物、人体等有强腐蚀作用。

保管与使用时的注意事项:盛于带盖或具塞的玻璃或塑料容器中,并存放在低温阴凉处。使用时切勿接触衣物和皮肤,严防溅入眼睛中造成失明。

5. 化学试剂的处理

(1) 固体废弃物

分类:干燥的固体试剂;色谱分离使用过的吸附剂;使用过的滤纸片;测定熔点的废玻璃管以及一些碎玻璃。

处理方法:盛放在贴有合适标签的容器中回收,其中有毒性的固体废弃物应提前做好预处理,减少其毒性。

(2) 水溶性废弃物

特点:具有水溶性和一定的毒性。

处理方法:采用化学方法处理,用酸性或碱性物质先中和,并且用大量清水冲洗干净,不能随意倒入下水道中。

(3) 有机溶剂

特点:通常不溶于水;有较高的易燃性。

处理方法:倒入贴有合适标签的容器中分类存放;在合适的地方将这些溶剂点燃处理,而不应直接倒入下水道中。

1.3.3 实验室安全守则

化学药品中有很大一部分是易燃、易爆、有毒或有腐蚀性的。所以在实验室工作时,必须在思想上高度重视安全问题,绝不能麻痹大意。

(1) 所用药品、标样、溶液均须贴有标签。绝对不允许在容器内装入与标签不相符的物品。

(2) 对于易燃、易爆的物质要安放在离火源较远又安全的地方,操作时要严格遵守操作规程。

(3) 涉及有毒、有刺激性的气体要在通风橱内或室内通风性较好的地方进行实验。需要借助于嗅觉判别少量气体的时候,绝不能将鼻子直接对着瓶口或管口,而应当用手将少量气体轻轻扇向自己的鼻孔后再嗅。

(4) 加热、浓缩液体的操作须十分小心,不能俯视加热的液体或加热的试管口,更不能对着自己或他人。

(5) 重铬酸钾、钡盐、铅盐、砷的化合物、汞及汞的化合物、氰化物等有毒药品不得进入口内或接触伤口,剩余的废液及金属片不许倒入下水道,应倒入贴有合适标签的回收容器后集中处理。

(6) 浓酸和浓碱具有强腐蚀性,使用时,切勿溅入衣物、皮肤或眼睛。稀释时应在不断搅拌下将其缓慢倒入水中,必要时加以冷却。特别是稀释浓硫酸时更要小心,千万不可将水倒入浓硫酸中,以免溅出烧伤。

(7) 实验结束后需及时将剩余试剂放回试剂贮存室。

(8) 严格按照实验的操作规程进行实验,绝对不允许随意混合各类化学试剂和药品。

(9) 水、电和各类气体钢瓶使用完毕后应立即关闭。

(10) 实验室内严禁吃喝东西和吸烟,实验完毕应洗净双手后再离开实验室。

1.4　常见事故的预防与处理

化学实验室贮存有各类化学试剂,包括腐蚀性、易燃、易爆和有毒化学试剂。实验过程中容易发生失火、爆炸、燃烧和中毒等事故。为了确保实验室的安全,现将这些化学试剂发生事故的主要原因、预防措施和处理方法分述如下:

1.4.1　防火

1. 发生原因

(1) 点燃的酒精灯碰翻或使用不当。

(2) 可燃性物质如汽油、酒精、乙醚等因接触火焰或处于较高温度下起火燃烧。

(3) 白磷等易自燃的物质由于接触空气或长时间氧化作用而燃烧。

(4) 化学反应引起燃烧或爆炸。

2. 预防措施

(1) 易燃物和强氧化剂分开放置,酸性和碱性试剂分开放置。

(2) 进行加热或燃烧实验时,要求严格遵守操作流程。

(3) 使用易挥发的可燃物质,实验装置要严密不漏气,严禁在燃烧的火焰附近转移或添加易燃溶剂。

(4) 易挥发的可燃废液采用瓶装回收,待集中处理。可燃废物如浸过可燃性液体的滤纸、棉花等,不得随意倒入废液桶内,而应及时在屋外烧掉。

(5) 实验室内严禁吸烟。

(6) 实验室内经常备有沙桶、灭火器、灭火毯等灭火器械。

(7) 实验结束离开实验室前,仔细检查火源是否熄灭、电源开关是否关闭。

3. 处理方法

(1) 迅速移走一切可燃物,切断电源,关闭通风器,防止火势蔓延。

(2) 如果是酒精等易燃有机溶剂泼洒在实验台面上着火燃烧,用湿抹布、沙桶盖灭,或用灭火器扑灭。二氧化碳灭火器是有机实验室最常用的一种灭火器,用以扑灭忌水的化学物品和电器设备的着火。四氯化碳灭火器用以扑灭电器内或电器附近的火,由于四氯化碳高温时易形成剧毒的光气,注意不能在通风不良的实验室使用。泡沫灭火器适用于油类起火,因后处理比较麻烦,非大火通常不用泡沫灭火器。

(3) 如果衣服着火,立即用湿抹布蒙盖,使之与空气隔绝而熄灭。衣服的燃烧面积较大,应立即打开喷淋器(图 1.4.1)淋水灭火,或就地躺倒在地上打滚,在使火焰不至向上烧着头部的同时,也可快速使火熄灭。

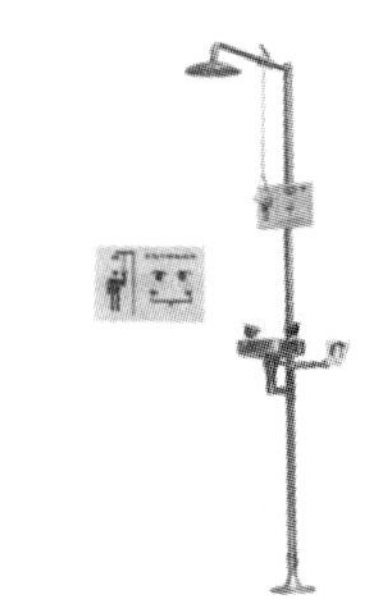

图 1.4.1　喷淋装置

1.4.2 防爆炸

1. 发生原因

（1）仪器装置错误，在加热过程中形成密闭体系，或操作大意，冷水流入灼热的容器。

（2）气体通路发生堵塞故障。

（3）在密闭容器内加热乙醚等易挥发的有机溶剂。

（4）减压实验操作时使用薄壁玻璃容器，或造成压力突变。

2. 预防措施

（1）蒸馏或回流操作时，反应体系不可完全密闭。使用气体时，应严防气体发生器或导气管堵塞。

（2）在减压蒸馏时，不能使用平底或薄壁烧瓶，所用橡皮塞也不宜太小，否则易被吸入瓶内或冷凝器内，造成压力的突然变化而引起爆炸。操作完毕后应待瓶内液体冷却至室温，再小心放入空气，最后拆除仪器。

（3）对在反应过程中预计会有爆炸危险的实验，应在操作过程中全程使用防护屏、佩戴护目镜。

1.4.3 防中毒

1. 发生原因

（1）接触了有毒物质或吸入有毒气体。

（2）因对部分试剂的性质不够了解造成处理不当。

（3）制备有毒气体的装置不合理或操作不熟练。

2. 预防措施

（1）购买有毒化学品必须先履行相关的审批手续，具备合法和安全的存放地点，并由专人保管。

（2）一切能产生有毒气体的实验，必须在通风橱内进行，必要时佩戴上防毒口罩或防毒面具。

（3）有毒药品应严格按操作规程和规定的限量使用。

（4）使用气体吸收剂来防止有毒气体污染空气。

（5）有毒的废物、废液经过处理后再排放。

（6）禁止在实验室内吃喝东西或利用实验器具贮存食品，餐具和水杯不能带入实验室。

（7）手上如沾到药品，应用肥皂和冷水洗涤，不宜用热水洗，也不能使用有机溶剂洗手。

（8）若皮肤上有破伤，不能接触有毒物质。

（9）实验室注意经常通风，即使在冬季，也需适时通风。

3. 中毒的一般急救方法

（1）常规的误吞毒物急救方法是给中毒者先服用催吐剂，如肥皂水、芥末和水或给以面粉和水、鸡蛋白、牛奶和食用油等缓和刺激，然后用手指深入喉部催吐。对磷中毒的人不能让其喝牛奶，可在5～10 mL 1%的硫酸铜溶液中加入一杯温水内服，以促使呕吐，然后送医院治疗。

（2）有毒物质落在皮肤上，要立即用棉花或纱布擦掉，除白磷烧伤外，其余的均可以用大量清水冲洗。如皮肤已有破伤或毒物落入眼睛内，经水冲或洗眼器（图 1.4.2）洗后，需立即送医院治疗。

图 1.4.2　洗眼器

1.4.4　防燃烧

烧伤是由灼热的液体、固体、气体、化学物质或电热引起的损伤。为了预防烧伤，实验时严防过热的物体与身体任何部分接触。烧伤的伤势一般按烧伤深度不同分为三度，烧伤的急救办法应根据伤势不同分别处理。

（1）一度烧伤：只损伤表皮，皮肤呈红斑、微痛、微肿、无水泡、感觉过敏。如被化学药品烧伤，应立即用大量清水冲洗，除去残留在创面上的化学物质，并用冷水浸沐伤处，以减轻疼痛，最后用 1∶1 000“新洁尔灭”消毒，保护创面不受感染。

（2）二度烧伤：损伤表皮及真皮层，皮肤起水泡，疼痛，水肿明显。创面如污染严重，先用清水或生理盐水冲洗，再以 1∶1 000“新洁尔灭”消毒，不要挑破水泡，用消毒纱布轻轻包扎好，立即送医院治疗。

（3）三度烧伤：损伤皮肤全层、皮下组织、肌肉及骨骼，创面呈灰白色或焦黄色，无水泡，不痛，感觉消失。在送医院前，主要防止感染和休克，可用消毒纱布轻轻包扎好，给伤者保暖，必要时注射吗啡以止痛。

1.4.5　一般伤害的救护措施

（1）被强酸腐蚀：立即用大量清水冲洗，再用碳酸钠或碳酸氢钠溶液冲洗。

（2）被浓碱腐蚀：立即用大量清水冲洗，再用醋酸溶液或硼酸溶液冲洗。

实验室备有救护药箱，放置在实验室的固定位置处。箱内储放下列用品：

（1）消毒纱布、消毒绷带、消毒药棉、胶布、剪刀、量杯、洗眼杯等。

（2）碘酒（5%～10%的碘片加入少量碘化钾的酒精溶液）、红汞水（2%）或龙胆紫药水（供外伤用）。注意：红汞与碘酒不能合用。

（3）治烫伤的软膏、消炎粉、甘油、医用酒精、凡士林等。

（4）硼酸（2%水溶液）。

（5）醋酸（2%水溶液）。

（6）高锰酸钾晶体，用时溶于水制成溶液。

1.4.6　特大事故处理

本着“一切为了保护学生”，为学生的人身安全高度负责的态度，确保学生有序撤离危险区，全体党员、干部、教职员工必须服从统一部署，发扬协作和勇于奉献的精神，保护学生，避免在疏散过程中出现挤、绊、踏、伤亡等事故。

1.5　实验室环境保护

在实验室日常研究、实验中产生的废弃物主要包括实验过程中产生的三废物质(废气、废液、废固)、实验用剧毒物品以及麻醉品、药品的残留物、放射性废弃物和实验动物尸体及器官等。实验室废弃物具有量少、种类繁多、形态复杂、具尖端性及前瞻性等特征,通常还具有一定的毒性、腐蚀性、爆炸性和感染性。

1.5.1　实验室废弃物分类和处理

1. 一般性垃圾

(1) 可回收垃圾:主要包括玻璃、金属、塑料、废纸和布料五大类。玻璃垃圾主要包括各种玻璃瓶、碎玻璃片、镜子、灯泡、暖瓶等。金属垃圾主要包括易拉罐、罐头盒等。塑料垃圾主要包括各种塑料袋、塑料包装物、一次性塑料餐盒和餐具、牙刷、杯子、矿泉水瓶、牙膏皮等。废纸垃圾主要包括报纸、期刊、图书、各种包装纸、办公用纸、广告纸、纸盒等,但是要注意纸巾和卫生纸由于水溶性太强不可回收。布料垃圾主要包括废弃衣服、桌布、洗脸巾、书包等。

(2) 有害垃圾:主要包括废电池、废日光灯管、废水银温度计、过期药品等,这些垃圾需要特殊的安全处理。

(3) 其他垃圾:主要包括除上述几类垃圾之外的砖瓦陶瓷、渣土、卫生间废纸、纸巾等难以回收的废弃物,采取卫生填埋可有效减少对地下水、地表水、土壤及空气的污染。

2. 固体废弃物

固体废弃物分为:① 可燃感染性废污:由实验室在实验研究过程中所产生的可燃性废弃物,例如废标本、器官或组织等,以及废透析用具、废血液或血液制品等。② 不可燃感染性废污:由实验室在实验研究过程中所产生的不可燃感染性废弃物,例如针头、刀片、玻璃材料的注射器、培养皿、试管、载玻片等。③ 有机污泥:由学校实验室或实习工厂所产生的有机性污泥,例如油污、发酵废污。④ 无机污泥:由学校实验室或实习工厂所产生的无机性污泥,例如混凝土实验室或材料实验室的沉砂池污泥、雨水下水道管渠或钻孔污泥。

固体废物处理是指将固体废物转变成适于运输、利用、贮存或最终处置的过程,包括:① 物理处理:通过浓缩或相变化改变固体废物的结构,使之成为便于运输、贮存、利用或处置的形态。② 化学处理:采用化学方法破坏固体废物中的有害成分,从而达到无害化,或将其转变成适于进一步处理、处置的形态。③ 生物处理:利用微生物分解固体废物中可降解的有机物,从而达到无害化或综合利用。④ 固化处理:采用固化基材将废物固定或包覆起来以降低其对环境的危害,因而能较安全地运输和处置的一种处理过程。⑤ 热处理:通过高温破坏和改变固体废物的组成和结构,同时达到减容、无害化或综合利用的目的,主要包括焚化、热解、湿式氧化、焙烧和烧结等热处理方法。

固体废物处置是指最终处置或安全处置,是固体废物污染控制的末端环节,是解决固体废物的归宿问题,包括:① 海洋处置:深海投弃、海上焚烧。② 陆地处置:土地耕作、工程库或贮留池贮存、土地填埋、深井灌注。

3. 液体废弃物

量少、种类繁多、废水排出形态复杂、排出的废水量变化大且不定时是实验室废液的一般特性。实验室液体废弃物分为一般废水和实验废液。一般废水指冷却水及清洗用水。实验废液按照其性质可分为：① 化学性实验废液；② 生化性实验废液；③ 物理性实验废液（过热、过冷……）；④ 放射性实验废液。

化学性废液分有机废液和无机废液两大类。有机废液包括：① 油脂类，例如松节油、油漆、重油、绝缘油（脂）（不含多氯联苯）、润滑油、切削油、冷却油及动植物油（脂）等，具有易燃、环境富营养污染、油污染等危害。② 含卤素有机溶剂，例如氯仿、二氯甲烷、氯代甲烷、四氯化碳、甲基碘等含卤素类脂肪族化合物和氯苯、苯甲氯等含卤素类芳香族化合物，具有易燃、对肝肾等器官产生直接毒害、在环境中不易被降解等危害。此外，还可以通过食物链富集在动物体内，造成累积性残留，危害人体健康和生态环境；卤代烃释放出的氯原子对臭氧分解起到了催化剂的作用，对大气臭氧层产生破坏。③ 不含卤素有机溶剂，例如不含卤素脂肪族化合物或不含卤素芳香族化合物，具有易燃、直接毒害等危害。④ 含甲醛类有机物，例如在生物解剖、标本保存等研究过程中使用的含甲醛类有机物，具有易燃、腐蚀性、直接毒害等危害。长期接触低剂量甲醛可引起慢性呼吸道疾病、女性月经紊乱、妊娠综合征，引起新生儿体质降低、染色体异常，甚至引起鼻咽癌；高浓度甲醛对神经系统、免疫系统、肝脏等也有毒害。甲醛还有致畸和致癌作用，长期接触甲醛的人，可能引起鼻腔、口腔、鼻咽、咽喉、皮肤和消化道的癌症。

无机废液包括：① 含重金属废液；② 银及其化合物；③ 含六价铬废液；④ 含汞废液；⑤ 含氟废液；⑥ 含氰废液；⑦ 无机酸废液；⑧ 无机碱废液。

废液在暂存和等待进一步的清运和处理前，常常因为处置不当，造成对实验室人员潜在的危害性：① 有害的化学品由于泄漏造成直接接触或者吸入被污染的空气，而危害人体健康。② 火灾与爆炸。③ 因混合不相容的废弃物而导致剧烈反应伤及操作人员。大量废弃物混合填装前需要做“废液相容性”实验，凡是会产生放热、起火、有毒气体、易燃气体、发生爆炸、剧烈反应以及不能确定是否有危害性的废弃物均不能混合填装。

液体废弃物贮存原则：水反应性类需单独贮存，空气反应性类需单独贮存，氧化剂类需单独贮存，氧化剂与还原剂需分开贮存，酸液与碱液需分开贮存，氰系类与酸液需分开贮存，含硫类与酸液需分开贮存，碳氢类溶剂（洗涤剂）与卤素类溶剂需分开贮存。

清运和处理前的暂时贮存过程需要注意：① 废液应分类装于不同的贮存桶，切记混合后容易放热或发生爆炸的各类试剂，绝对不可以混合贮存。② 贮存容器贴上相应的标签并注明内容物的成分、特性及单位。③ 留意废液桶封口是否关得紧密。④ 准确填写送贮清单。

1.5.2　减少实验室废弃物的途径

1. 对废弃物进行前处理

前处理的目的：① 大大减少在贮存、运送及处理过程中可能的危害性。② 转变成一般废弃物，降低其危害性，并且可以依据一般废弃物的处理规范来进行后续处理。

不是所有的废液都可以在实验室进行前处理，也不是任何人都知道处理的方法。废液处理需要适合的设备和正确的方法，更需要专业的化学知识，安全是前处理的首要要求。前处理之前，需要充分了解废液的来源及成分，仔细阅读各组分的安全资料，尤其注意是否有挥发性的成分和是否具有易燃易爆的性质。向学校主管单位或化工科系的专业人员充分咨询，选择最安全、对环境污染最小的处理方法。然后在耐腐蚀和防火的通风橱中，从非常小量(例如：0.5～1 g)开始前处理实验，仔细观察是否有气体、放热或剧烈的变化等现象产生。前处理操作人员需全程戴着耐腐蚀及耐热的手套，佩戴护目镜和防酸、防氨或防有机气体的面罩，必要时搅拌槽等大型处理设备需要装设冷却及排气设备。

(1) 低危害无机盐类化合物的前处理方法

一般通过调整溶液 pH 大小，依其溶解度大小产生沉淀而过滤，以降低无机化合物浓度或经由稀释后排放。此类化合物较常见的有：① 阳离子为 Be^{2+}、Mg^{2+} 等一般碱土金属离子溶液：提高 pH，形成阳离子氢氧化物沉淀。② 阴离子为 Br^-、Cl^-、CO_3^{2-}、HSO_4^-、SO_4^{2-} 等：由于 pH 直接影响此类化合物的溶解度，因而对 pH 的调整控制为本处理法的重点。

(2) 重金属废水的前处理方法

主要利用化学药剂与溶解性的离子形成不溶性沉淀物而分离，常用的沉淀盐类有氢氧化物、碳酸盐、氯化物及硫化物等。一般重金属的氢氧化物或硫化物溶解度低，调节 pH 或者加入石灰或氢氧化钠、硫化钠于重金属废液中可以达到化学沉淀的目的。

(3) 酸碱废液的前处理方法

须利用各种化学药剂使酸、碱性的废水起中和反应，使 pH 控制在适宜范围(pH=5～9)后再排放。中和酸性废液常用 NaOH 及生石灰等。NaOH 处理的优点：溶解度高、供应方便、所产生的污泥量少，但价格昂贵。生石灰处理的缺点是溶解度不高、中和反应较慢、污泥产生量较多，优点是价格相对低廉。处理碱性废液常使用 H_2SO_4。若实验室酸碱废液量不大，还可以采用稀释法处理。

(4) 含铬废液的前处理方法

铬废液中一般以 Cr^{6+} 及 Cr^{3+} 的形式存在，其中 Cr^{6+} 溶解度高且毒性较大，处理时先将 Cr^{6+} 还原成 Cr^{3+}，然后再提高 pH，使之产生 $Cr(OH)_3$ 沉淀，过滤去除。常用的还原剂有 SO_2、$FeSO_4$、Na_2SO_3、$Na_2S_2O_3$ 等。

(5) 氰化物废液的前处理方法

处理氰化物废液可分为两个阶段，首先将氰化物 CN^- 用次氯酸钠氧化成毒性较低的氰酸盐 CNO^-，此阶段的 pH 维持在 9～10，以缩短反应时间。然后将氰酸盐再氧化成 CO_2 及 N_2。氰化物一般具有强毒性，在处理及实验操作时必须特别注意。

(6) 含氧化剂废液的前处理方法

还原处理，最常用的还原剂是 $NaHSO_3$。处理方式为将含氧化剂的实验室废液稀释至浓度 5%以下，并利用硫酸调整 pH 至 3 以下，然后再加入浓度为 50%以上的 $NaHSO_3$ 溶液于室温下搅拌反应，以达到较佳的还原处理效果。部分高浓度氧化剂的废液，例如 H_2O_2 浓度超过 30%，$HClO_4$ 浓度超过 60%，具有强烈的反应性，在使用及处理上应特别留意。

(7) 有机溶剂废液的前处理方法

处理有机溶剂废液的最佳方式为回收再利用，需要特别注意：① 要在专业人员技术指导下进行回收处理，可利用蒸馏或分馏操作。② 对于沸点接近室温的有机溶剂需特别留意防止其蒸气逸散至大气中，例如沸点 40～60 ℃的石油醚。③ 对于醚类等易形成过氧化物的有机溶剂不可利用蒸馏操作回收。④ 燃点低及反应性高的有机溶剂有燃烧或爆炸的可能性，在贮存及处置过程中，应特别注意高温及火源。有机溶剂焚化处理亦是可考虑的一种处理方式，因其具有高挥发性及易燃特性，故可予以回收充当化学燃料使用，但含有卤素及硫的溶剂，应充分考虑燃烧后产生的废气污染，通常不适合燃烧处理。

(8) 有机毒性物前处理方法

有机卤化物、有机硫化物等许多毒性较高的有机物可以在实验室中利用化学方法将其分解成毒性较低的物质，然后再依分解后产物的性质，施以排放或焚化处理。

(9) 生化及微生物废液前处理方法

通常经消毒或加热处理后方可排放。消毒处理方式：一般利用 O_3、Cl_2、紫外线等消毒，所加药剂量应在 10 mg/L 以上。加热法则基于水量及消毒温度的因素考虑使用。

(10) 放射性废液的前处理方法

放射性废液的处理需要专门技术，并非一般实验室所能处理。对于放射性污染的废水，通常以活性炭等物质吸附后予以妥善隔离和贮存，再交由相关部门处理。一切处理应按原子能法的规定进行。

2. 从源头减少废弃物

废弃物不论如何处置都无法完全消失，最好的策略还是从一开始就不要产生废液或尽可能降低其产生量。

实验室使用者对实验药剂的购置，很少会考虑到药剂对环境的污染，尤其是需要使用有毒或有害的药剂。实验室所排放的废弃物量，虽比其他污染源的量少，但排放毒性物质造成的对环境的危害，是不可以忽视的。通过改变实验室使用的毒性化学物质可以从源头减少废弃物，具体的策略有：① 以生物可分解性有机溶液代替二甲苯或甲苯为主的溶液。② 清洁液以可分解清洁剂及其他硫酸除污剂替代重铬酸钾-硫酸除污溶液或其他铬酸除污剂。

从源头减少废弃物的方法还有：① 实验方法的修正：在有机合成实验中，尽量采用微量合成实验装置，微量合成不仅化学原料试剂消耗量少，合成出的产物量也不多，再利用现代高精密波谱分析技术手段对合成物进行结构表征，测试所需化学样品量是传统分析方法的 1/100 甚至更低，而且测试结果也更稳定可靠。② 药剂交换再利用：某一实验室不需要的药剂、废液或合成物对于其他实验室并非完全无用，交换再利用可以实现废弃物再利用，体现了原子经济性。例如“茶叶提取咖啡因”实验中获得的高纯度咖啡因，可用于仪器分析实验“可乐、咖啡、茶叶中咖啡因的高效液相色谱分析”中作为标准品使用。③ 控制过量药剂的采购：实验室使用者对使用药剂的购置，必须对用量严加控制，以免造成药品的浪费，以及增加实验室产生的废污量。④ 建立登记药品制度：通过建立制度登记药品种类及存量，以减少重复购置药品的可能性。⑤ 适量贮备溶液的配制：贮备溶液一般都按标准方法配成 1 L 或更多，但实际上仅仅使用数毫升，其余的贮备溶液容易造成实验室废液来源，故可依实际用量配制。

1.5.3　实验室常见废弃物标识

实验室常见废弃物标识如图 1.5.1 所示。

图 1.5.1　废弃物标识

1.5.4　实验室警示标识

实验室警示标识如图 1.5.2 所示。

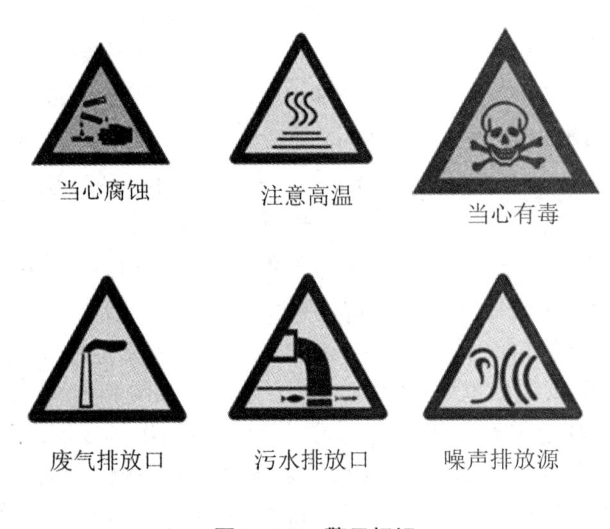

图 1.5.2　警示标识

1.6　常用文献查阅方法简介

在实验预习过程中，为了查找实验中用到的各类化合物的理化常数需要查阅相关手册和文献。此外，经常查阅有机化学相关文献，还可以了解、掌握和发现有机合成的一些新方法和新技术。有机化学相关的文献资料非常多，主要分为工具书和电子期刊，目前电子期刊均已有网上资源，可通过图书馆链接进行快速查询。

1.6.1　工具书

1.《化工辞典》(王箴主编,化学工业出版社,第4版,1999)

《化工辞典》是我国影响力最大的中型化工专业工具书。该书收词全面、新颖、实用;释义科学、准确、简明和规范;在第4版中正文词条首次由笔画顺序排列改为汉语拼音字母顺序排列,检索查阅更为方便。

2.《兰氏化学手册》(*Lange's Handbook of Chemistry*, James G. Speight,第16版)

《兰氏化学手册》是一部资料齐全、数据翔实、使用方便、供化学及相关科学工作者使用的单卷式化学数据手册,是两代作者花费了半个多世纪的心血搜集、编纂而成的,在国际上享有盛誉,自1934年第1版问世以来,一直受到各国化学工作者的重视和欢迎。第1版至第10版由兰格(N. A. Lange)先生主持编纂,原名《化学手册》。兰格先生逝世后,从第11版到第15版由迪安(J. A. Dean)任主编,并更为现名,以纪念兰格先生。第16版由新任主编斯佩特(J. G. Speight)编写。

3.《默克索引》(*Merck Index*)

《默克索引》是由美国默克公司出版的记录化学药品、药物和生理性物质的综合性百科全书,收录一万多条有关个别的物质和其相关组别化合物的专题文章。本书亦于附录中收录有关有机化学的人名反应。《默克索引》设有订阅的电子检索形式,普遍被参考图书馆采纳,并可以在网上查阅。

4.《化学文摘》(*Chemical Abstracts*, *CA*)

《化学文摘》创刊于1907年,由美国化学学会化学文摘社(Chemical Abstracts Service, CAS)编辑出版,内容几乎涉及了化学家感兴趣的所有领域,其中除包括无机化学、有机化学、分析化学、物理化学、高分子化学外,还包括冶金学、地球化学、药物学、毒物学、环境化学、生物学以及物理学等诸多学科领域。该书收藏信息量大、收录范围广、检索多样、报道迅速。

1.6.2　电子期刊

1. 中文核心期刊

与有机化学相关的中文核心期刊主要有:《有机化学》《高等化学学报》《化学世界》《化学学报》《应用化学》《化学通报》《中国科学》《精细化工》《中国医药工业杂志》《中国药物化学杂志》《化工学报》《化工进展》和各大综合性大学自然科学版学报等。

2. 英文SCI期刊

与有机化学相关的所有被SCI收录的英文期刊如表1.6.1所示。

表1.6.1　有机化学相关SCI收录英文期刊

	期 刊 名	ISSN
1	Advances in Organometallic Chemistry	0065—3055
2	Natural Product Reports	0265—0568
3	Aldrichimica Acta	0002—5100

续表

	期　刊　名	ISSN
4	Organic Letters	1523—7060
5	Advanced Synthesis & Catalysis	1615—4150
6	Biomacromolecules	1525—7797
7	Journal of Organic Chemistry	0022—3263
8	Organic Chemistry Frontiers	2052—4129
9	Topics in Organometallic Chemistry	1436—6002
10	Bioconjugate Chemistry	1043—1802
11	Carbohydrate Polymers	0144—8617
12	Organometallics	0276—7333
13	Advances in Carbohydrate Chemistry and Biochemistry	0065—2318
14	Organic & Biomolecular Chemistry	1477—0520
15	Advances in Heterocyclic Chemistry	0065—2725
16	Asian Journal of Organic Chemistry	2193—5807
17	European Journal of Organic Chemistry	1434—193x
18	Bioorganic & Medicinal Chemistry	0968—0896
19	Organic Process Research & Development	1083—6160
20	Beilstein Journal of Organic Chemistry	1860—5397
21	Synthesis-Stuttgart	0039—7881
22	Tetrahedron	0040—4020
23	Bioorganic & Medicinal Chemistry Letters	0960—894x
24	Molecules	1420—3049
25	Tetrahedron Letters	0040—4039
26	Journal of Organometallic Chemistry	0022—328x
27	Synlett	0936—5214
28	Bioorganic Chemistry	0045—2068
29	Journal of Fluorine Chemistry	0022—1139
30	Tetrahedron-Asymmetry	0957—4166
31	Current Organic Synthesis	1570—1794
32	Chirality	0899—0042
33	Current Organic Chemistry	1385—2728
34	Carbohydrate Research	0008—6215
35	Organic Preparations and Procedures International	0030—4948

续表

	期　刊　名	ISSN
36	Journal of Physical Organic Chemistry	0894—3230
37	Bioinorganic Chemistry and Applications	1565—3633
38	Mini—Reviews in Organic Chemistry	1570—193x
38	Chinese Journal of Organic Chemistry	0253—2786
40	Advances in Physical Organic Chemistry	0065—3160
41	Arkivoc	1551—7004
42	Heterocycles	0385—5414
43	Synthetic Communications	0039—7911
44	Polycyclic Aromatic Compounds	1040—6638
45	Heterocyclic Communications	0793—0283
46	Chemistry of Heterocyclic Compounds	0009—3122
47	Russian Journal of Organic Chemistry	1070—4280
48	Letters in Organic Chemistry	1570—1786
49	Journal of Carbohydrate Chemistry	0732—8303
50	Phosphorus Sulfur and Silicon and the Related Elements	1042—6507
51	Zeitschrift Fur Naturforschung Section B-A Journal of Chemical Science	0932—0776
52	Journal of Heterocyclic Chemistry	0022—152x
53	Russian Journal of Bioorganic Chemistry	1068—1620
54	Journal of Synthetic Organic Chemistry Japan	0037—9980
55	Main Group Metal Chemistry	0792—1241
56	Petroleum Chemistry	0965—5441
57	Chemistry of Natural Compounds	0009—3130
58	Indian Journal of Chemistry Section B-Organic Chemistry Including Medicinal Chemistry	0376—4699
59	Indian Journal of Heterocyclic Chemistry	0971—1627

1.6.3　检索工具

1. SciFinder

SciFinder 是《化学文摘》(CA)的网络版，在充分吸收原书精华的基础上，利用现代机检技术，进一步提高了化学化工文献的可检性和速检性，更整合了 Medline 医学数据库、欧洲和美国等 50 多家专利机构的全文专利资料，以及化学文摘 1907 年至今的所有内容。它涵盖的学科包括应用化学、化学工程、普通化学、物理、生物学、生命科学、医学、聚合体学、材料学、地质学、食品科学和农学等诸多领域。它可以透过网络直接查看《化学文摘》1907 年以来的所有期刊文献和专利摘要，以及 8000 多万的化学物质记录和 CAS 注册号。

SciFinder 中的文献检索方法包括：主题检索、作者名检索、机构名检索、文献标识符检索和通过物质、结构式、反应检索获得文献。以下简要介绍最常用的主题检索、物质检索、结构式检索和反应检索四种检索方式。

(1) “主题检索”步骤

“主题检索”具体步骤如图 1.6.1～图 1.6.3 所示。

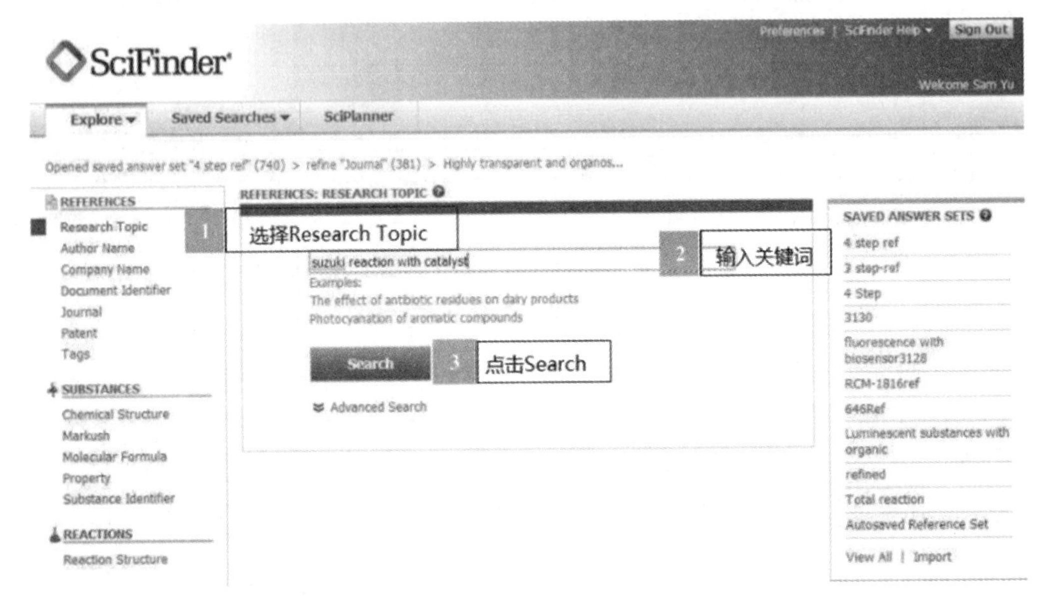

图 1.6.1

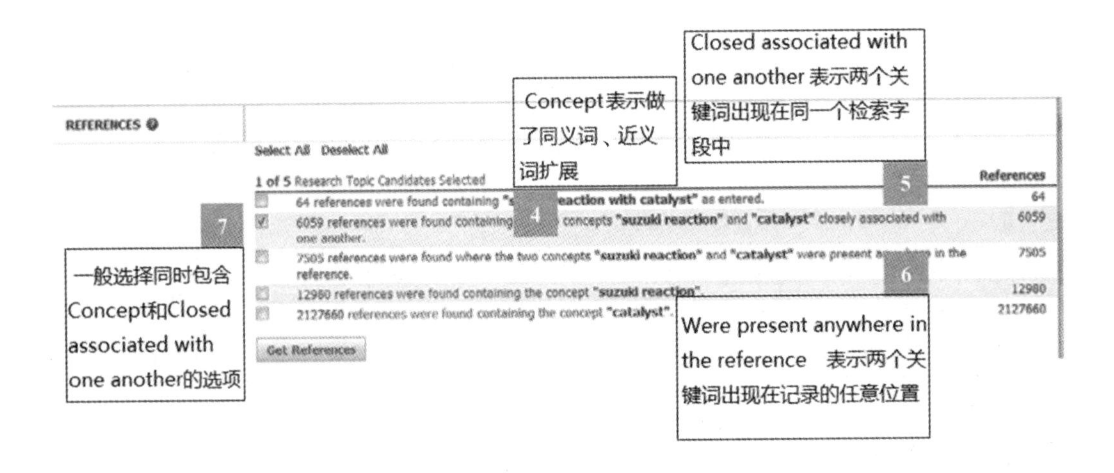

图 1.6.2

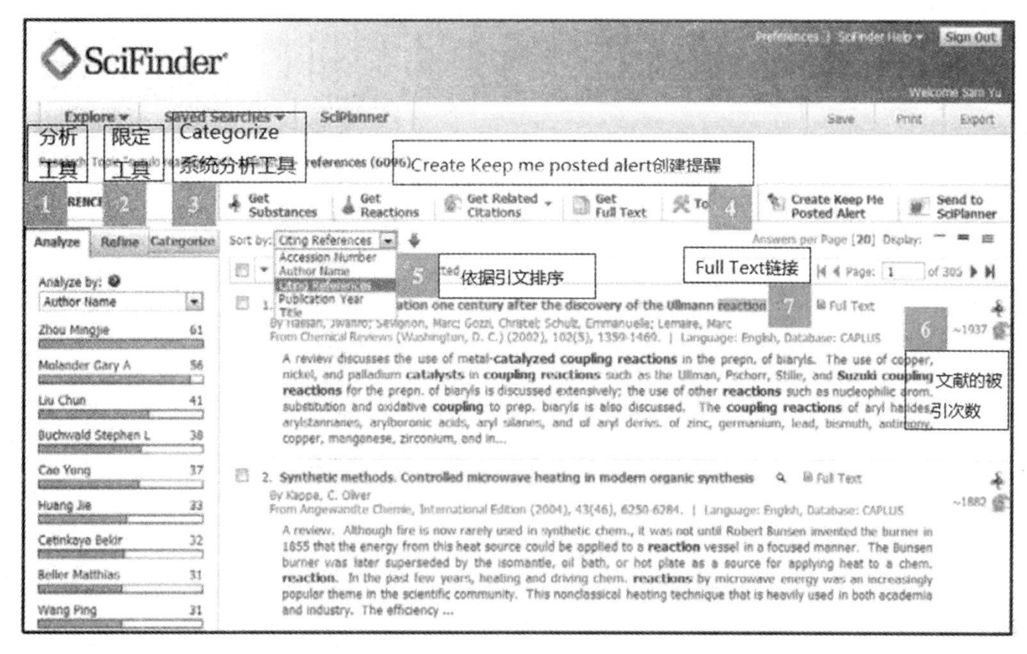

图 1.6.3

(2)“物质检索”步骤

“物质检索”具体步骤如图 1.6.4～图 1.6.7 所示。

图 1.6.4

SciFinder
Explore
Saved Searches
SciPlanner
Substance Identifier "qinghaosu" > substances (1) > 63968-64-9 > commercial sources (91)
REFERENCES
Research Topic
Author Name
Company Name
Document Identifier
Journal
Patent
Tags
SUBSTANCES
Chemical Structure
Markush
Molecular Formula
Property
Substance Identifier
REACTIONS
Reaction Structure
SUBSTANCES: PROPERTY
Select the category and enter an appropriate value or range.
Experimental
Value or Range
Select Property...
Examples: Individual value as 44, range as 25-35, or open ended range as >125 or <125
Predicted
Value or Range
Select Property...
Examples: Individual value as 44, range as 25-35, or open ended range as >125 or <125
2
理化性质检索，可以通过实验性质、预测性质检索物质
Search

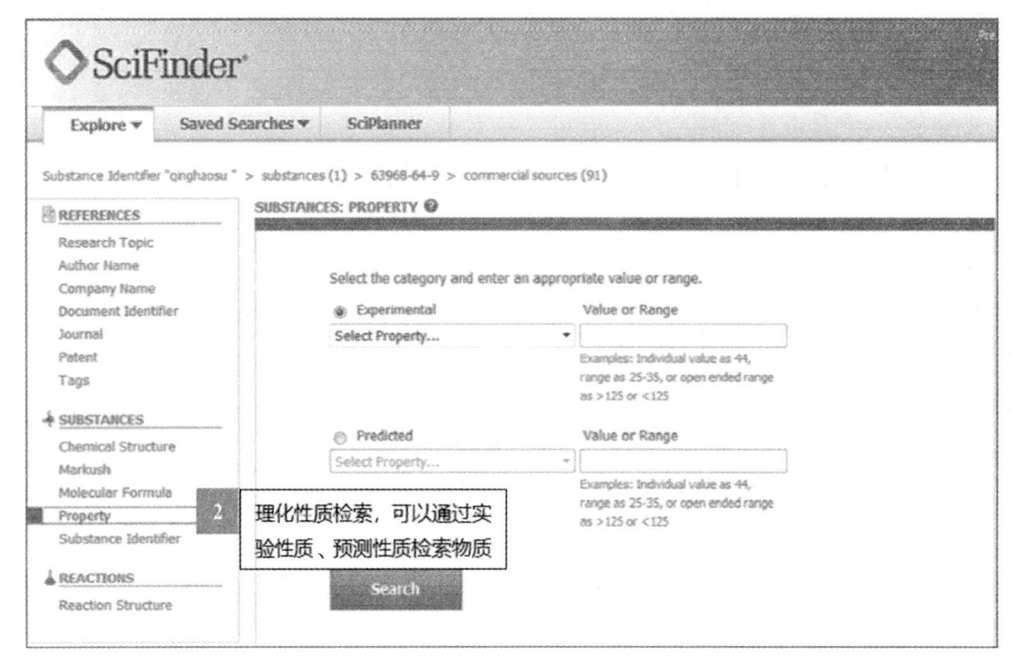

图 1.6.5

SciFinder
Explore
Saved Searches
SciPlanner
Substance Identifier "qinghaosu" > substances (1) > 63968-64-9 > commercial sources (91)
REFERENCES
Research Topic
Author Name
Company Name
Document Identifier
Journal
Patent
Tags
SUBSTANCES
Chemical Structure
Markush
Molecular Formula
Property
Substance Identifier
REACTIONS
Reaction Structure
SUBSTANCES: MOLECULAR FORMULA
(C3 H6 O. C2 H4 O)x
Examples:
H4SO4
(C3H6O.C2H4O)x
Search
3
分子式检索，分子式输入需要遵守Hill顺序原则

图 1.6.6

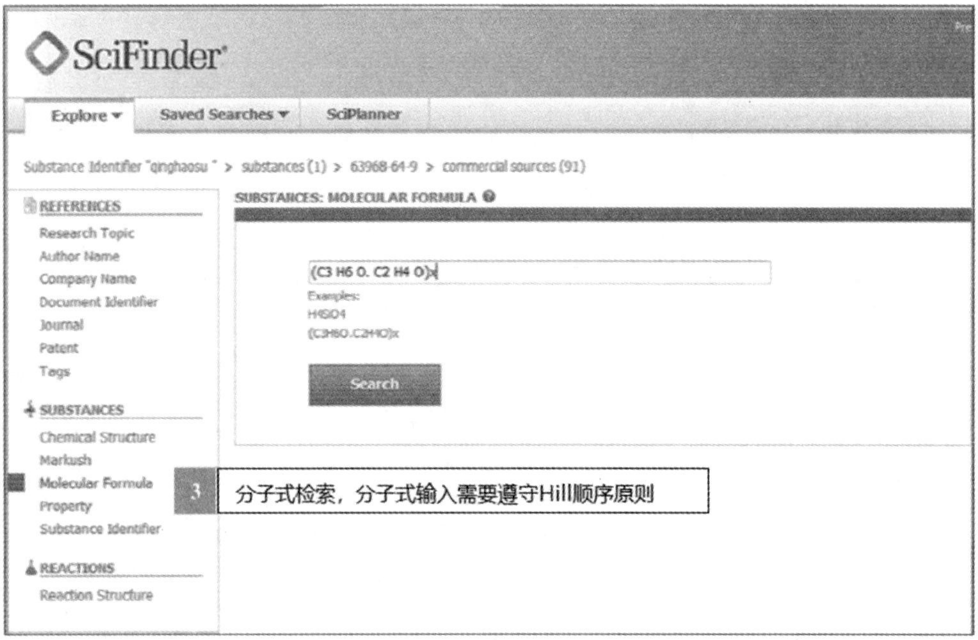

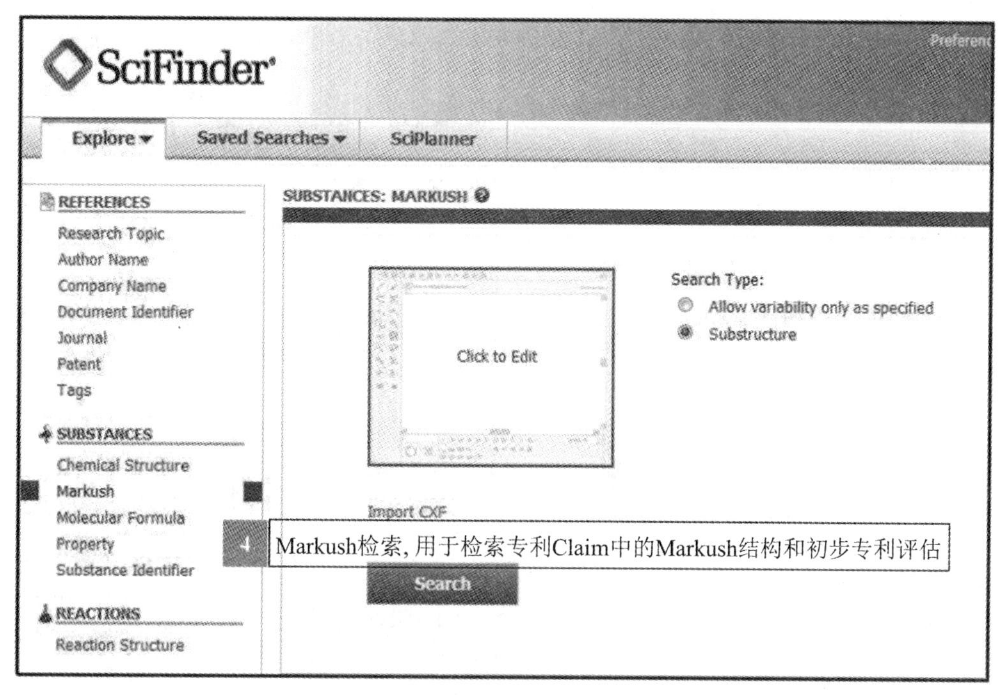

图 1.6.7

(3) "结构式检索"步骤

"结构式检索"具体步骤如图 1.6.8～图 1.6.9 所示。

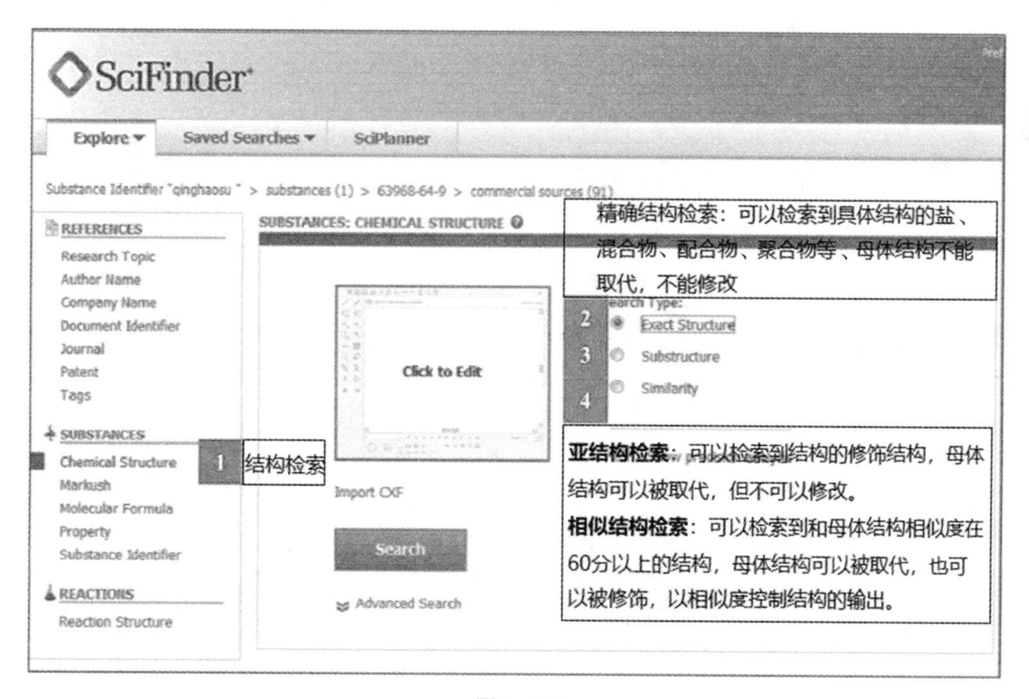

图 1.6.8

图 1.6.9

（4）“反应检索”步骤

“反应检索”具体步骤如图 1.6.10～图 1.6.11 所示。

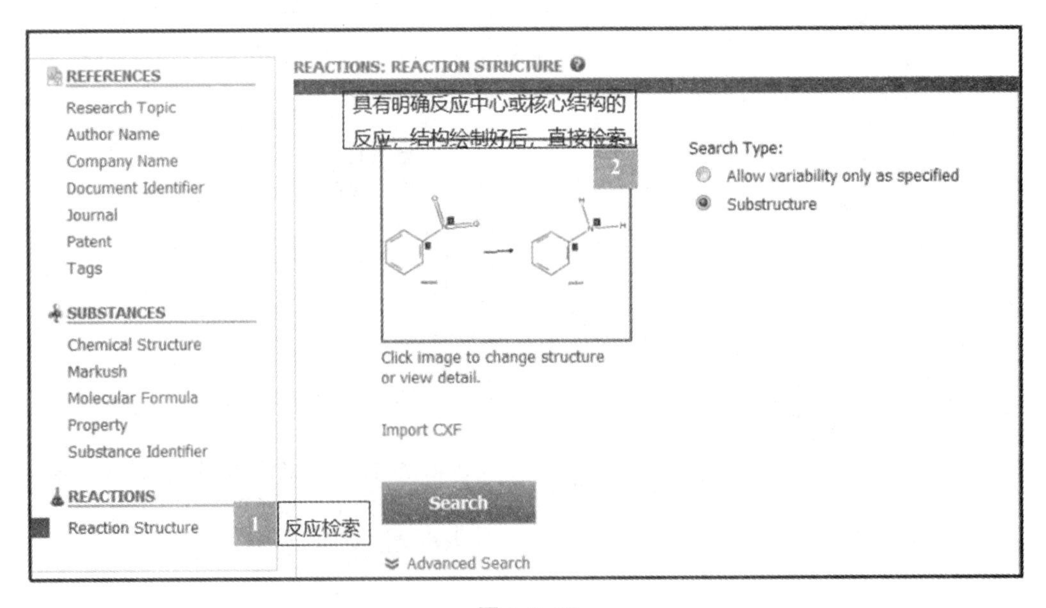

图 1.6.10

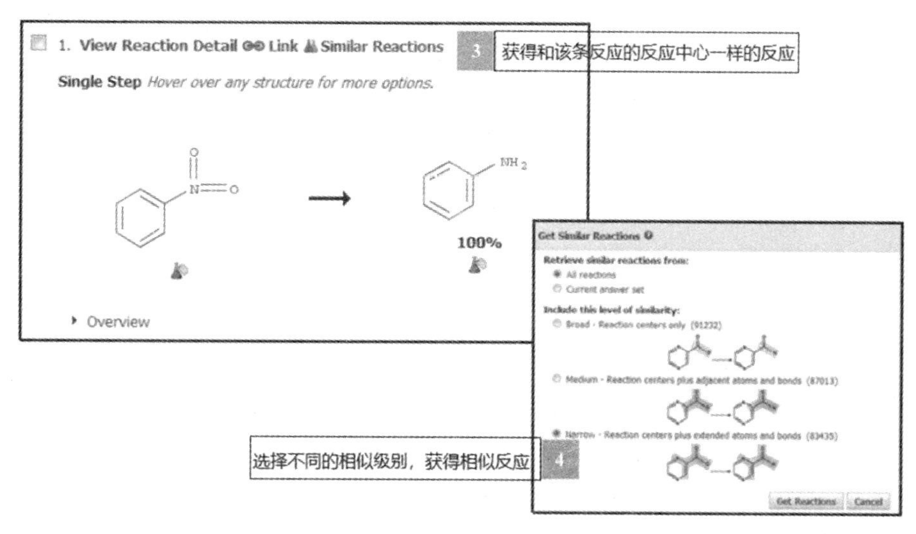

图 1.6.11

2. Reaxys

Reaxys 化学资料数据库的前身是德国久负盛名的 Beilstein 数据库和 Gmelin 数据库，整合之后又收录摘取了 16 000 本全球各大出版社出版的化学相关核心期刊，7 大专利局（WO、EU、US、CN、JP、TW、KR）的化学、药学相关专利以及 10 000 本相关著作的核心内容。覆盖有机、无机、金属、材料化学、电化学、药物化学、药理学、环境、农药等 16 大化学相关学科领域，包含了 2 800 多万个反应、1 800 多万种物质、400 多万条文献。

Reaxys 数据库基于网络访问，无需安装客户端软件。检索界面简单易用，可以用化合物名称、分子式、CAS 登记号、结构式、化学反应等进行检索，并具有数据可视化、分析及合成设计等功能。

Reaxys 数据库的检索方式与 SciFinder 类似，以下简要介绍最常用的自然语言检索、化合物性质检索、结构检索和化学反应检索四种检索方式。

（1）“自然语言检索”步骤

“自然语言检索”具体步骤如图 1.6.12 所示。

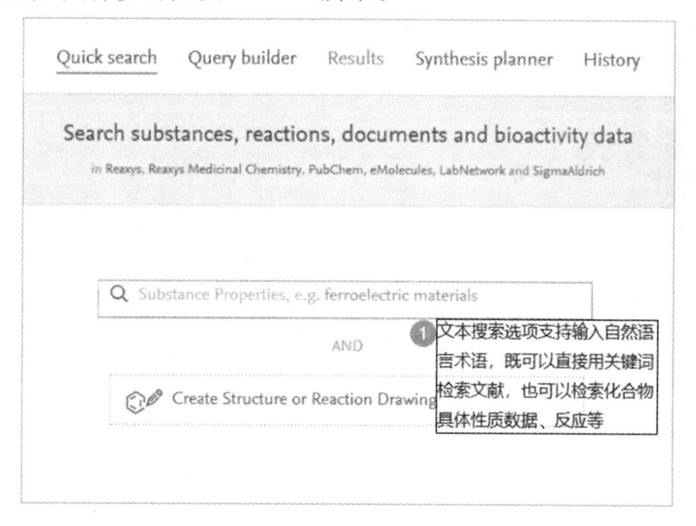

图 1.6.12

(2)“化合物性质检索”步骤

“化合物性质检索”具体步骤如图 1.6.13～图 1.6.16 所示。

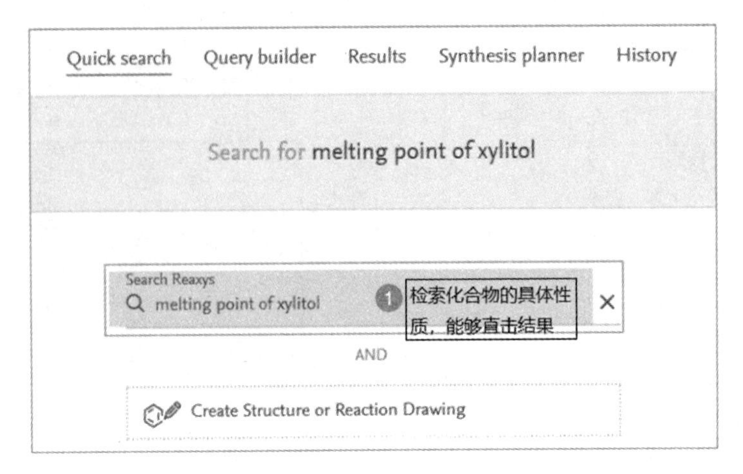

图 1.6.13

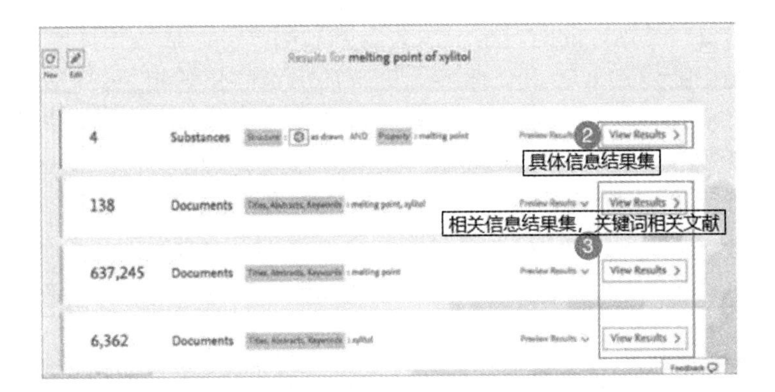

图 1.6.14

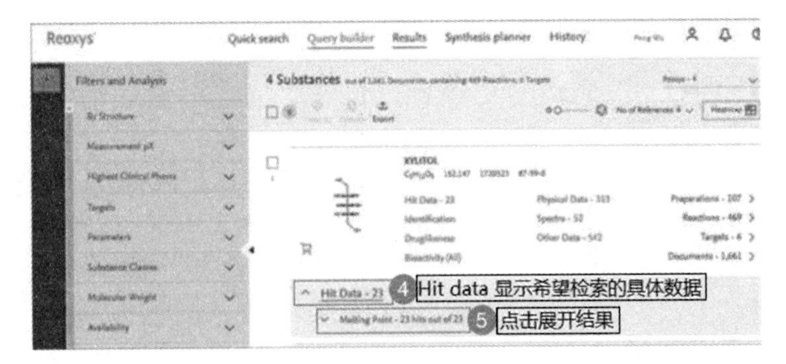

图 1.6.15

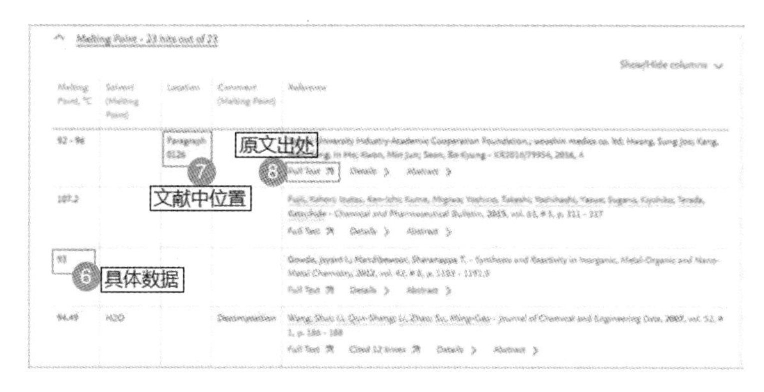

图 1.6.16

(3)“结构检索”步骤

“结构检索”具体步骤如图 1.6.17～图 1.6.18 所示。

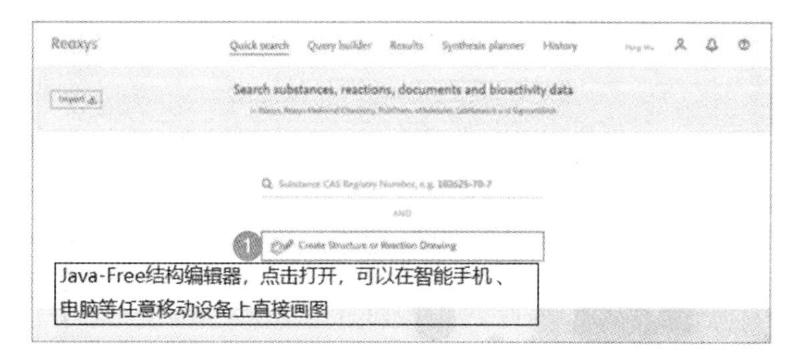

图 1.6.17

图 1.6.18

(4)“化学反应检索”步骤

“化学反应检索”具体步骤如图 1.6.19～图 1.6.20 所示。

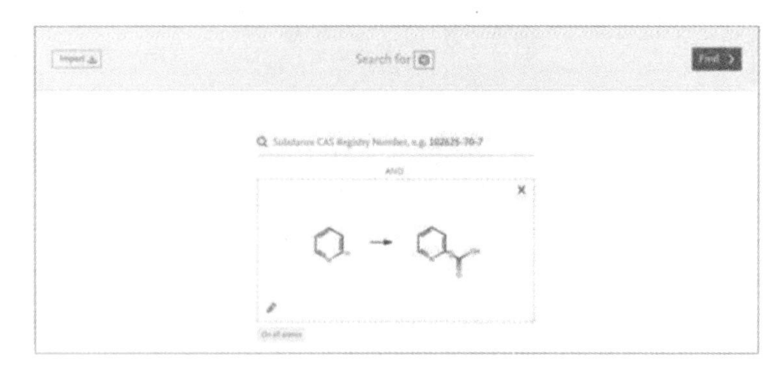

图 1.6.19

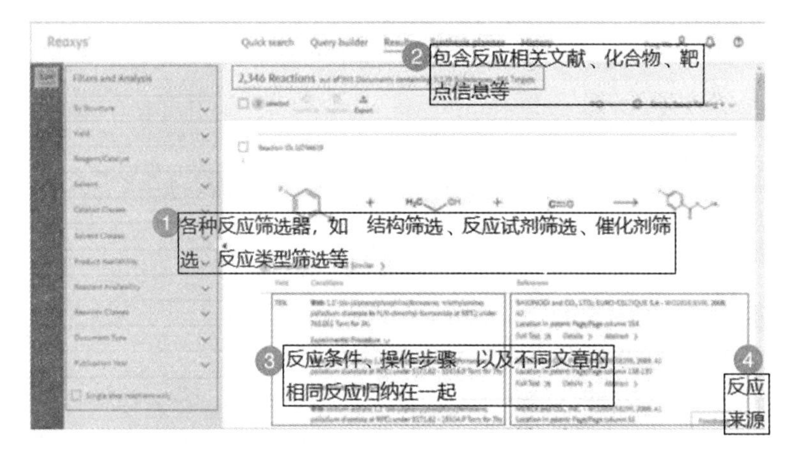

图 1.6.20

Reaxys 和 SciFinder 数据库是化学化工及其相关学科领域最重要的两大数据库，具有强大的检索和服务功能，二者各具特色，又能相互补充。Reaxys 数据库可针对某一物质和某一反应得出最精确的结构，然后通过条件选择扩大检索范围；而 SciFinder 数据库提供最大结果集，有助于研究者全面了解某一领域的研究状况和发展趋势，再通过条件选择和各种限制分析得到需要的精细化结果。

3. Web of Science

美国科技信息所(Institute for Scientific Information，ISI)的 Web of Science 是全球最大、覆盖学科最多的综合性学术信息资源，收录了自然科学、工程技术、生物医学等各个研究领域最具影响力的 8 850(SCI)+3 200(SSCI)+1 700(AHCI)多种核心学术期刊。

美国科技信息所著名的科学引文索引数据库(Science Citation Index，SCI)，历来被公认为世界范围内最权威的科学技术文献索引工具，它能够提供科学技术领域最重要的研究成果。SCI 引文检索的体系更是独一无二，不仅可以从文献引证的角度评估文章的学术价值，还可以迅速方便地组建研究课题的参考文献网络。发表的学术论文被 SCI 收录或引用的数量，已被世界上大多数高校和科研院所作为评价学术水平的一个重要标准。

Web of Science 是美国 ISI 公司基于 WEB 开发的产品，包括三大引文库(SCI、SSCI 和 AHCI)和两个化学数据库(CCR、IC)。作为全球最具影响力的综合性学术信息资源，Web of Science 推出的影响因子(Impact Factor，IF)现已成为国际上通用的期刊评价指标，它不仅是一种测度期刊有用性和显示度的指标，而且也是测度期刊的学术水平，乃至论文质量的重要指标。

Web of Science 主要特点：通用的 Internet 浏览器界面，无须安装任何其他软件；全新的 WWW 超文本的特性，方便相关信息之间的链接；数据每周更新；通过引文检索功能可查找相关研究课题早期、当时和最近的学术文献，同时获取论文摘要；检索所有被收录、被引用的作者，而非仅仅是第一作者；提供“Times Cited”（被引用次数）检索并链接到相应的论文；提供“Related Records”检索，可获得共同引用相同的一份或几份文献的论文；可选择检索范围，可一次检索全部年份、特定年份或最近一期的资料；可对论文的语言、体裁作特定范围的限定检索；检索结果可按其相关性、作者、日期、期刊等项目排序；可保存、打印、Email 所得的资料及检索步骤。

Web of Science 提供 Easy Search 和 Full Search 两种检索界面。Easy Search 通过主题、人物、单位或者城市名和国别检索。Full Search 提供较全面的检索功能。能够通过主题、刊名、著者、著者单位、机构名称检索，也能够通过引文著者（Cited author）和引文文献（Cited reference）名检索，同时可以对文献类型、语种和时间范围等进行限定。

1.7 常用玻璃仪器和配件

了解有机化学实验中所用玻璃仪器的性能、选用适合的玻璃仪器并正确地使用所选玻璃仪器是对每一个实验者最基本的要求。有机化学实验室常用玻璃仪器和配件如图 1.7.1 所示。玻璃仪器一般分为普通和标准磨口两种。实验室常用的普通玻璃仪器有烧杯、量筒、玻璃三角漏斗、培养皿等；常用的标准磨口仪器有磨口三角烧瓶、单口圆底烧瓶、单口茄形瓶、玻璃空心塞、三口圆底烧瓶、蒸馏头、直形或球形冷凝管、尾接管等。

圆底烧瓶能耐热和承受反应物或反应液沸腾以后所发生的冲击震动。在有机化合物的合成和蒸馏实验中使用频率最高，也常用作减压蒸馏的接收器。梨形和茄形烧瓶用途与圆底烧瓶相似，区别在于合成少量有机化合物时梨形和茄形烧瓶在反应瓶内可保持较高的液面，蒸馏时残留在瓶内的液体比较少。三口圆底烧瓶常用于需要进行搅拌的实验中，中间瓶口装搅拌杆，两个侧口分别装回流冷凝管和滴液漏斗或温度计等。磨口三角烧瓶（简称锥形瓶）常用于用水作为重结晶溶剂的加热装置，或在有固体产物生成的合成实验中作为反应瓶，因为生成的固体物容易从锥形瓶中倒出，它也常用作常压蒸馏实验的接收瓶，但不能用作减压蒸馏实验的接收瓶。

直形冷凝管用于被蒸馏提纯物的沸点在 140 ℃以下，需要在夹套内通水冷却，在微量合成实验中，还可用于加热回流装置上。但是，当被蒸馏物的沸点超过 140 ℃时，直形冷凝管往往会在内管和外管的接合处由于温差过大而炸裂，此时须用空气冷凝管代替通冷却水的直形冷凝管。球形冷凝管内管的冷却面积较大，对蒸气的冷凝有较好的效果，适用于加热回流的实验操作。

在普通常压过滤时可以使用玻璃三角漏斗，在减压过滤时使用布氏漏斗。滴液漏斗能把液体一滴一滴地加入反应器中，恒压滴液漏斗用于合成反应实验的液体加料操作，也可用于简单的连续萃取操作。分液漏斗用于液体的萃取、洗涤和分离；在必要的情况下也可替代滴液漏斗用于滴加反应物料。

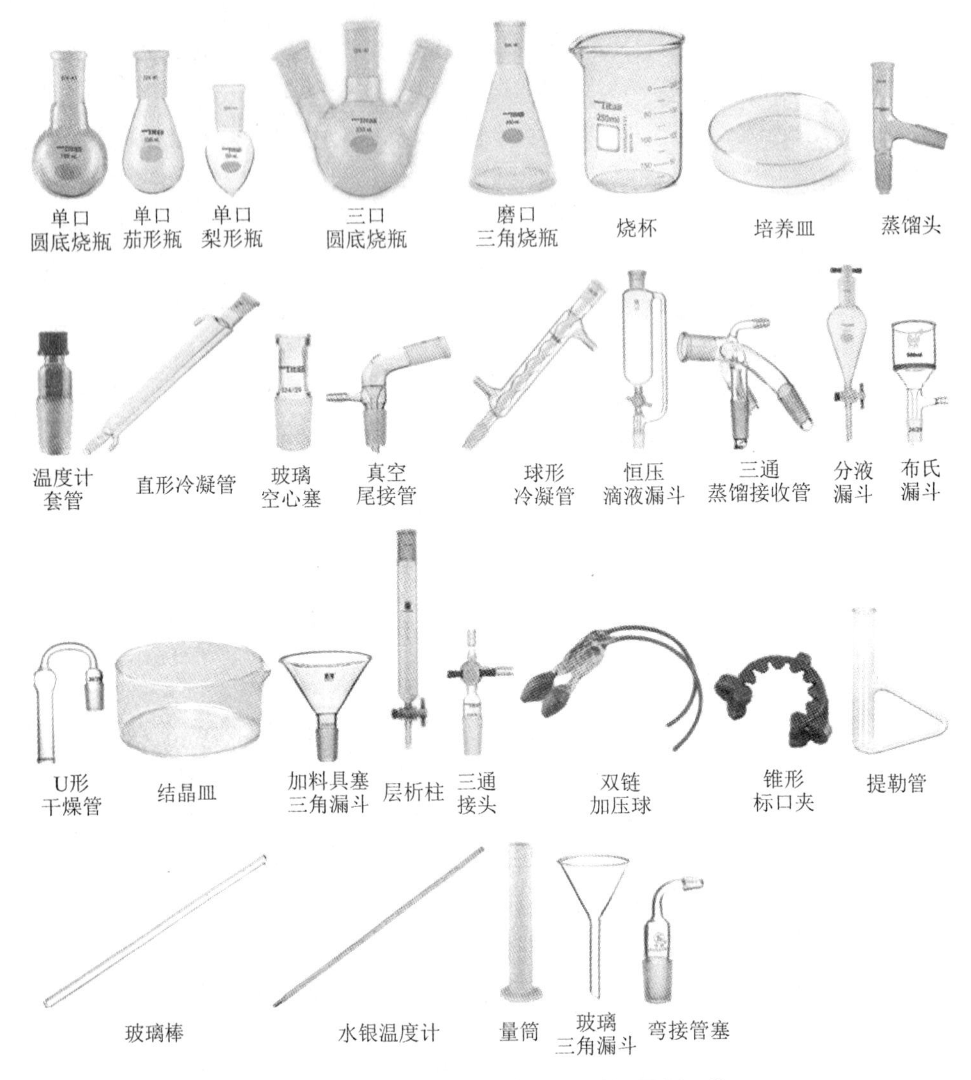

图 1.7.1　有机化学实验常用玻璃仪器与配件

1.7.1　玻璃仪器的使用

玻璃仪器一般是由软质或硬质玻璃制作而成的。软质玻璃耐温、耐腐蚀性较差，但是价格便宜。一般用软质玻璃制成的仪器均不耐温，如普通三角漏斗、量筒、吸滤瓶、干燥管等。硬质玻璃则具有较好的耐温和耐腐蚀性，制成的仪器可在温度变化较大的情况下使用，如烧瓶、烧杯、冷凝管等。

标准磨口仪器是具有标准磨口或磨塞的玻璃仪器，每个部件在其口、塞上或下的显著部位均具有烤印的白色标志，用于标明仪器规格，常见的有 10，12，14，16，19，24，29，34，40 等，部分标准磨口玻璃仪器标有两个数字，如 24/40，24 表示磨口大端的直径为 24 mm，40 表示磨口的高度为 40 mm。由于口塞尺寸的标准化、系统化，凡属于同类规格的接口均可任意互换，各部件能组装成各种配套仪器。当不同类型规格的部件无法直接组装时，可使用转换接头使之相互连接起来。使用标准磨口玻璃仪器既可免去配各种不同口径大小胶塞的过程，又能避免反应物或产物被胶塞沾污的危险；口塞磨砂性能良好，使反应体系密合性可达较高真空度，对蒸馏尤其减压蒸馏有利，对于使用有毒物或挥发性液体的实验较为安全。

使用磨口玻璃仪器时应注意以下几点：① 使用时，应轻拿轻放。② 除试管以外，不能用明火直接加热玻璃仪器，加热时应垫以石棉网。③ 不能用高温加热不耐热的玻璃仪器，如吸滤瓶、三角漏斗、量筒。④ 安装玻璃仪器时，应做到横平竖直，磨口连接处不应受歪斜的应力，以免仪器破裂。⑤ 一般使用时，磨口处无需涂润滑剂，以免粘有反应物或产物。如果反应装置中需要使用强碱时，则需涂抹润滑剂，以免磨口连接处因碱腐蚀而黏结在一起，无法拆开。⑥ 当减压蒸馏时，应在磨口连接处涂抹润滑剂，保证装置密封性好。⑦ 使用温度计时，应注意不要用冷水冲洗热的温度计，以免炸裂，尤其是水银球部位，应冷却至室温后再冲洗。也不能用温度计搅拌液体或固体物质，以免损坏后，因为有汞或其他有机液体而不好处理。

有机化学实验中仪器选用和反应装置装配是否正确合理，对于实验的成败有很大影响。各种有机反应装置都是由一件件玻璃仪器组装而成的，实验中应根据实验要求选择合适的仪器，选择仪器的一般原则如下：① 烧瓶的选择应根据盛装液体的体积而定，一般液体的体积应占容器体积的 1/3～1/2，也就是说烧瓶容积的大小应是液体体积的 1.5 倍。进行水蒸气蒸馏和减压蒸馏时，液体体积不应超过烧瓶容积的 1/3。② 加热回流时选用球形冷凝管，蒸馏操作时选用直形冷凝管，但当蒸馏的馏分温度超过 140 ℃时应改用空气冷凝管，以防温差较大受热不均匀而造成冷凝管断裂。③ 实验室通常备有 100 ℃和 200 ℃两种量程的温度计，选用的温度计一般要高于所测温度 10～20 ℃。

装配一套反应装置时，所选用的玻璃仪器和配件都需要干净，否则会影响产物的产量和纯度。所选用的器材也要恰当，例如在需要加热的实验中，如需选用圆底烧瓶时，应选用质量好的，容积大小为所盛反应物占其容积的 1/2 左右为宜，最多也应不超过 2/3。实验装置，特别是带有机械搅拌这样的动态操作的装置必须使用铁夹固定在铁架台上，才能正常使用，还要注意铁夹、S 扣等的正确使用方法。安装反应装置时，应结合实验台附近电源和水源的位置选择好主要仪器的放置位置，按照“先下后上，先左后右”的原则，逐个将仪器边固定边组装。拆卸的顺序则与组装顺序刚好相反，拆卸前，应先停止加热，移走加热源，待稍微冷却后，再按照“先右后左，先上后下”的原则逐个拆卸反应装置，拆冷凝管时需要注意不要将冷却水洒到电热套内。总之，仪器装配要求做到严密、正确、整齐和稳妥。在常压下进行反应的装置，应与大气相通，不能密闭。铁夹的双钳内侧贴有橡胶皮或绒布，也可人为地缠上石棉绳或布条等，否则容易将仪器夹坏。使用玻璃仪器时，最基本的原则是切忌对玻璃仪器的任何部位施加过度的压力或扭歪，实验装置装配的马虎不仅看上去使人感觉不舒服，而且也是潜在的危险，扭歪的玻璃仪器在加热时会破裂，有时甚至在放置时也会因张力过大而崩裂。

1.7.2　玻璃仪器的清洗

实验过程中，应该养成玻璃仪器使用完毕后及时清洗的习惯，并经常保持洁净。玻璃仪器使用完毕后立即清洗，不但容易清洗，而且由于了解瓶壁残留物的成因和成分，也便于找出处理它们的方法。例如，酸性残渣用碱液洗涤处理，即可方便地将其洗去，如果时间长了，就会给洗刷带来很多困难或者给后续反应人为地引入杂质。

洗刷玻璃仪器最简单的方法就是用特制的毛刷(烧瓶刷、烧杯刷、冷凝管刷等)和去污粉擦洗,但当使用腐蚀性洗液时则不能用刷子。洗刷的过程中,注意不能用秃顶的毛刷,也不能用力过猛,否则容易戳破仪器,存在安全隐患。器皿是否清洁的标志是:加水倒置,水顺着器壁流下,内壁被水均匀润湿有一层既薄又均的水膜,不挂水珠。若难于洗净时,则可根据污垢的性质选用合适的洗液进行洗涤:如果是酸性(或碱性)的污垢用碱(或酸性)洗液洗涤;有机污垢用碱液或有机溶剂洗涤;焦油状和碳化残渣用铬酸洗液洗涤。

有机化学实验室常用的几种洗液有:

(1) 铬酸洗液

铬酸洗液的配置方法如下:在一个 500 mL 烧杯中,将 10 g 重铬酸钠溶解于 10 mL 水中,然后在搅拌状态下缓慢加入 200 mL 浓硫酸,混合过程中溶液放热,待混合液温度降至约 40 ℃时,将其倒入干燥的磨口严密的细口试剂瓶中保存即可。铬酸洗液呈红棕色,具有强酸性、强氧化性和强腐蚀性,使用过程中需要特别注意安全。在使用铬酸洗液前需要将玻璃仪器中的大部分污物尽量洗净,特别是还原性残渣,然后倾去器皿内的水,缓慢倒入洗液,转动器皿,让洗液充分浸润仪器中的未洗净处,放置几分钟后,再不断地转动玻璃仪器,让洗液充分浸润有残渣的位置,最后将洗液倒回洗液贮存瓶中,并用清水将仪器洗涤干净。若壁上粘有少量炭化残渣,可加入少量洗液,浸泡一段时间后在小火上加热,直至冒出气泡,炭化残渣可被除去,但当洗液颜色变绿,表示铬酸洗液失效应该弃入废液桶而不能倒回洗液瓶中。

(2) 酸液

用浓盐酸可以洗去附着在器壁上的二氧化锰或碳酸钙等残渣。

(3) 碱液和合成洗涤剂

配成浓溶液即可,用以洗涤油脂和一些有机酸类化合物。

(4) 有机溶剂洗涤液

当胶状或焦油状的有机污垢如用上述方法不能洗去时,可选用丙酮、乙醚浸泡,浸泡过程中需要加盖避免溶剂挥发,或用 NaOH 的乙醇溶液亦可。用有机溶剂作洗涤剂,使用完毕后可回收至洗液瓶中待下次重复使用。

标准磨口仪器磨口处要干净,不得粘有固体物质。清洗时,应避免用去污粉擦洗磨口,否则,会使磨口连接不紧密,甚至会损坏磨口。带有旋塞或磨口塞的玻璃仪器,由于旋塞和磨口在出厂时是"一对一"的互相匹配,不能将其与其他旋塞互换使用。洗净后,在旋塞和磨口之间垫上一张小纸片或抹凡士林保存,以防黏结无法打开。如果发生粘连情况,可尝试采取以下措施:① 可用热水煮黏结处或用电吹风吹磨口外部,此时内部还未热起来,仅使外部受热膨胀而脱落。② 用木板沿磨口轴线方向轻轻地敲外磨口的边缘,振动磨口也会松开。如果磨口表面已被碱性物质腐蚀,黏结的磨口就很难打开了。③ 将磨口处竖立,往上端缝隙间滴几滴甘油,如果甘油能慢慢地渗入磨口,最终能使连接处松开。

1.7.3 玻璃仪器的干燥

在有机化学实验中,常常需要无水反应条件,即需要使用干燥的玻璃仪器。因此在仪器洗涤干净后,还应该对其进行干燥。实验结束后立即将玻璃仪器洗净干燥后,就可以避免使用时才临时进行干燥,影响实验进度或干燥不完全导致反应不正常。有机化学实验室内几种简单的干燥玻璃仪器的方法如下：

(1) 自然晾干

玻璃仪器洗净后，先尽量倒净其中的水滴，然后挂在水槽旁边的滴水架(图 1.7.2)上晾干，放置 1～2 天后，仪器就自然晾干了。有计划地合理利用实验过程中的零星时间将下次实验所需的仪器洗涤干净并晾干，在做下一次实验过程中可以节省很多时间。

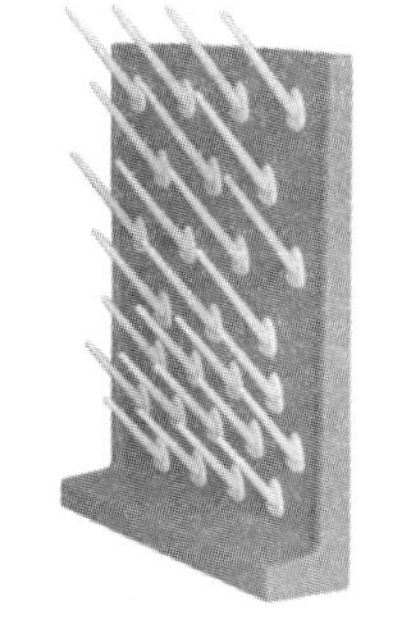

图 1.7.2　滴水架

(2) 烘箱干燥

一般用带鼓风机的电加热烘箱(图 1.7.3)，烘箱温度一般保持在 100～120 ℃，鼓风可以加速仪器中水的挥发。待烘干的仪器放入烘箱时，应按照先放上层再放下层的顺序，避免后放入的玻璃仪器外壁的水珠滴到下层已经烘热的仪器上，否则容易引起玻璃仪器炸裂。已烘干的玻璃仪器应使用坩埚钳取出，然后放在石棉板上冷却，切忌裸手取出而被烫伤。分液漏斗一般无须烘干，滴液漏斗则必须在拔除盖子和旋塞后，才能放入烘箱中进行干燥。

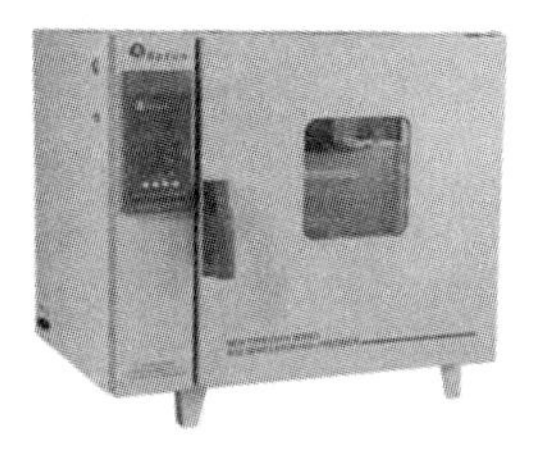

图 1.7.3　鼓风干燥箱

(3) 气流烘干器干燥

在玻璃仪器洗涤干净后，先将仪器内大部分残留的水珠去除，然后将仪器套在气流烘干器(图 1.7.4)的多孔金属管上，气流烘干器既可以通过多孔金属管吹热风，也可以吹冷风。由于容易烧坏电机和电热丝，气流烘干器不宜长时间持续使用。

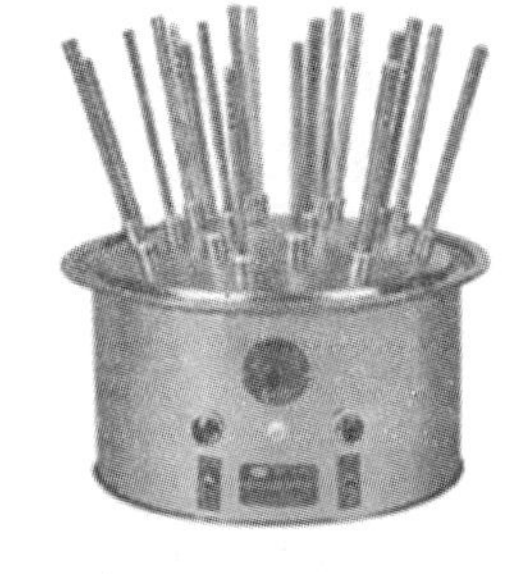

图 1.7.4　气流烘干器

(4) 有机溶剂干燥

体积小的仪器急需烘干时，可将洗涤干净的玻璃仪器先用少量乙醇洗涤一次，再用少量丙酮洗涤一次，最后用吹风机(图 1.7.5)把仪器吹干。清洗过程中使用过的乙醇和丙酮须倒入回收瓶中，可再次循环使用。

图 1.7.5　吹风机

1.8　常用仪器设备

1.8.1　加热干燥设备

真空干燥箱

真空干燥箱(图 1.8.1)是专为干燥热敏性、易分解和易氧化物质而设计的，工作时可使工作室内保持一定的真空度，并能够向内部充入惰性气体，特别是一些成分复杂的物品也能进行快速干燥，采用智能型数字温度调节仪进行温度的设定、显示与控制。

图 1.8.1　真空干燥箱

1.8.2　搅拌设备

搅拌器是有机化学实验必不可少的仪器之一，它可使反应混合物混合得更加均匀，反应体系的温度更加均匀，从而有利于化学反应，特别是非均相反应的进行。搅拌的方式有3种：人工搅拌、磁力搅拌、机械搅拌。人工搅拌一般借助于玻璃棒就可以手动进行，磁力搅拌是利用磁力搅拌器，机械搅拌则是利用机械搅拌器。

1. 磁力搅拌器

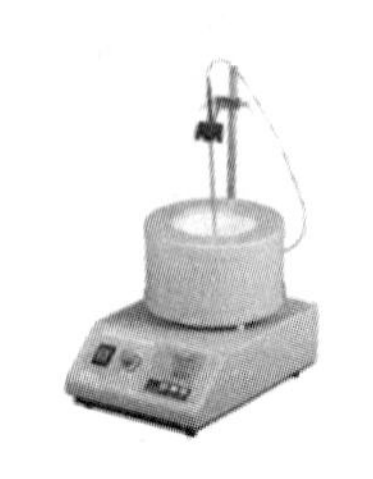

图 1.8.2　磁力搅拌器

磁力搅拌器(图1.8.2)装置比较简单，需要使用磁子，然后利用磁场的转动来带动磁子的转动，从而进行反应液的连续搅拌，尤其是当反应物的量比较少或者反应需要在密闭的条件下进行时，磁力搅拌器的使用更为方便。磁子是用一层惰性材料(如聚四氟乙烯等)包裹着的一小块金属，磁子的形状有圆柱形、椭圆形和圆形等，可以根据实验的特性来选用。但磁力搅拌器的缺点是对于一些黏稠液或是有大量固体参加或生成的反应，磁子无法顺利转动，此时需要选用机械搅拌器作为搅拌动力。

2. 机械搅拌器

机械搅拌器(图1.8.3)主要包括3个部分：电动机、搅拌杆和搅拌密封装置。电动机是固定在支架上的动力部分，由调速器调节其转动快慢。搅拌杆与电动机相连，当接通电源后，电动机就带动搅拌杆转动而进行均匀搅拌。搅拌密封装置是搅拌杆与反应器连接的装置，它可以使反应在密封体系中进行。

图 1.8.3　机械搅拌器

1.8.3　真空设备

1. 循环水真空泵

循环水真空泵(图1.8.4)又称水环式真空泵，是一种实验室常用真空泵，一般在对于真空度要求不太高的减压系统中使用。使用前，先打开水箱上盖注入清洁的凉水或经由放水软管往水箱加水，当水面即将升至水箱后面的溢水嘴下高度时停止加水，重复开机可不再加水。由于有机化学实验室循环水真空泵使用频率较高，需缩短更换水的时间，保持水箱中的水质清洁。然后将需要抽真空的设备的抽气套管紧密套接于水泵抽气嘴上，关闭循环开关，接通电源，打开电源开关，即可开始抽真空作业，通过与抽气嘴对应的真空表可观察真空度。真空度上不去应首先判断是否是被抽容器接口处漏气或者抽气管松动或老化。如属泵的问题，则应检查进水口或各气路是否堵塞或松动漏气。循环水真空泵的电机不转，应检查电源或保险丝。

图 1.8.4　循环水真空泵

2. 隔膜真空泵

循环水真空泵虽然价格实惠，但在使用过程中常会遇到一些问题：比如抗有机溶剂的腐蚀性差、真空度不够、DMSO 蒸馏速度慢、实验室气味难闻、需要换水冷却等诸多问题。而实验室使用隔膜真空泵（图 1.8.5）拥有真空度高、抗腐蚀性能佳、完全回收溶剂、操作维护简单等优点。无油隔膜真空泵是一种变容式真空泵，广泛用于真空过滤、旋转蒸发仪、冷冻、干燥、真空浓缩、分子蒸馏等研究实验。在电动机轴上套有偏心轮，连杆的一端套在偏心轮上，另一端与软质隔膜相连接。随着电动机旋转带动连杆做往复运动，连杆又带动固定在泵体上的隔膜做往复运动使其产生弹性形变，从而使泵体上的抽气室的容积发生周期性变化。在泵体上设有进、排气阀，容积变大时吸气，容器变小时排气，以此达到抽气的目的。

图 1.8.5　隔膜真空泵

3. 旋片式真空泵

旋片式真空泵（图 1.8.6）是最常见的化学实验室真空获得设备之一，它可以抽除密封容器中的干燥气体，但不适于抽除含氧过高的、对金属有腐蚀性的、对泵油会起化学反应以及含有颗粒尘埃的气体。虽然旋片式真空泵的泵油经过过滤处理，极大地减少了泵油污染的可能性，但是在使用过程中因为抽取工艺以及真空泵的运作原理等关系，泵油依旧会出现氧化、乳化等情况而导致变质。同时也会随着真空泵排气过程的进行，少量泵油会随抽取气体一同排出，因此泵油需要及时地进行更换以及补充。旋片式真空泵用油通常选择真空泵专用油，因其具有一定的黏度、化学性能稳定并且蒸气压也较低。

图 1.8.6　旋片式真空泵

1.8.4　仪器设备

1. 旋转蒸发仪

旋转蒸发仪（图 1.8.7）又称旋转蒸发器，由马达、蒸馏瓶、加热锅、冷凝管等部分组成，主要用于在减压条件下连续蒸馏易挥发性溶剂，尤其是对萃取液的浓缩和对色谱分离时接收液的蒸馏，以达到分离和纯化产物的目的，是有机化学实验室中用于浓缩、干燥和回收产物的一款必备基本仪器。它的基本原理是在减压情况下，将旋转蒸发瓶，即圆底烧瓶置于水浴中一边旋转、一边加热，这样可以增大蒸发面积，有利于瓶内溶液扩散蒸发。仪器使用时，应先减压，再打开电动机转动蒸馏烧瓶，结束时，应先停止电动机转动，再通大气，这样可以防止蒸馏烧瓶在转动中脱落。作为蒸馏的热源，还常配有相应的恒温水槽。旋转蒸发仪使用中最大的弊端是溶液中某些样品成分的沸腾，如乙醇和水，可能会导致实验收集样品的损失。出现这种情况时，可以通过小心地调节真空泵的工作强度或者加热锅的温度等操作，防止其爆沸，也可以在样品中加入防沸颗粒以达到减少损失的目的。

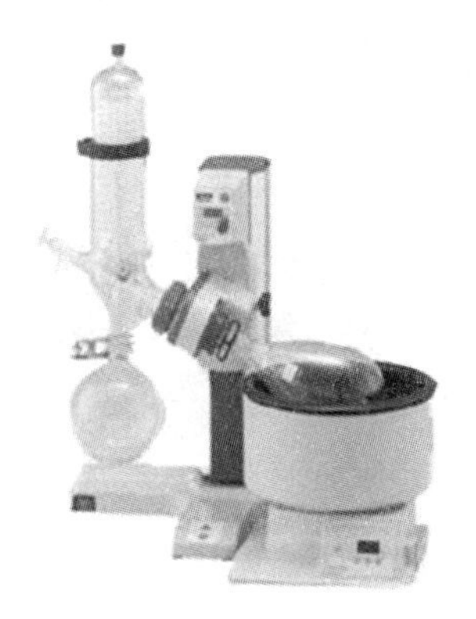

图 1.8.7　旋转蒸发仪

2. 显微熔点测定仪

当待测熔点样品的量比较少时，适合于使用显微熔点测定仪（图 1.8.8），只需 0.1 mg 左右的用量即可通过显微镜清晰地看到样品的晶形和熔化过程。测定时用镊子尖挑一点样品放在载玻片上，盖上盖玻片，轻轻研磨，让样品形成很薄的一层。在显微镜下观察，样品最好为分散的小颗粒，能看到颗粒形状即可，颗粒太小不利于观察，颗粒太大也测量不准，样品也不能堆积在一起，容易导热不均匀，一方面熔点测不准，另一方面会使熔程变长。准备好样品后，盖上热台上配的玻璃片，主要是为了防止挥发性样品污染物镜，调整焦距后就可以加热了。开始加热时升温速度可稍快一些，当达到预计熔点温度以下 10～20 ℃时将升温速度调到每分钟 1～3 ℃。当颗粒形状变圆或出现明显液滴时记录初熔点，视野内完全变成液体时记录终熔点。

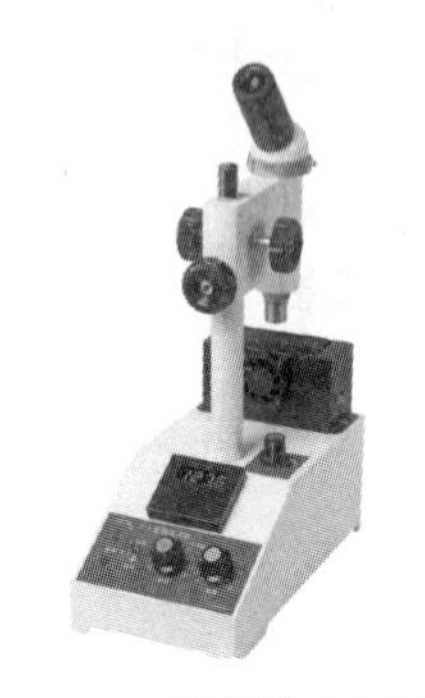

图 1.8.8　显微熔点测定仪

3. 数字熔点仪

实验室常用的 WRS-1B 型数字熔点仪（图 1.8.9）采用光电自动检测、点阵图像液晶显示等技术，采用一端封口的毛细管作为样品管，具有初熔和终熔自动显示的功能。另外，仪器的工作参数可自动贮存，还具有无需人工监视而自动测量的功能。装填样品的方法与显微熔点测定仪略有不同，将干燥均匀的粉末样品装入毛细管内 3～4 mm 的高度，毛细管在桌面敲击，使样品落入管底，再用一根长约 50 cm 的玻璃管（或用直形冷凝管代替），让毛细管在玻璃管内自由落下，重复几次，使样品压实，装样高度以3 mm 左右为宜。使用前，先使用仪器面板上的功能键设置预置温度和升温速率，设置完毕后自动进入控温状态，待仪器温度稳定在预置温度时，再将装有待测样品粉末的毛细管插入加热炉内，按升温键开始进行熔点测定，测试完成后，系统自动记录样品的初熔和终熔值，并自动降温至预置温度，可继续测量下一组样品或关机。毛细管插入仪器前，须用软布将外面沾污的物质清除，否则日久后，插座下面将容易积垢，导致无法检测。

图 1.8.9　WRS-1B 型数字熔点仪

4. 数字自动旋光仪

数字自动旋光仪是测定手性化合物旋光度的仪器，可以通过对样品旋光度的测量来分析和确定物质的浓度、含量及纯度等。WZZ-2S 型数字自动旋光仪（图 1.8.10）采用光电自动平衡原理进行样品的旋光测量，测量结果由背光液晶显示，测试数据清晰直观，可保存三次复测结果，并自动计算平均值，另外还配有可向 PC 机传送数据的接口。仪器使用前须打开电源开关预热 10～15 min，待钠光灯发光稳定后再进行空白溶剂和待测样品的旋光度测定。

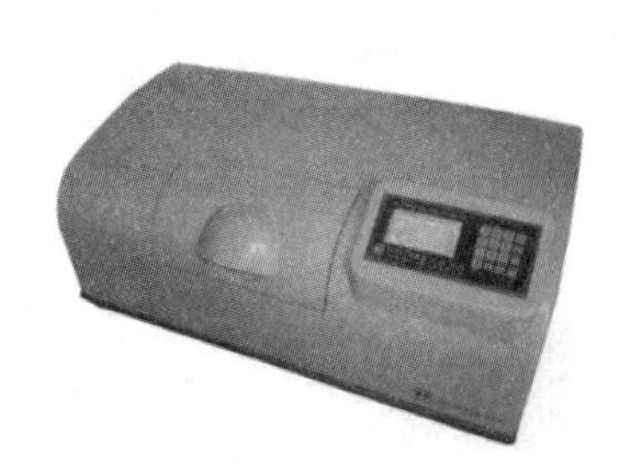

图 1.8.10　WZZ-2S 型数字自动旋光仪

5. 手提式紫外检测灯

手提式紫外检测灯（图 1.8.11）又称手提式紫外分析仪，仪器由紫外线灯管和滤光片组成，设置有两个灵活简便的开关键，分别用于控制 254 nm 和 365 nm 的紫外灯，可在以上双波长之间任意转换，且相互独立。使用过程中当需要某一紫外灯工作时，按下相应开关键即可，紫外灯灯管发出的光经滤光片滤去可见光，从而为荧光分析提供了强烈的 254 nm 和 365 nm 紫外光。同时须注意：紫外滤色片不能和金属物体碰擦，不能受力，表面应保持干燥清洁，每次使用完毕要用干净纱布擦净；操作人员使用时，应将紫外线对准样品照射，并避免紫外线照射到人体。

图 1.8.11　手提式紫外检测灯

6. 傅里叶变换红外光谱仪

红外光谱是根据物质吸收波长为 2.5～25 μm 的中红外辐射能量后引起分子振动能级跃迁，记录跃迁过程而获得该分子的红外吸收光谱，适用于液体、固体、气体、金属材料表面镀膜等样品。傅里叶变换红外光谱仪（图 1.8.12）可以检测样品的分子结构特征，还可对混合物中各组分进行定量分析，具有分辨率高、扫描时间短、灵敏度高、测量范围宽（4 000～400 cm^{-1}）等特点，常用 FT-IR 表示。有机化合物的各种基团在红外光谱的特定区域会出现对应的吸收带，位置大致固定。虽然受化学结构和外部条件的影响，吸收带会发生位移，但综合吸收峰位置、谱带强度、谱带形状及相关峰的存在，仍可以从谱带信息中反映出各种基团的存在与否。红外谱图解析的过程就是根据谱图上出现的吸收带的位置、强度和形状，利用各种基团特征吸收的知识，确定吸收带的归属，确定分子中所含的基团，再结合其他分析所获得的信息，作定性鉴定和推测分子结构。

图 1.8.12　傅里叶变换红外光谱仪

红外光谱图解析的一般步骤是：

① 检查光谱图是否符合要求：基线的透过率在 90%左右；最大的吸收峰不应成平头峰。

② 了解样品来源、理化性质、重结晶溶剂、纯度和其他分析数据。

③ 排除可能出现的“假吸收谱带”，常见的有：水的吸收（3 400 cm^{-1}、1 640 cm^{-1} 和 650 cm^{-1}）；CO_2 的吸收（2 350 cm^{-1} 和 667 cm^{-1}）；重结晶样品时所用溶剂、未反应完的反应物或副产物等引起的红外吸收干扰。

④ 若可写出分子式，则应先算出分子的不饱和度。

⑤ 确定分子所含基团及化学键的类型：按“先官能团区后指纹区，先强峰后次强峰和弱峰，先否定后肯定”的原则分析所得图谱，指配吸收峰的归属。4 000～1 333 cm^{-1} 范围的官能团区可以判断化合物的种类；1 333～650 cm^{-1} 范围的“指纹区”能反映整个分子结构的特点，两个化合物若“指纹区”图谱完全一样就是同一个化合物。吸收峰并非要全部解释清楚，先强峰后次强峰和弱峰，一般只要解释一些较强的峰，但是对一些特征性的弱峰也不可忽视。在分析谱图时，只要在该出现的区域没有出现某基团的吸收，就可以否定此基团的存在，否定是可靠的；在某基团的吸收区出现了吸收，应该查看该基团的相关峰是否也存在，肯定某官能团的存在常会遇到似是而非的情况，要注意仔细辨认。在分析谱图时要综合考虑谱带位置、谱带强度、谱带形状和相关峰的个数，再确定基团的存在。

⑥ 推定分子结构：应用以上图谱分析，结合其他必要的分析数据，确定化合物的结构单元，再依照化学知识和解谱经验，提出可能的结构式。

⑦ 对于已知化合物分子结构的验证，应根据推定的化合物结构式，查找该化合物的标准图谱，若测试条件(单色器、制样方式及谱图坐标等)一样，则样品图谱应该与标准图谱一致。另外可以对照其他数据，如熔点等物理常数。而对于新化合物，一般情况下只靠红外光谱是难以完全确定分子结构的。应该综合应用质谱、核磁共振、紫外光谱、元素分析等手段进行结构分析。

7. 紫外分光光度计

许多有机化合物在紫外-可见光波长区域(200～800 nm)具有特征性的吸收光谱，因此可用紫外分光光度法对有机物进行定性鉴定、结构分析及定量测定(图 1. 8. 13)。紫外分光光度法定量测定的依据是朗勃-比耳定律。首先确定化合物的紫外吸收光谱，确定最大吸收波长。然后在选定的波长下，作出化合物溶液的工作曲线，根据在相同条件下测得待测液的吸光度值来确定待测样品溶液中化合物的含量。物质的吸收光谱本质上就是物质中的分子和原子吸收了入射光中某些特定波长光的能量，相应地发生了分子振动能级跃迁和电子能级跃迁的结果。由于各种物质具有各自不同的分子、原子和不同的分子空间结构，其吸收光能量的情况也就不会相同，因此，每种物质就有其特有的、固定的吸收光谱曲线，可根据吸收光谱上的某些特征波长处的吸光度的高低判别或测定该物质的含量，这也就是分光光度计定性和定量分析的基础。分光光度分析是根据物质的吸收光谱研究物质的成分、结构和物质间相互作用的有效手段。紫外光谱经常用来作物质的纯度检查、定性及定量分析和结构鉴定。在解析紫外光谱图的过程中应注意：① 出峰的位置 (λ_{max})；② 峰的强度(ε)；③ 峰的形状。其中最有用的两个参数是 λ_{max} 和 ε 值。若两个化合物有相同的 λ_{max} 和 ε 值，并且紫外光谱图也一样，则说明它们有一样或类似的共轭体系。

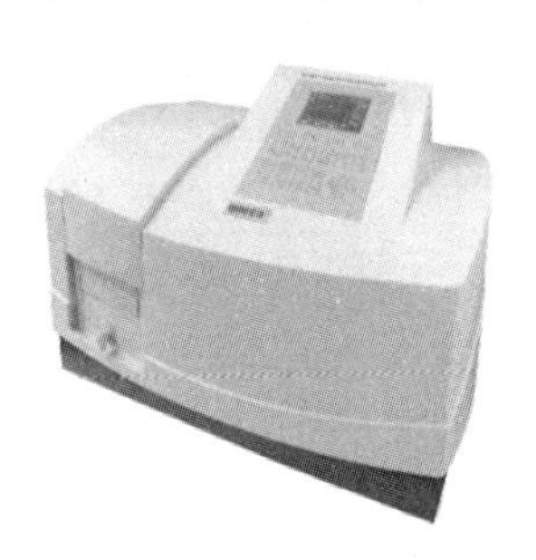

图 1. 8. 13　紫外分光光度计

8. 气相色谱-质谱联用仪

气相色谱-质谱联用仪(图 1. 8. 14)是将气相色谱仪与质谱仪通过一定接口耦合到一起的分析检测仪器，集高效分离、多组分同时定性和定量为一体，是分析混合物(主要是有机物)最为有效的工具，常用 GC-MS 表示。待测样品通过气相色谱分离后的各个组分依次进入质谱检测器，组分在离子源被电离，产生带有一定电荷、质量数不同的离子。不同离子在电磁场中的运动行为不同，采用不同质量分析器把带电离子按质荷比(m/z)分开，得到依质量顺序排列的质谱图。最后通过对质谱图的分析处理，可以得到样品的定性和定量结果。气相色谱-质谱联用仪主要包括气相色谱系统(一般不带检测器)、离子源、质量分析器、检测器、真空系统和计算机系统等几部分。配置了顶空直接进样器和吹扫捕集装置的气-质联用仪，可不经预处理直接分析液态和固态样品中的挥发性有机物，简化了分析程序，节省了分析时间，提高了分析数据的可靠性，直接进样器可用于分析普通色质联用仪所不能分析的高沸点的有机物。

图 1. 8. 14　气相色谱-质谱联用仪

9. 高效液相色谱仪

高效液相色谱仪(图 1.8.15)是一种化学实验室常用的分析检测仪器,常用 HPLC 表示,它是在经典的液体柱色谱基础上,引入了气相色谱的理论,在技术上采用了高压泵、高效固定相和高灵敏度检测器,实现了分析速度快、分离效率高和操作自动化,具有灵敏度高、准确性好、使用灵活、可靠性高等优点。高效液相色谱仪一般含有 5 个主要部分:高压输液系统、进样系统、分离系统、检测系统和辅助装置(梯度淋洗、自动进样及数据处理等)。其工作过程如下:高压泵先将贮液器中流动相溶剂经过进样器送入色谱柱,然后从控制器的出口流出;当注入待分离的混合物样品时,流经进样器贮液器的流动相将样品同时带入色谱柱进行分离,试样中各组分经色谱柱分离后,按先后次序经过检测器时,检测器就将流动相中各组分浓度变化转变为相应的电信号,由记录仪所记录下的信号-时间曲线或信号-流动相体积曲线,称为色谱流出曲线或色谱图。高效液相色谱特别适用于气相色谱不能分离的沸点高和热稳定性差的化合物。

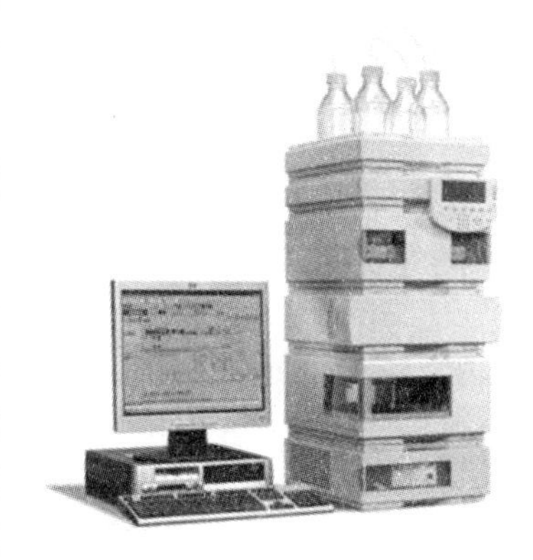

图 1.8.15　高效液相色谱仪

10. 核磁共振波谱仪

核磁共振也是一种吸收光谱,常用 NMR 表示。NMR 是指在静磁场中物质的原子核系统受到相应频率电磁波的作用时,在它们的磁极之间发生的共振跃迁现象。而核磁共振波谱仪(图 1.8.16)正是用来检测固定能级状态之间电磁跃迁的大型仪器设备。

图 1.8.16　核磁共振波谱仪

(1) 待测样品进行 NMR 测试时的一般步骤如下:

① 核磁管的准备:选择合适规格的核磁管,确保清洗干净和干燥;

② 待测样品溶液的配制:选择合适的溶剂,控制好样品溶液浓度;

③ 测试前匀场处理:将核磁管装入仪器,使之旋转,进行匀场;

④ 样品扫描:按样品分子量大小,选择合适的扫描次数;

⑤ 结果分析:保存数据,采用专用软件进行谱图解析。NMR 谱图解析需要关注以下 4 个要素:吸收峰信号的数目、位置、强度和裂分情况。吸收峰信号的数目决定了样品分子中有多少种不同类型的质子;吸收峰信号的位置决定了每种质子的电子环境,即邻近有无吸电子或推电子的基团;吸收峰信号的强度决定了每种质子的比数或个数;吸收峰裂分的情况决定了样品分子结构中邻近有多少个不同的质子,即它的化学环境。其中化学位移(δ)和偶合常数(J)是核磁共振波谱中反映化合物结构的两个重要参数。

(2) 解析 NMR 图谱的一般步骤如下:

① 先检查图谱是否合格:基线是否平坦、TMS 信号是否在零、样品中有无干扰杂质(若有 Fe 等顺磁性杂质或氧气,会使谱线加宽,应先除去)、积分线没有信号处是否平坦;

② 识别"杂质"峰:在使用氘代溶剂时,由于有少量非氘代溶剂存在,会在谱图上出现^{1}H的小峰;

③ 已知分子式则先计算出分子的不饱和度；

④ 按积分曲线算出各组质子的相对面积比，若分子总的氢原子个数已知，则可以算出每组峰的氢原子的个数；

⑤ 先解析 CH_3O—、CH_3N—、CH_3Ph、CH_3—C≡等孤立的甲基吸收峰信号，这些甲基均为单峰；

⑥ 解释低磁场处 $\delta>10$ 处出现的—COOH、—CHO 及分子内氢键的吸收峰信号；

⑦ 解释芳氢讯号，化学位移一般在 7～8 附近，经常是一堆偶合常数较小、图形乱的小峰；

⑧ 若有活泼氢，可以加入重水交换，再与原图比较加以确认；

⑨ 解释图中一级谱，找出 δ 及 J，解释各组峰的归属，再解释高级谱；

⑩ 若谱图复杂，可以应用简化图谱的技术；

⑪ 应用元素分析、质谱、红外、紫外以及 NMR 等结果综合考虑，推定结构；

⑫ 将谱图与推定的结构对照，已知物可对照标准谱图。

1.9 常用分离装置和化学反应装置

在有机反应中由于反应物、产物、催化剂有不同的理化性质，因此对反应装置也有不同的要求。有机反应的容器大多使用圆底烧瓶，烧瓶上有 1～3 个磨口，磨口可与不同实验仪器相连，相互组成一套反应装置，适应于某个具体反应的要求。常用的分离装置和化学反应装置如下。

1. 固液分离装置

在有机实验室进行固液分离一般采用常压过滤和减压抽气过滤两种方式。常压过滤需要使用普通玻璃三角漏斗，漏斗内还需要放入折叠滤纸，折叠方式如图 1.9.1 所示，也可以使用一小团脱脂棉代替滤纸塞入漏斗的颈部上端进行快速固液分离，棉花不宜使用过多，一方面其会吸收滤液，另一方面会导致滤液流出速率降低。常压过滤适用于任何固液分离，根据沉淀性质选择滤纸，一般粗大晶形沉淀用中速滤纸，细晶或无定性沉淀选用慢速滤纸，沉淀为胶体状时应用快速滤纸。常压过滤往往会遇到如下困难：① 常压过滤时，如果滤纸和漏斗的隔层和漏斗管里有气泡，或者漏斗管口（斜面背后）没有贴紧烧杯壁，就会使过滤受到

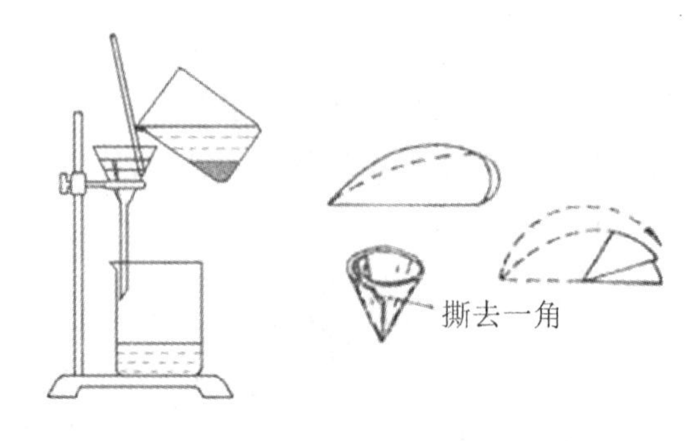

图 1.9.1 常压抽滤装置

空气的阻力而减慢；② 过滤的关键在于控制滤液的流量，开始时如果滤液的流速过大，会使滤纸穿孔。当固体物质增厚时，如果滤液的流速过小，将使滤液流出速率减小。而这些在减压抽气过滤时均可不考虑。

与常压过滤相比，图 1.9.2 所示的减压抽气过滤装置可以更快地让混合物进行固液分离。减压过滤不宜过滤胶状沉淀和颗粒太小的沉淀，因为胶状沉淀易穿透滤纸，颗粒太小的沉淀易在滤纸上形成一层密实的沉淀，溶液不易透过。减压抽气过滤的步骤如下：

图 1.9.2　减压抽气过滤装置

① 安装仪器，漏斗管下端的斜面朝向抽气嘴，但不能靠得太近，以免使滤液从抽气嘴抽走。检查布氏漏斗与抽滤瓶之间的连接是否紧密，抽气泵连接口是否漏气。

② 修剪滤纸，使其略小于布氏漏斗，以滤纸能自由落体运动掉入布氏漏斗底部为宜，且要把所有的孔都覆盖住，并滴加纯净的水或有机溶剂使滤纸与漏斗紧密连接。

③ 用玻璃棒引流，将固液混合物转移至滤纸上。

④ 打开抽气泵开关，开始抽气过滤。

⑤ 若固体需要洗涤时，先拔掉抽滤瓶的抽气接管，用少量溶剂洒到固体上，静置片刻后再接上抽气管将溶剂抽干。

⑥ 过滤完毕后，先拔掉抽滤瓶的抽气接管，再关闭抽气泵，可防止倒吸。

⑦ 从布氏漏斗中取出固体时，应将漏斗从抽滤瓶上取下，左手握紧漏斗管，倒转，用右手“拍击”左手，使固体连同滤纸一起落入洁净的表面皿上，揭去滤纸，再对固体进行干燥处理。

2. 柱层析分离装置

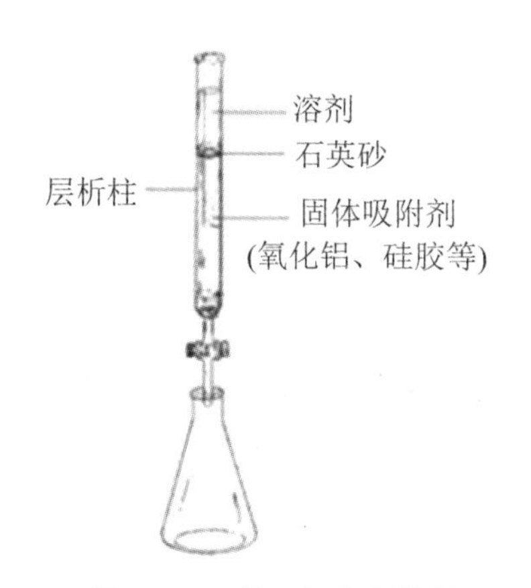

图 1.9.3　柱层析分离装置

柱色谱分离法又称柱上层析法，简称柱层析，常分为：吸附柱色谱、分配色谱和离子交换色谱。图 1.9.3 为吸附柱色谱，即吸附柱层析分离装置。它是分离纯化和鉴定有机化合物的重要方法之一，根据混合物中各组分的分子结构和极性不同来选择合适的吸附剂和洗脱剂，从而利用吸附剂对各组分吸附能力的不同及各组分在洗脱剂中的溶解性能不同而达到分离的目的。吸附柱色谱常采用氧化铝或硅胶作为吸附剂，填装在柱中的吸附剂把混合物中各组分先从溶液中吸附到其表面上，然后再用溶剂进行洗脱。溶剂流经吸附剂时发生无数次吸附和脱附过程，由于各组分被固体吸附剂吸附的程度不同，吸附强的组分移动的速率慢，留在柱的上端，吸附弱的组分移动的速率快，出现在下端，从而达到分离的目的。

3. 加热回流冷凝装置

在室温条件下有些反应速率很慢或难于进行。为了使反应尽快地完成，常常需要使反应物质较长时间保持沸腾。在这种情况下，就需要使用加热回流冷凝装置，使蒸气不断地在

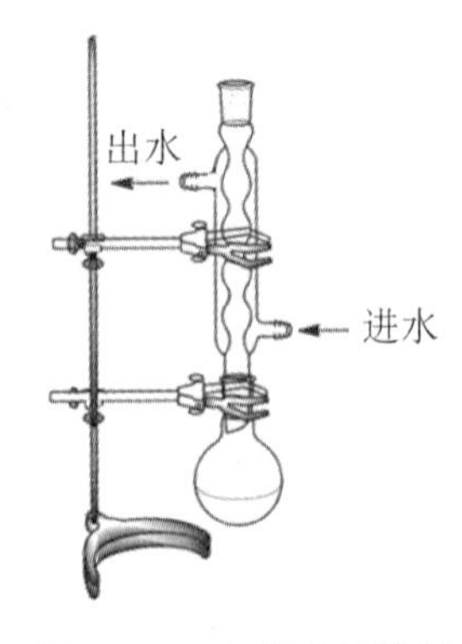

图 1.9.4 加热回流装置

冷凝管内冷凝而返回反应器中，以防止反应瓶中的物质逃逸损失。图 1.9.4 是最简单的回流冷凝装置。将反应物放在圆底烧瓶中，在适当的热源上或热浴中加热。直立的冷凝管夹套中自下至上通入冷水，使夹套充满水，水流速度不必很快，能保持蒸气充分冷凝即可。加热的程度也需控制，使反应瓶中溶液蒸气上升的高度不超过冷凝管的 1/3。如果反应物怕受潮，可在冷凝管上端磨口处接一根氯化钙干燥管，用于防止空气中湿气侵入反应瓶中。该装置主要用于：① 加热有机物；② 制备有机物饱和溶液（重结晶）。圆底反应烧瓶为磨口玻璃仪器，一般使用时，磨口处无需涂抹润滑剂，以免粘有反应物或产物。但是如果反应中需要使用强碱，则要在球形冷凝管下方管口外径均匀涂抹凡士林后，再将其连接到圆底烧瓶磨口处，以免磨口连接处因碱腐蚀而黏结在一起导致无法拆开。

4. 回流吸收装置

对产生卤化氢、氮、硫氢化物等有毒气体的反应，在进行加热回流过程中球形冷凝管顶端必须与尾气吸收装置相连防止毒气外溢，装置如图 1.9.5 所示。若反应能产生易挥发可燃物质时，也需要在冷凝管顶端另用导管相连，通入下水道或室外，防止可燃性气体在室内积聚而发生安全事故。判断这类反应进行程度的常用办法是：观察反应体系中气泡产生的速度，若无气体产生，主反应已完成。圆底反应烧瓶为磨口玻璃仪器，一般使用时，磨口处无需涂抹润滑剂，以免粘有反应物或产物。但是如果反应中需要使用强碱时，则要在球形冷凝管下方管口外径均匀涂抹凡士林后，再将其连接到圆底烧瓶磨口处，以免磨口连接处因碱腐蚀而黏结在一起导致无法拆开。

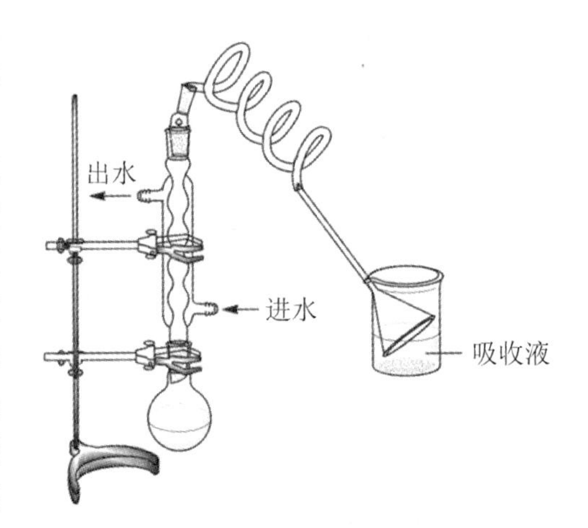

图 1.9.5 回流吸收装置

5. 干燥回流装置

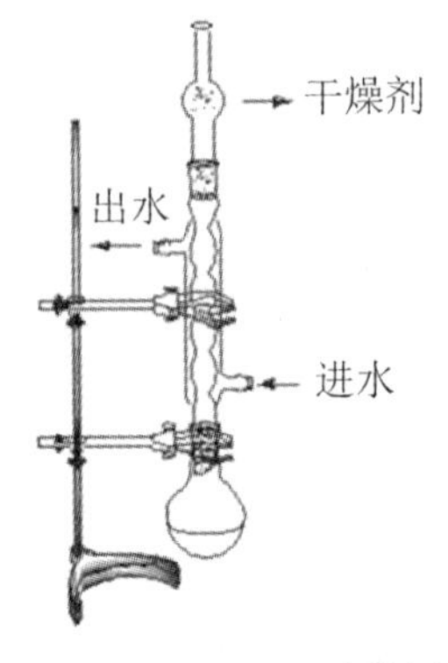

图 1.9.6 干燥回流装置

图 1.9.6 所示的干燥回流装置是用于反应物、催化剂、产物三者之一能与水反应时，不仅要求反应物、试剂、仪器在实验前进行干燥处理，也要保持在反应过程中，外界水蒸气不进入反应体系，因此在回流冷凝管顶端与装有干燥剂的干燥管相连。例如，格氏试剂制备，安装时要注意干燥剂疏松透气，防止过分紧密使反应体系成为密闭体系留下爆炸的安全隐患。对于既要干燥无水又有毒气产生的反应，则可在干燥管后再接尾气吸收装置。圆底反应烧瓶为磨口玻璃仪器，一般使用时，磨口处无需涂抹润滑剂，以免粘有反应物或产物。但是如果反应中需要使用强碱时，则要在球形冷凝管下方管口外径均匀涂抹凡士林后，再将其连接到圆底烧瓶磨口处，以免磨口连接处因碱腐蚀而黏结在一起导致无法拆开。

6. 回流分水装置

如图 1.9.7 所示的回流分水装置是在回流装置的圆底烧瓶与回流冷凝管之间插入一个油水分离器，使回流液先落入油水分离器，静置分层后，有机层再自动回流至反应瓶中，而生成的水可从分水器中放出来，这套反应装置适用于原料和产物均不溶于水、但有水生成的可逆反应，例如正丁醚的制备。借助油水分离器将水不断蒸出，减少产物的浓度，使可逆平衡向产物方向移动，对反应物之中有可溶于水的物质时，可以通过计算用过量可溶性反应物和加入带水剂，应用回流分水器装置控制反应，所谓分水剂就是该物质可与水形成低恒沸混合物，降低蒸出水的温度，减少其他物质蒸出，例如苯甲酸乙酯的合成。回流分水装置可通过观察蒸出水的量来判断反应进行的程度。圆底反应烧瓶为磨口玻璃仪器，一般使用时，磨口处无需涂抹润滑剂，以免粘有反应物或产物。但是如果反应中需要使用强碱时，则要在油水分离器右侧下方管口外径均匀涂抹凡士林后，再将其连接到圆底烧瓶磨口处，以免磨口连接处因碱腐蚀而黏结在一起导致无法拆开。

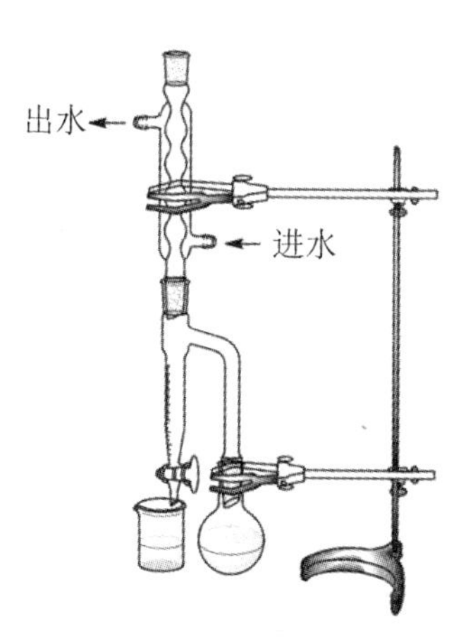

图 1.9.7　回流分水装置

7. 回流提取装置

回流提取装置如脂肪提取器(又称索氏提取器)，是从固体物质中提取有机物的重要途径和方法之一，如图 1.9.8 所示。它的原理是加热反应瓶中的溶剂，使其蒸汽在回流冷凝管中冷却回流滴至放置于脂肪提取器中的被提取固体物质上，使固体物质中被提取成分溶解在溶剂中，再利用虹吸的原理通过虹吸管流回圆底烧瓶中，这一过程蒸发的是纯溶剂，流回烧瓶的是溶解了的被提取物的溶剂，通过溶剂的循环而达到用有限的溶剂将固体物质中的被提取物完全抽提出来的效果。圆底烧瓶为磨口玻璃仪器，一般使用时，磨口处无需涂抹润滑剂，以免粘有反应物或产物。但是如果烧瓶中需要使用强碱时，则要在脂肪提取器下方管口外径均匀涂抹凡士林后，再将其连接到圆底烧瓶磨口处，以免磨口连接处因碱腐蚀而黏结在一起导致无法拆开。

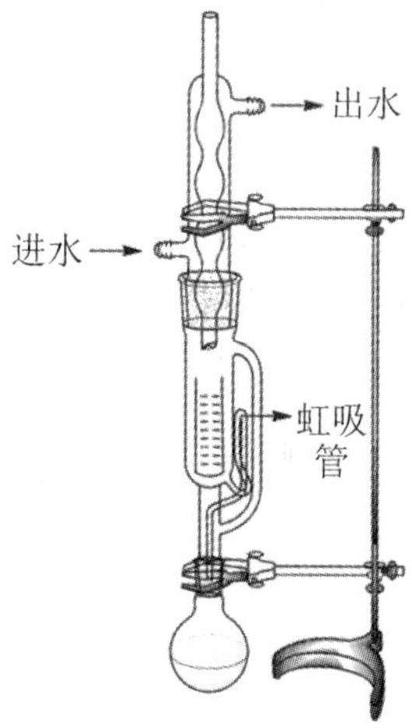

图 1.9.8　回流提取装置

8. 蒸馏装置

如图 1.9.9 所示的蒸馏装置是将烧瓶中产生的热蒸汽先通过蒸馏头流入直形冷凝管，再冷凝成液体的装置。这套装置既可以用来测定沸点(被蒸出液体的沸点)，也可用于分离和提纯有机物，还能用作反应装置，形成反应蒸出装置，主要应用于产物之一为低沸点物质的可逆反应，通过加热蒸出产物促使可逆反应平衡向产物方向移动来控制反应的进行，例如乙酸乙酯的制备。蒸馏烧瓶为磨口玻璃仪器，一般使用时，磨口处无需涂抹润滑剂，以免

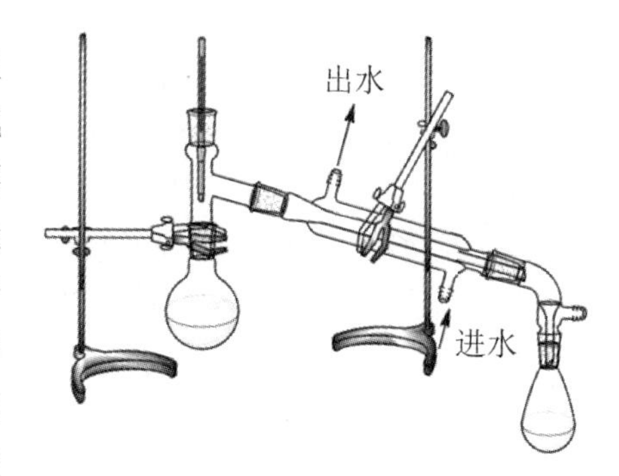

图 1.9.9　蒸馏装置

粘有反应物或产物。但是如果圆底烧瓶中需要使用强碱时，则要在蒸馏头下方管口外径均匀涂抹凡士林后，再将其连接到圆底烧瓶磨口处，以免磨口连接处因碱腐蚀而黏结在一起导致无法拆开；同理，蒸馏头和温度计套管、蒸馏头和直形冷凝管、直形冷凝管和尾接管、尾接管和茄形接收瓶之间的磨口衔接处同样需要均匀涂抹一层凡士林。

9. 分馏装置

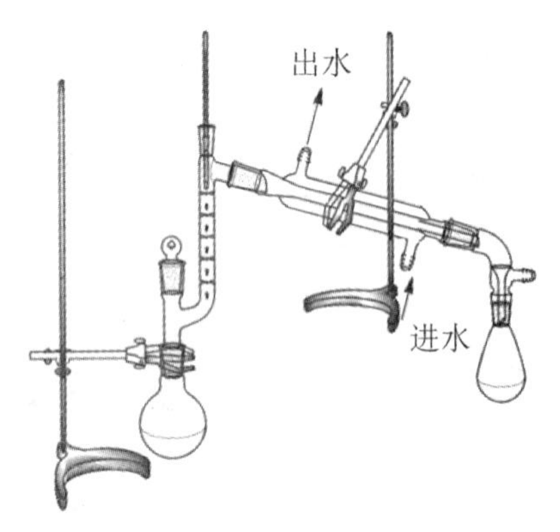

图 1.9.10　分馏装置

如图 1.9.10 所示的分馏装置是在蒸馏装置的烧瓶与蒸馏头之间安装分馏柱，这样上升的热蒸汽先进入分馏柱并在分馏柱中不断与回流的冷凝液发生热量交换和物质的交换，最终使沸点相差不大的低沸点组分被蒸出，用来分离沸点相差不太大的混合物。蒸馏烧瓶为磨口玻璃仪器，一般使用时，磨口处无需涂抹润滑剂，以免粘有反应物或产物。但是如果蒸馏烧瓶中需要使用强碱时，则要在蒸馏头下方管口外径均匀涂抹凡士林后，再将其连接到圆底烧瓶磨口处，以免磨口连接处因碱腐蚀而黏结在一起导致无法拆开；同理，蒸馏头和真空玻璃塞、分馏柱和温度计套管、分馏柱和直形冷凝管、直形冷凝管和尾接管、尾接管和茄形接收瓶之间的磨口衔接处同样需要均匀涂抹一层凡士林。

10. 滴加回流装置

滴加回流装置指在三口圆底烧瓶的一个磨口装回流装置（含回流、回流吸收、回流干燥等），另一个磨口处接恒压漏斗，将反应物或反应物之一逐滴滴加到反应体系中，用于控制有机反应的进行，装置如图 1.9.11 所示。尤其是以下特征的反应，必须选用滴加回流装置：

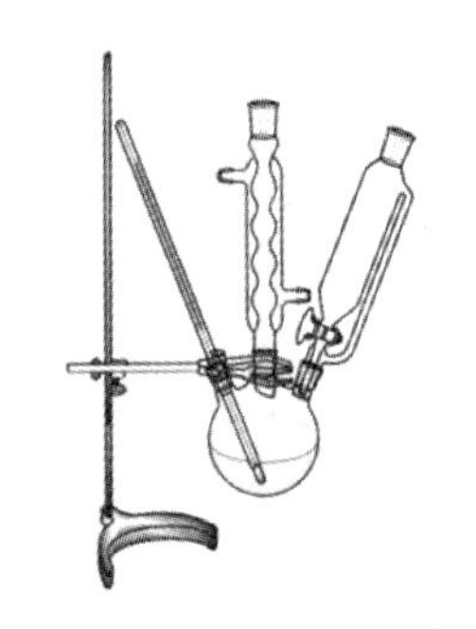
图 1.9.11　滴加回流装置

① 反应物活性较大，为了使反应平稳进行，采用滴加的方式以控制活性大的物质的浓度，达到控制整个反应的目的。

② 强放热反应。为了使反应热能有效向环境扩散，防止发生事故，需控制反应物浓度使反应热量逐渐释放，达到控制反应的目的。

③ 控制副反应或二次反应发生，对反应物之一能与产物反应时，除了严格控制反应条件外，还要控制好该反应物在反应体系中的浓度，而采用滴加方法，如格氏试剂制备时，若采用将镁投入卤代烃中，则镁与卤代烃反应生成的格氏试剂也与卤代烃反应生成烃。因此需采用将卤代烃滴入到镁的醚溶液中，在其基本反应完全以后，再滴加以控制卤代烃的浓度，减少副反应发生。

④ 控制过量。在实施可逆反应时，有时也采用反应物之一过量的方法来控制反应。一般采用较便宜的物质为主，使较贵的物质完全转变成产物而降低成本，例如乙酸乙酯的合成。过量的含义包括两个方面：一是用量上过量；二是在操作技术上将有限的过量的物质转变成数量上的绝对过量，如乙酸乙酯的合成将 1∶1 的反应物滴加到乙醇-硫酸溶液中，达到乙醇的最大程度过量，获得最大收益。三口圆底烧瓶为磨口玻璃仪器，一般使用时，磨口处无需涂抹润滑剂，以免粘有反应物或产物。但是如果反应中需要使用强碱时，则要在球形冷

凝管、恒压滴液漏斗、温度计套管下方管口外径均匀涂抹凡士林后，再将其分别连接到圆底三口烧瓶三个磨口处，以免磨口连接处因碱腐蚀而黏结在一起导致无法拆开。

11. 机械搅拌装置

如图 1.9.12 所示的机械搅拌装置是有机实验中常用的搅拌装置之一，常与回流、滴加组合成反应装置，在以下 3 种情况下需安装：

① 在非均相反应中为了增加反应物之间的相互接触，以加快反应进程，尤其是两种互不相溶的液体靠振荡很难有效接触，必须用机械搅拌器。

② 为了使强放热反应释放出的热量能尽快地向环境传递，防止局部过热而诱发副反应或事故，必须采用机械搅拌器。

③ 反应体系的黏度过大不仅影响反应物之间的接触，也影响热量扩散和小分子物质的挥发，故一般需要机械搅拌。总之搅拌有利于反应物之间的接触，防止反应体系中局部过热或局部过浓。三口圆底烧瓶为磨口玻璃仪器，一般使用时，磨口处无需涂抹润滑剂，以免粘有反应物或产物。但是如果反应中需要使用强碱时，则要在球形冷凝管和恒压滴液漏斗下方管口外径均匀涂抹凡士林后，再将其分别连接到圆底三口烧瓶两个主磨口处，以免磨口连接处因碱腐蚀而黏结在一起导致无法拆开。

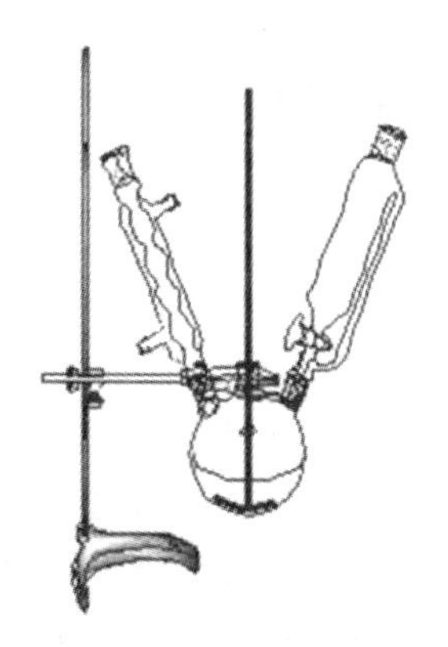

图 1.9.12　机械搅拌装置

1.10　常用有机溶剂的极性顺序和纯化方法

在有机合成中不仅在化学反应中需要使用各类有机溶剂，在薄层色谱柱和吸附柱色谱中也需要使用有机溶剂作为展开剂或洗脱剂。了解常用溶剂的黏度、沸点、吸收波长和极性大小等物理参数，在 TLC 薄板跟踪反应进程或色谱分离有机混合物的过程中有很大帮助。另外，市售的有机溶剂有工业、化学纯和分析纯等各种规格。通常根据反应特性来选择适宜规格的溶剂，以便使反应顺利进行而又不浪费试剂。但对某些反应来说，对溶剂纯度要求特别高，即使只有微量有机杂质和痕量水的存在，常常对反应速度和产率也会发生很大的影响，这就必须对溶剂进行纯化处理，以满足实验的正常要求。

1.10.1　常用溶剂的极性大小顺序

从小到大依次为：石油醚、汽油、庚烷、己烷、二硫化碳、二甲苯、甲苯、氯丙烷、苯、溴乙烷、溴化苯、二氯乙烷、三氯甲烷、异丙醚、硝基甲烷、乙酸丁酯、乙醚、乙酸乙酯、正戊烷、正丁醇、苯酚、甲乙醇、叔丁醇、四氢呋喃、二氧六环、丙酮、乙醇、乙腈、甲醇、氮氮二甲基甲酰胺、水。

1.10.2　常用有机溶剂的纯化

1. 乙醚

乙醚的沸点 b. p. = 34.51 ℃，折光率 n_D^{20} =1.3527，相对密度 d_4^{20} =0.7134，为强挥发性液体，有特殊的气味。普通乙醚常含有2%的乙醇和0.5%的水。久藏的乙醚常含有少量过氧化物。

过氧化物的检验和除去方法：在干净的试管中放入2～3滴浓硫酸，1 mL 2% KI溶液(若KI溶液已被空气氧化，可用稀亚硫酸钠溶液滴到黄色消失)和1～2滴淀粉溶液，混合均匀后加入乙醚，出现蓝色即表示有过氧化物存在。除去过氧化物可用新配制的硫酸亚铁稀溶液(配制方法是 $FeSO_4 \cdot H_2O$ 60 g，100 mL 水和 6 mL 浓硫酸)。将100 mL乙醚和10 mL新配制的硫酸亚铁溶液放在分液漏斗中洗数次，至无过氧化物为止。

醇和水的检验和除去：乙醚中放入少许高锰酸钾粉末和一粒氢氧化钠。放置后，氢氧化钠表面附有棕色树脂，即证明有醇存在。水的存在用无水硫酸铜检验。先用无水氯化钙除去大部分水，再经金属钠进行干燥处理。其方法是：将100 mL乙醚放在干燥锥形瓶中，加入20～25 g无水氯化钙，瓶口用软木塞塞紧，放置一天以上，并间断摇动，然后蒸馏，收集33～37 ℃的馏分。用压钠机将1 g金属钠直接压成钠丝放于盛乙醚的瓶中，用带有氯化钙干燥管的软木塞塞住；或在木塞中插一末端拉成毛细管的玻璃管，这样，既可防止潮气浸入，又可使产生的气体逸出。放置至无气泡发生即可使用；放置后，若钠丝表面已变黄变粗时，须再蒸一次，然后再压入钠丝。

2. 石油醚

石油醚为轻质石油产品，是低相对分子质量烷烃类的混合物，主要成分为戊烷和已烷。其沸程为30～150 ℃，收集的温度区间一般为30 ℃左右。有30～60 ℃、60～90 ℃、90～120 ℃等沸程规格的石油醚。石油醚中常含有少量不饱和烃，沸点与烷烃相近，用蒸馏法无法分离。石油醚的精制通常将石油醚用其等体积的浓硫酸洗涤2～3次，再用10%硫酸加入高锰酸钾配成的饱和溶液洗涤，直至水层中的紫色不再消失为止。然后再用水洗，经无水氯化钙干燥后蒸馏。若需绝对干燥的石油醚，可加入钠丝(与纯化无水乙醚相同)。

3. 四氢呋喃(THF)

四氢呋喃的沸点 b. p. =66 ℃，折光率 n_D^{20} =1.4070，相对密度 d_4^{20} =0.8892，为无色液体，有类似于醚的气味，容易刺激眼、鼻黏膜，使用过程中需要严防吸入其蒸气。THF与水能混溶，常含有少量水分和少量发生自氧化形成的过氧化物。处理THF时，应先用小量进行实验，在确定其中只有少量水和过氧化物，作用不致过于激烈时，方可进行纯化，方法如下：用氢化铝锂在隔绝潮气下回流(通常1000 mL约需2～4 g氢化铝锂)除去其中的水和过氧化物，然后蒸馏，收集66 ℃的馏分蒸馏时不要蒸干。精制后的液体加入钠丝并在氮气氛中保存。有文献报道，用固体氢氧化钾或其水溶液处理THF时，曾发生猛烈的爆炸，所以应该先用碘化钾的酸性水溶液检验四氢呋喃中的过氧化物，如果查出有过氧化物的存在，则可加入0.3%的碘化亚铜，回流30 min后再蒸馏，即可除去过氧化物。

4. 1，4-二氧六环

1，4-二氧六环的沸点 b. p. =101.5 ℃，熔点 m. p. =12 ℃，折光率 n_D^{20} =1.4424，相对密度 d_4^{20} =1.0336。二氧六环能与水任意混合，常含有少量二乙醇缩醛与水，久贮的二氧六环可能含有过氧化物(鉴定和除去方法参阅乙醚)。

二氧六环的纯化方法:在 500 mL 二氧六环中加入 8 mL 浓盐酸和 50 mL 水的溶液,回流 6～10 h,在回流过程中,缓慢通入氮气以除去生成的乙醛。冷却后,加入固体氢氧化钾,直到不能再溶解为止,分去水层,再用固体氢氧化钾干燥 24 h。然后过滤,在金属钠存在下加热回流 8～12 h,最后在金属钠存在下蒸馏,压入钠丝密封保存。精制过的 1, 4-二氧六环应当避免与空气接触。

5. 甲醇

甲醇的沸点 b. p. =64.7 ℃,折光率 n_D^{20}=1.329 2,相对密度 d_4^{20}=0.791 5。市售甲醇几乎全部为合成化工产品,其杂质主要是水、丙酮、甲醛和乙醇等。普通未精制的甲醇一般含有 0.02%的丙酮和 0.1%的水。而工业甲醇中这些杂质的含量达 0.5%～1%。

为了制得纯度达 99.9%以上的甲醇,可将甲醇先用氯化钙、硫酸钙或 4A 分子筛进行干燥处理,然后用分馏柱分馏,收集 64 ℃的馏分。另一种制备无水甲醇的方法是:将 5 g 清洁干燥的镁条、0.5 g 碘和 50～75 mL 甲醇共热,至碘消失而镁条全部反应生成碘化镁,然后加入待干燥的甲醇至总量 1 L,回流 2～3 h,在隔绝湿气的情况下蒸馏。醇有毒,处理时应防止吸入其蒸气。

6. 乙醇

乙醇的沸点 b. p. =78.5 ℃,折光率 n_D^{20}=1.361 6,相对密度 d_4^{20}=0.789 3,为无色液体,具有酒香味。

制备无水乙醇的方法很多,根据对无水乙醇质量的要求不同而选择不同的方法。若要求 98%～99%的乙醇,可采用下列方法:① 利用苯、水和乙醇形成低共沸混合物的性质,将苯加入乙醇中,进行分馏,在 64.9 ℃时蒸出苯、水、乙醇的三元恒沸混合物,多余的苯在 68.3 ℃与乙醇形成二元恒沸混合物被蒸出,最后蒸出乙醇。工业多采用此法。② 用生石灰脱水。于 100 mL 95%乙醇中加入新鲜的块状生石灰 20 g,回流 3～5 h,然后进行蒸馏。

若要 99%以上的乙醇,可采用下列方法:① 在 100 mL 99%乙醇中,加入 7 g 金属钠,待反应完毕,再加入 27.5 g 邻苯二甲酸二乙酯或 25 g 草酸二乙酯,回流 2～3 h,然后进行蒸馏。金属钠虽能与乙醇中的水作用,产生氢气和氢氧化钠,但所生成的氢氧化钠又与乙醇发生平衡反应,因此单独使用金属钠不能完全除去乙醇中的水,须加入过量的高沸点酯,如邻苯二甲酸二乙酯与生成的氢氧化钠作用,抑制上述反应,从而达到进一步脱水的目的。② 在60 mL 99%乙醇中,加入 5 g 镁和 0.5 g 碘,待镁溶解生成醇镁后,再加入 900 mL 99%的乙醇,回流 5 h 后蒸馏,可得到 99.9%的乙醇。由于乙醇具有非常强的吸湿性,所以在操作时,动作要迅速,尽量减少转移次数以防止空气中的水分进入,同时所用仪器必须事前干燥好。

乙醇中微量水的检查方法:在乙醇中加入乙醇铝的苯溶液,若有大量白色沉淀生成,表明乙醇中的水分超过 0.05%。

7. 乙酸乙酯

乙酸乙酯的沸点 b. p. =77.06 ℃,折光率 n_D^{20}=1.372 4,相对密度 d_4^{20}=0.900 6,是一种有水果香气的无色液体。乙酸乙酯一般含量为 95%～98%,含有少量水、乙醇和乙酸。

可用以下方法纯化:于 1 000 mL 乙酸乙酯中加入 100 mL 乙酸酐、10 滴浓硫酸,加热回流 4 h,除去乙醇和水等杂质,然后进行蒸馏。馏出液用 20～30 g 无水碳酸钾振荡,再蒸馏。产物沸点为 77 ℃,纯度可达 99%以上。

8. 丙酮

丙酮的沸点 b. p. −56.2 ℃，折光率 n_D^{20}=1.359 1，相对密度 d_4^{20}=0.790 8，与水、乙醇、氯仿、DMF 等互溶。丙酮有吸湿性，常含有少量的水及甲醇、乙醛等还原性杂质。

其纯化方法有：① 于 250 mL 丙酮中加入 2.5 g 高锰酸钾回流，若高锰酸钾紫色很快消失，再加入少量高锰酸钾继续回流，至紫色不褪为止。然后将丙酮蒸出，用无水硫酸钙或 4A 分子筛进行干燥处理，过滤后蒸馏，收集 55～56.5 ℃的馏分。用此法纯化丙酮时，须注意丙酮中含还原性物质不能太多，否则会过多消耗高锰酸钾和丙酮，使处理时间增长。② 将 100 mL 丙酮装入分液漏斗中，先加入 4 mL 10%的硝酸银溶液，再加 3.6 mL 1 mol/L 的氢氧化钠溶液，振摇 10 min，分出丙酮层，再加入无水硫酸钾或无水硫酸钙进行干燥。最后蒸馏收集 55～56.5 ℃的馏分。此法比方法①要快，但硝酸银较贵，适宜小量丙酮的纯化。利用丙酮和碘化钠可以生成加成物的特性，可以制得高纯度的丙酮，具体方法是：溶解 100 g 细粉状碘化钠于 400 g 沸丙酮中，冷却至室温后，进一步在冰盐浴中冷却至−8 ℃，即生成 $NaI_3 \cdot CH_3COCH_3$ 晶体，抽滤滤出晶体，并将其放入蒸馏瓶中加热，很快即可蒸出纯丙酮。由于高氯酸钙与丙酮蒸汽接触有发生爆炸的危险，因此须切记不能用无水高氯酸钙作为丙酮的干燥剂。

9. 二甲基亚砜(DMSO)

二甲基亚砜的沸点 b. p. =190 ℃/101.2 kPa，熔点 m. p. =18.45 ℃，折光率 n_D^{20}=1.478 3，相对密度 d_4^{20}=1.101 4，强吸湿性液体，通常含有 0.5%的水、微量的二甲硫醚和二甲砜。DMSO 能与水混合，可用分子筛长期放置加以干燥。然后减压蒸馏，收集 76 ℃/1 600 Pa (12 mmHg)馏分。蒸馏时，温度不可高于 90 ℃，否则会发生歧化反应生成二甲砜和二甲硫醚。也可用氧化钙、氢化钙、氧化钡或无水硫酸钡来进行干燥处理，然后减压蒸馏。也可用部分结晶的方法纯化。二甲基亚砜与某些物质混合时可能发生爆炸，例如氢化钠、高碘酸或高氯酸镁等应予以注意。

10. *N*,*N*-二甲基甲酰胺(DMF)

其沸点 b. p. =153 ℃/101.2 KPa，折光率 n_D^{20}=1.430 4，相对密度 0.948 7，为无色或微黄色液体，有淡淡的氨气味，能与大多数有机溶剂和水任意混合，对有机和无机化合物的溶解性能较好。DMF 中含有少量水分。常压蒸馏时有些分解，产生二甲胺和一氧化碳。在有酸或碱存在时，分解加快。所以加入固体氢氧化钾(钠)在室温放置数小时后，即有部分分解。因此，最常用硫酸钙、硫酸镁、氧化钡、硅胶或分子筛进行干燥处理，然后减压蒸馏，收集 76 ℃/4.8 kPa(36 mmHg)的馏分。其中如含水较多时，可加入 1/10 体积的苯，在常压及 80 ℃以下蒸去水和苯，然后再用无水硫酸镁或氧化钡进行干燥处理，最后进行减压蒸馏。纯化后的 DMF 要避光贮存。DMF 中如有游离胺存在，可用 2，4 二硝基氟苯产生颜色来检查。DMF 中微量水分可以用粉状氧化钡一起放置而除去。

11. 二氯甲烷(DCM)

其沸点 b. p. =40.0 ℃，折光率 n_D^{20}=1.424 6，相对密度 d_4^{20}=1.325，为无色液体，有刺激性的芳香气味。使用二氯甲烷比氯仿安全，因此常常用它来代替氯仿作为比水重的萃取剂。普通的二氯甲烷一般都能直接做萃取剂用。如需纯化，可用 5%的碳酸钠溶液洗涤，再用水洗涤，然后用无水氯化钙进行干燥处理，蒸馏收集 40～41 ℃的馏分，保存在棕色瓶中。二氯甲烷有麻醉剂的作用，并损害神经系统。与金属接触有发生爆炸的危险。

12. 氯仿

其沸点 b. p. =61.7 ℃，折光率 n_D^{20}=1.445 9，相对密度 d_4^{20}=1.483 2，为具有不燃性、易挥发的重液体。氯仿在日光下易氧化成氯气、氯化氢和剧毒的光气，故氯仿应贮于棕色瓶中。市场上供应的氯仿多用1%的酒精做稳定剂，以消除产生的光气。氯仿中乙醇的检验可用碘仿反应；游离氯化氢的检验可用硝酸银的醇溶液。除去乙醇可将氯仿用其 1/2 体积的水振摇数次分离下层的氯仿，用氯化钙干燥 24 h，然后蒸馏。另一种纯化方法：将氯仿与少量浓硫酸一起振动两三次。每 200 mL 氯仿用 10 mL 浓硫酸，分去酸层以后的氯仿用水洗涤，干燥，然后蒸馏。除去乙醇后的无水氯仿应保存在棕色瓶中并避光存放，以免光化作用产生光气。将氯仿流经活性氧化铝柱或硅胶柱，可以去掉其中的乙醇，这样的柱子可以吸附相当于其重量约 8%的乙醇，用完后的氧化铝在 600 ℃高温下加热 6 h 即可再生。

13. 1,2-二氯乙烷

其沸点 b. p. =83.7 ℃，折光率 n_D^{20}=1.444 4，相对密度 d_4^{20}=1.253 1，为无色液体，有类似氯仿的气味。1,2-二氯乙烷中可能含乙醇作为氧化抑制剂。纯化的过程中，依次用浓硫酸、水、稀氢氧化钠（或碳酸钠溶液）和水洗涤后，先用氯化钙或硫酸镁进行初步干燥，然后与五氧化二磷、硫酸钙或氢化钙一起加热回流，最后进行分馏收集。1,2-二氯乙烷具有一定的毒性，能引起皮肤湿疹，其蒸气还可影响视力，与金属钠接触易爆炸。

14. 苯

其沸点 b. p. =80.1 ℃，折光率 n_D^{20}=1.501 0，相对密度 d_4^{20}=0.879 0，为无色液体，与水形成共沸物，在 69.25 ℃沸腾。普通苯常含有少量水和噻吩，噻吩的沸点 84 ℃，与苯接近，不能用蒸馏的方法除去。

噻吩的检验：取 1 mL 苯加入 2 mL 溶有 2 mg 吲哚醌的浓硫酸，振荡片刻，若酸层呈蓝绿色，即表示有噻吩存在。

噻吩和水的除去：将苯装入分液漏斗中，加入相当于苯体积 1/7 的浓硫酸，振摇使噻吩磺化，弃去酸液，再加入新的浓硫酸，重复操作几次，直到酸层呈现无色或淡黄色并检验无噻吩为止。将上述无噻吩的苯依次用 10%的碳酸钠溶液和水洗至中性，再用氯化钙干燥，进行蒸馏，收集 80 ℃的馏分，最后用金属钠脱去微量的水得无水苯。

15. 甲苯

其沸点 b. p. =110.8 ℃，折光率 n_D^{20}=1.496 9，相对密度 d_4^{20}=0.862 3，为无色液体，有类似于苯的气味，能与水形成共沸物，其沸点为 84.1 ℃，其中含 81.4%的甲苯。从煤焦油中所得的甲苯常含有甲基噻吩，所以甲苯的纯化与苯相同。但由于甲苯比苯更容易磺化，所以甲苯用浓硫酸处理时，温度应当控制在 30 ℃以下。甲苯的干燥除了可以用恒沸蒸馏除去水的方法，也可以使用氯化钙、硫酸钙、硫酸镁等干燥剂脱水，而进一步的干燥则是与五氧化二磷、钠、氢化钙或氢化铝锂一起回流，最后进行分馏收集。

16. 冰醋酸

其沸点 b. p. =118 ℃，折光率 n_D^{20}=1.371 8，相对密度 d_4^{20}=1.049 2，为有刺激性气味的无色晶体，有强吸水性，是大多数有机物的优良溶剂。冰醋酸中常见的杂质为微量的乙醛、水和某些可氧化物。纯化时，可加入一些乙酸酐或五氧化二磷使之与所含水反应，或加入 2%～5% $KMnO_4$在低于沸点的条件下加热 2～6 h，然后进行分馏，均可得到纯醋酸。另外，还可以加入苯进行恒沸蒸馏或用冰冻结晶的方法除去乙酸中的微量水。

17. 吡啶

其沸点 b. p. −115. 6 ℃，折光率 n_D^{20} = 1. 509 2，相对密度 d_4^{20} = 0. 983 1，为无色液体，有特殊臭味和强吸水性。吡啶刺激皮肤，容易引起湿疹样的皮肤伤害，吸入蒸汽会出现头晕、恶心和肝肾损害。分析纯的吡啶含有少量水分，可供一般实验用。如要制得无水吡啶，可将吡啶用固体氢氧化钾、氢氧化钠、氧化钙或钠干燥后，再进行分馏，纯化后的吡啶因吸水性很强，应贮存于 N_2 保护下，并置有 5A 分子筛或氧化镁的干燥器中。其他的干燥方法还有：① 在吡啶中加入 4A 分子筛、氢化钙或氯化铝锂，放置，脱水；② 在含水吡啶中加入甲苯或苯，进行恒沸蒸馏。

18. 二硫化碳

其沸点 b. p. = 46. 25 ℃，折光率 n_D^{20} = 1. 631 9，相对密度 d_4^{20} = 1. 263 2。二硫化碳为有毒化合物，能使血液神经组织中毒，具有高度的挥发性和易燃性，因此，使用时应避免与其蒸气接触。对二硫化碳纯度要求不高的实验，在二硫化碳中加入少量无水氯化钙干燥几小时，在水浴 55～65 ℃下加热蒸馏、收集。如需要制备较纯的二硫化碳，在试剂级的二硫化碳中加入 0. 5%的高锰酸钾水溶液洗涤 3 次。除去硫化氢再用汞不断振荡以除去硫。最后用2. 5%硫酸汞溶液洗涤，除去所有的硫化氢(洗至没有恶臭为止)，再经氯化钙干燥，蒸馏收集。

第2章 合成实验

2.1 乙酰水杨酸(阿司匹林)的合成

2.1.1 背景知识

早在18世纪，人们就从柳树皮中提取出了水杨酸(Salicylic Acid)，并注意到它可以作为止痛、退热和抗炎药。然而，人们同时也发现水杨酸存在对肠胃的刺激性副作用。直到19世纪末，有机化学家通过对水杨酸(邻羟基苯甲酸)的酚羟基进行简单的乙酰化结构修饰，成功合成了可以替代水杨酸的明星药物——乙酰水杨酸，商品名为阿司匹林(Aspirin)。阿司匹林至今依然是一个被广泛使用的具有解热镇痛作用、治疗感冒的药物，同时还发现它也具有预防心脏病、血栓症和中风等新功效，其医用价值似乎还未尽穷。

2.1.2 反应式

生成乙酰水杨酸的反应式如下：

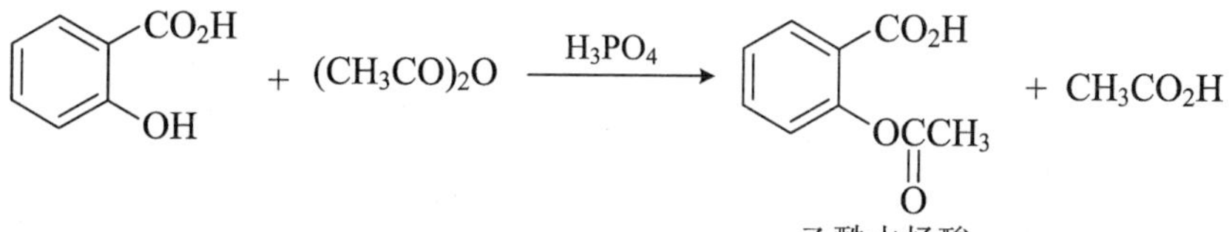

CO_2H / OH + $(CH_3CO)_2O$ $\xrightarrow{H_3PO_4}$ CO_2H / $OCCH_3$ (‖O) + CH_3CO_2H

乙酰水杨酸

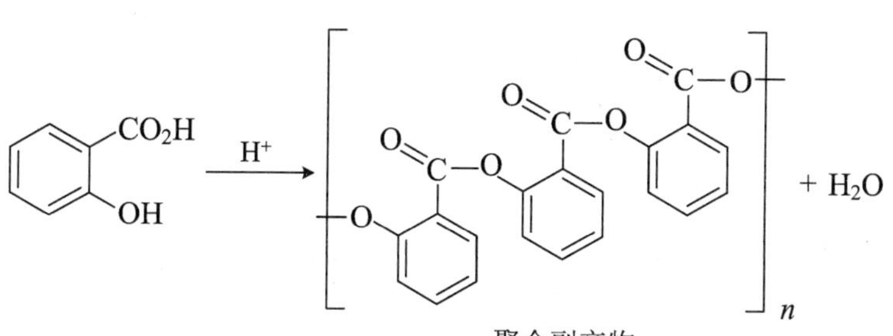

CO_2H / OH $\xrightarrow{H^+}$ [—O—C(=O)—O—C(=O)—O—C(=O)—O—]$_n$ + H_2O

聚合副产物

由于乙酰化反应不完全或由于产物在分离过程中发生水解，存在于最终产物中的杂质可能是水杨酸自身。但它可以在各步纯化过程和产物的重结晶过程中除去。另外，与大多数酚类化合物一样，水杨酸可与三氯化铁溶液络合形成深色配合物，而乙酰水杨酸即阿司匹林,因酚羟基已被酰化,不能再与三氯化铁发生显色反应,因此杂质很容易通过这种特殊的显色反应快速检出。

2.1.3 主要试剂及产物的物理常数

表 2.1.1 给出了主要试剂及产物的物理常数。

表 2.1.1 主要试剂及产物的物理常数

化合物	MW	m. p. (℃)	b. p. (℃)	d	n_D^{20}
水杨酸 (Salicylic Acid)	138.120	159		1.443	
乙酸酐 (Acetic Anhydride)	102.090		140	1.082	1.3904
磷酸 (Phosphoric Acid)	97.994	42	261	1.874	
乙酰水杨酸 (Acetylsalicylic Acid)	180.160	135			

2.1.4 实验步骤

1. 乙酰水杨酸的合成

仪器与耗材:磨口三角烧瓶、量筒、玻璃棒、培养皿、玻璃空心塞、布氏漏斗、恒温数显水浴加热锅、铁夹、电子天平、药勺、滴管、滤纸、称量纸、标签纸。

涉及的基本实验操作:称量、水浴加热、冷却、抽滤、结晶的干燥等。

在 100 mL 干燥的磨口三角烧瓶中加入 1.4 g 水杨酸、4 mL 乙酸酐和 5 滴浓磷酸,旋转三角烧瓶使水杨酸大部分溶解后,用铁夹夹在三角烧瓶磨口处,手握铁杆在 85~90 ℃的水浴中摇晃加热 10 min。冷却反应液至室温后,即有乙酰水杨酸晶体析出,边搅拌边缓慢加入 20 mL 水,将混合物继续在冰水浴中冷却使结晶完全(图 2.1.1)。

* 将三角烧瓶直接浸入热水浴中,热浴液面应略高于容器中的液面,勿使三角烧瓶底部接触水浴锅底部。

* 加水分解乙酸酐会产生大量的热量,反应液可能会沸腾,须小心操作。

* 冰和冰水混合物都是常用的冷却剂,后者由于能与容器壁接触得更好,冷却效果比单纯用冰好。将反应物冷却的最简单的方法,就是将盛有反应物的容器浸入冰水中冷却。若析不出晶体:① 可用玻璃棒摩擦器壁形成粗糙面,并将反应物置于冰水中冷却使结晶产生;② 通过加入乙酰水杨酸晶种,形成晶核,加快或促进与之晶型相同的结晶的生长。

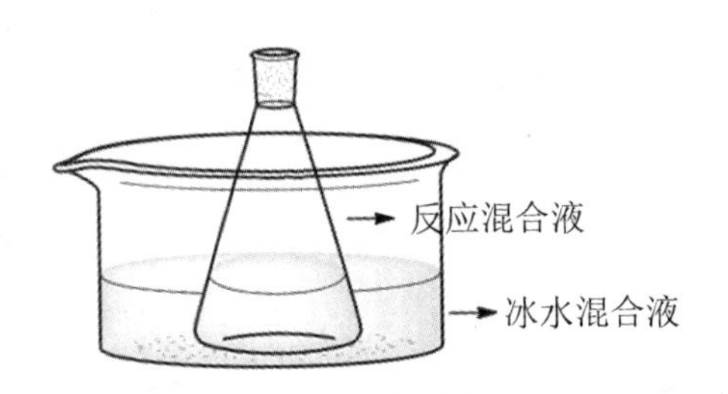

图 2.1.1 冷却装置图

减压过滤，用滤液反复淋洗锥形瓶，直至所有晶体被收集至布氏漏斗中。每次用少量的冰水洗涤结晶 2 次，继续抽吸将溶剂尽量抽干(图 2.1.2)。粗产物转移至培养皿中，在空气中自然风干，待下次实验时，称量粗产物，计算粗产率。

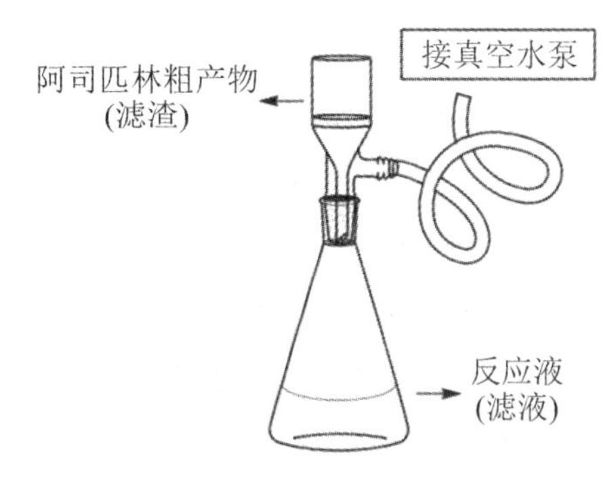

图 2.1.2 减压抽气过滤装置图

*采用布氏漏斗进行减压抽气过滤可以将结晶从母液中分离。玻璃布氏漏斗的侧管用耐压的橡胶管与水泵相连，将容器中的液体和晶体分批倒入漏斗中，并用少量的滤液洗出黏附于容器壁上的晶体。关闭水泵前，务必将抽滤瓶与水泵间相连的橡胶管拆开，以免水泵中的水倒流流入吸滤瓶中。

*计算产率必须采用干燥样品的质量，实验室通常用空气晾干和烘干等方法。空气晾干即将过滤抽干的固体物质转移至培养皿中，并铺成薄薄的一层，再用一张滤纸覆盖以免灰尘玷污样品，然后在室温下放置，一般需要几天后才能彻底干燥。

*称重前需要对样品进行检查性烘干，采用连续两次干燥后称重的差异在 0.3 mg 以下的质量，来判断产物是否恒重，并以最后一次称得的质量为准。

2. 乙酰水杨酸粗产物的提纯和重结晶

仪器与耗材：磨口三角烧瓶、烧杯、量筒、玻璃棒、培养皿、布氏漏斗、玻璃空心塞、酒精灯、铁夹、铁圈、电子天平、药勺、滤纸、滴管、称量纸、标签纸、沸石。

涉及的基本实验操作：重结晶、(热)过滤等。

将粗产物转移至 50 mL 的烧杯中，在玻璃棒搅拌下，加入 20 mL 饱和碳酸氢钠溶液。加完后继续搅拌 1 min，直至无二氧化碳气泡产生。减压抽气过滤，不溶性聚合副产物被滤出。将滤液倒入预先盛有 3 mL 浓盐酸和 10 mL 水配成溶液的烧杯中，搅拌均匀后，即有乙酰水杨酸沉淀析出。再将烧杯置于冰水浴中冷却，待结晶完全后，减压过滤，用洁净的玻璃空心塞挤压滤饼，尽量抽去滤液，再用冷水洗涤滤饼 2 次，抽干水分。

*纯化过程的原理如图 2.1.3 所示，此操作若省略，不溶性高聚物杂质也可在后续重结晶过程中，通过热过滤去除。

将滤饼转移至 100 mL 磨口三角烧瓶中，用水进行重结晶：先加入 10 mL 水和 2 颗沸石，将三角烧瓶在石棉网上加热至微沸，并不断用玻璃棒搅拌使固体溶解。在微沸过程中仔细观察瓶内物质溶解的情况：如仍有固体不溶，可分批补加水，每次补加后再将溶液加热至微沸，同时注意观察每次补加少量溶剂后，溶液中残余固体量的变化，以免将不溶性杂质的存在当作固体未溶而误加入过多的溶剂；如有不溶性的杂质，需要对其进行热过滤滤除杂质。待溶液中的固体全部溶解，计算全溶后加入水的总体积，再加入过量 100%的水，继续加热溶解。保持溶液微沸

*重结晶是提纯固体有机物常用的方法之一。固体有机物在溶剂中的溶解度一般是随着温度升高而增大的。通常先选择合适的溶剂对固体进行热溶解，使之成为饱和溶液，冷却后由于溶解度降低，溶液达到过饱和状态从而析出晶体，利用被提纯物与杂质在溶剂中的溶解度不同而除去杂质。一般适用于纯化杂质含量在 5%以下的固体有机化合物。若杂质含量过高，常会影响结晶生成的速率，有时会变成油状物而难以析出晶体。

* 若待提纯的乙酰水杨酸含有有色杂质，可待其完全加热溶解于水后稍冷却，加入适量的活性炭，微沸 5～10 min，使充分吸附脱色后再趁热过滤。活性炭的用量视杂质多少、溶液颜色深浅而定，一般为干燥粗产物质量的 1%～5%。切忌直接将活性炭加入沸腾的溶液中，否则会造成爆沸使溶液冲出溶剂。

5 min 后，将溶液冷却至室温，待析晶完全后进行减压抽气过滤，三角烧瓶中残留晶体用少量滤液转移至布氏漏斗中。将重结晶产物转移至培养皿中，在空气中自然风干，待下次实验时，称量重结晶产物，计算产率(图 2.1.4)。产量约为 1.3 g。

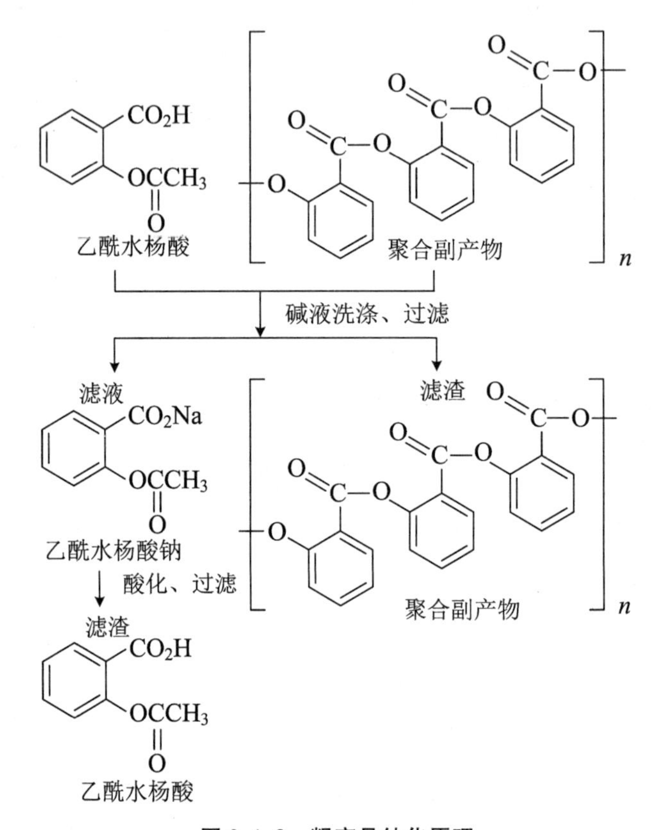

图 2.1.3　粗产品纯化原理

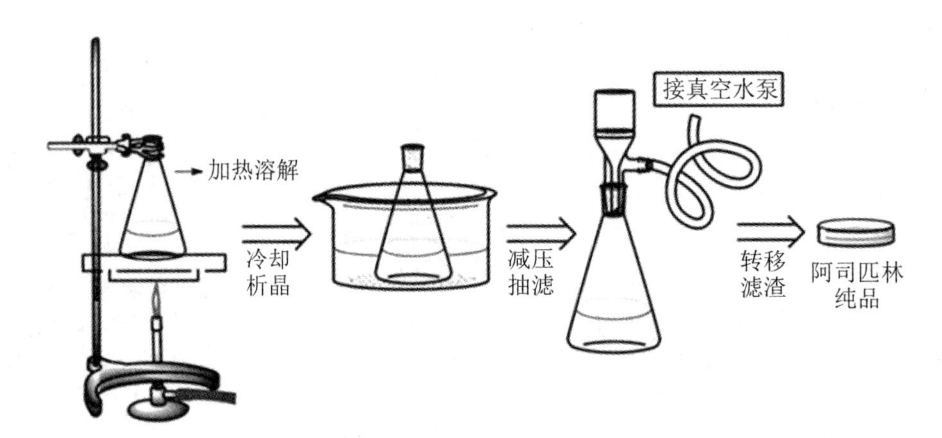

图 2.1.4　重结晶操作流程图

3. 提勒管法测乙酰水杨酸的熔点

仪器与耗材：提勒管、软木塞、打孔器、温度计、培养皿、玻璃空心塞、封口熔点管、酒精灯、直形冷凝管、铁夹。

涉及的基本实验操作：提勒管测熔点。

用玻璃空心塞将干燥至恒重的乙酰水杨酸固体样品研成粉末状并集成一小堆。取一根封口熔点毛细管，将其开口端向下插入粉末堆中，然后把内径为 1 mm 的熔点管开口端向上，轻轻地在实验台面上敲击，以使固体粉末落入和填紧熔点管底部。随后保持熔点管开口端朝上，从一根垂直方向放置的直形冷凝管上端将熔点管自由落下，并重复数次自由落下的过程直至样品装紧密，且管内样品装入高度为 2～3 mm。粘于熔点管外的粉末须擦拭，以免后续在提勒管中加热的过程中沾污了加热浴液石蜡油。将装入样品的毛细管借助石蜡油粘贴在温度计上，使样品粉末位于温度计水银球侧面中部，并用乳胶圈将毛细管固定在温度计上，乳胶圈的位置必须在浴液以上，以防被浴液加热脱落。

*提勒管，又称 b 形管，在其管口配一个合适的软木塞，在软木塞中间用打孔器打孔，孔径大小保持能够在其中插入温度计，最后在软木塞边沿锉一条通大气的槽。将提勒管垂直固定于铁架台上，并倒入石蜡油，保持浴液的高度与上支口齐平，再塞上软木塞，插入温度计，温度计有刻度的一面面向木塞开口处，并将温度计的水银球调节至提勒管上下支口中间(图 2.1.5)。

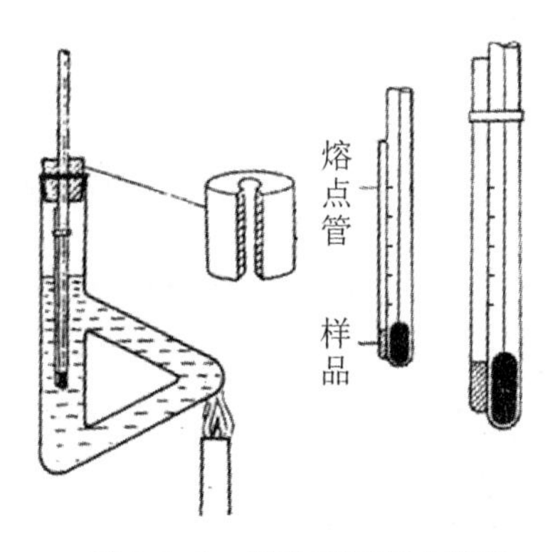

图 2.1.5　提勒管测熔点装置

用酒精灯缓慢加热提勒管如图 2.1.5 所示部位，开始升温的速率可以较快，当温度距离熔点 10～15 ℃的时候，即温度计读数为 120～125 ℃时，调节火焰使温度每分钟上升 1～2 ℃。记录下样品开始塌落并有液相产生(初熔)时和固体完全消失(终熔)时的两个温度计读数，即为乙酰水杨酸的熔程。

熔点测定，至少需要有两次重复的数据。当一次样品测完后，打开软木塞，冷却浴液，取出测过的毛细管并弃除。待浴液的温度降至样品熔点 15 ℃以下时，再放入装有相同样品的另一根毛细管进行重复测定。

*控制升温速率是准确测定熔点的关键。愈接近熔点，升温速率愈慢。一方面是为了保证有足够的时间让热量由管外传递至管内，以使固体融化；另一方面因观察者不能同时观察温度计所示读数和熔点管内样品的变化情况，唯有缓慢加热才能减小此项误差。

*因为待测样品在高温加热时会产生部分分解，于是每一次测量都必须用封口熔点管重新装填样品，不能将已测过熔点的熔点管冷却，待其中的样品固化后再做第二次测定。

*如果要测定未知样品的熔点，应先对样品进行一次粗测。加热速率可以稍快，知道大致的熔点范围后，待浴液温度冷却至熔点以下约 30 ℃，再取另一根装有样品的熔点管做精密的测定。

4. 熔点测定仪测乙酰水杨酸熔点

仪器与耗材：显微熔点测定仪、数字熔点测定仪、载玻片、培养皿、玻璃空心塞、封口熔点管、镊子。

涉及的基本实验操作：熔点仪的使用。

方法 1　显微熔点测定仪测定

接通 SWG X-4 显微熔点仪电源线，从显微镜中观察热台中心光孔是否处于视场。若左右偏，可通过左右调节显微镜来解决；若前后不居中，可松动热台两旁的螺钉，然后前后推动热台使之居中即可，再锁紧两个螺钉。然后将传感器一端插入热台孔，另一端与调压测温仪后侧的插座相连，接通电源。

* 电热显微熔点测定仪主要由样品管、加热器和放大镜等组成，可用毛细管法和载玻片法两种方法测定。仪器的加热板上装有控温的调节旋钮，用来调节加热温度，通过装在仪器上的显微放大镜，可以观察样品熔化的全过程，记录开始出现液滴和全部液化的温度范围即为该化合物的熔程，熔点范围可以从仪器上的温感装置中直接读出(图 2.1.6)。

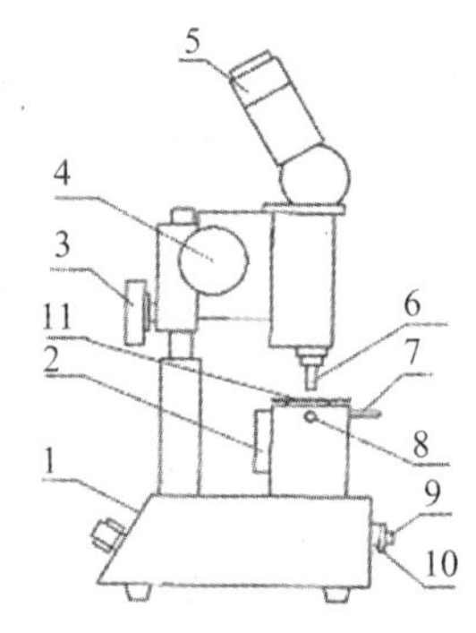

图 2.1.6　SGW X-4 显微熔点仪结构图

采用载玻片法测量时，取两片载玻片，用蘸有丙酮的脱脂棉擦拭干净，在晾干后的载玻片上放 2～3 颗干燥后研细的乙酰水杨酸晶粒，再盖上另一片载玻片，轻轻压实，然后将其放置于显微熔点仪的加热台中心位置。调节反光镜、物镜和目镜，使显微镜焦点对准样品，直至能清晰看到样品结晶为止。开启加热器，升温速率通过调温旋钮控制，先快后慢，温度快升至熔点时，控制温度上升的速率为 1～2 ℃/min。当样品晶体棱角开始变圆时，表示融化已开始，结晶形状完全消失表示融化已完成，记录融化开始和融化完成时的温度值。测毕，停止加热，稍冷后用镊子取走载玻片，再重复测一次，以作比较。

* 放置于载玻片上的样品应分布均匀且薄，勿堆积。然后通过升降旋钮和调焦旋钮，直至从镜孔可以看到一个个晶体清晰的外形。

* 采用毛细管法测定熔点，虽然仪器操作简单、方便，但不能够清晰地观察样品在受热过程中的变化情况。

采用毛细管法测量时，将乙酰水杨酸样品装入高度为 2～3 mm 的熔点毛细管插入热台后侧的毛细管插入口，开启加热器，升温速率通过调温旋钮控制，先快后慢，温度快升至熔点时，控制温度上升的速率为 1～2 ℃/min。当样品晶体棱角开始变圆时，表示融化已开始，结晶形状完全消失表示融化已完成，记录融化开始和融化完成时的温度值。

* 毛细管装样的方法：取一根内径为 1 mm 的封口熔点毛细管，将其开口端向下插入干燥后研细的乙酰水杨酸粉末堆中，然后将熔点管开口端向上，轻轻地在实验台面上敲击，以使固体粉末落入和填紧熔点管底部。随后保持熔点管开口端朝上，从一根垂直方向放置的直形冷凝管上端将熔点管自由落下，并重复数次自由落下的过程直至样品装紧密，管内样品装入高度为 2～3 mm。

* 当温度低于熔点 10 ℃左右时，调节加热温度，使升温速率为 1～2 ℃/min。

方法2　数字熔点测定仪测定

接通 WRS-1B 数字熔点仪电源线，按照仪器前面板提示依次输入“预置温度”（预置温度比乙酰水杨酸的实际熔点低 5～10 ℃）和加热“升温速率”，仪器内部加热器快速加热升温，待仪器“当前温度”显示达到“预置温度”后，插入乙酰水杨酸样品装入高度 2～3 mm 的熔点毛细管，按升温键，仪器自动记录初熔和终熔的温度值。

2.1.5　波谱图

波谱图如图 2.1.7、图 2.1.8 所示。

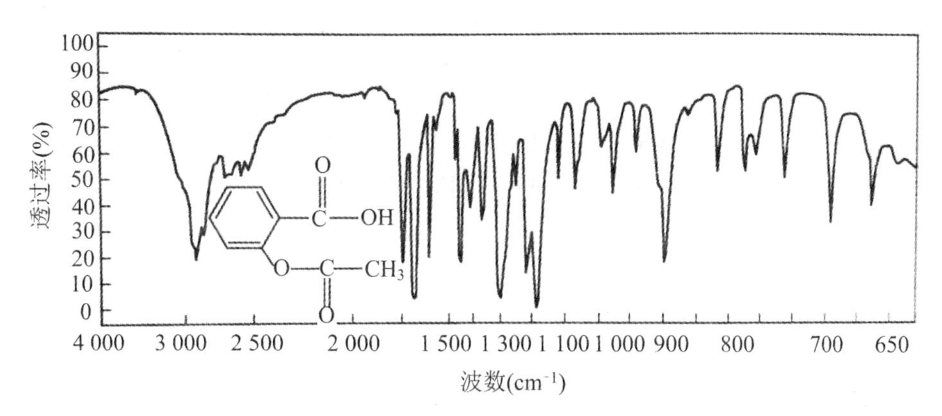

图 2.1.7　乙酰水杨酸的红外谱图

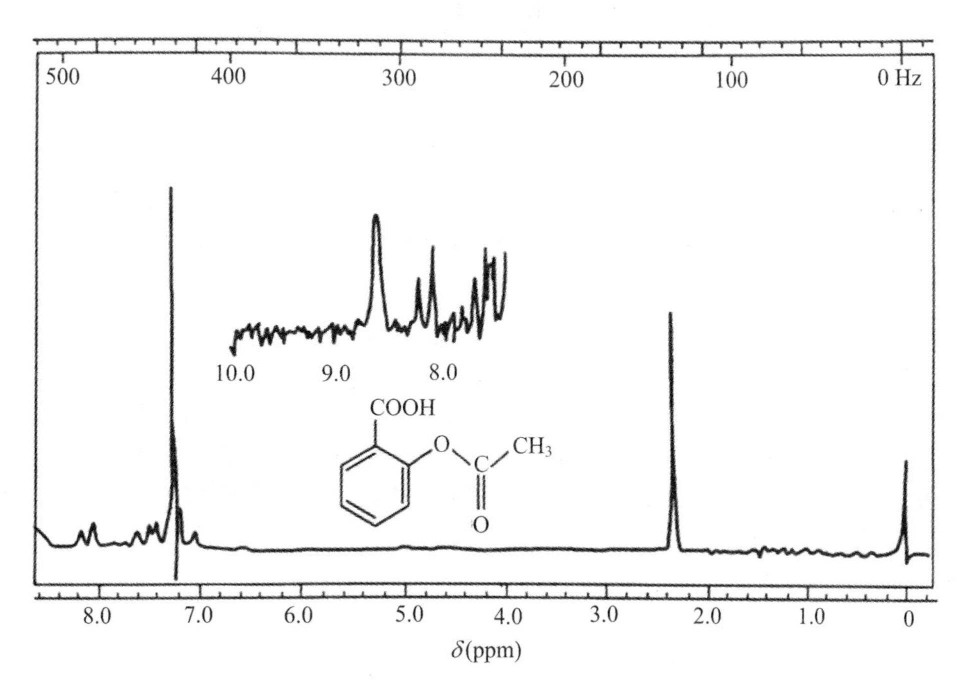

图 2.1.8　乙酰水杨酸的核磁共振氢谱谱图

2.2 2-氯丁烷的合成

2.2.1 背景知识

通过对卤代烃的亲核取代反应，能够制备腈、(硫)醇、(硫)醚、胺、酯、高级炔、取代羧酸等多种不同结构类型的有机化合物，为此卤代烃是一类重要的有机合成中间体，多卤代烃一般为实验室常用的有机溶剂。

根据与卤素相连烃基的结构不同，卤代烃可分为卤代烷、卤代烯和芳香族卤代物。卤代烷可通过多种方法和不同的试剂进行合成，将与之结构对应的醇经亲核取代反应转变为卤代物是实验室制备卤代烷最常用的方法之一，卤代试剂通常用氢卤酸、三卤化磷和氯化亚砜。醇的卤代反应可以按照 S_N1 或 S_N2 两种反应机理进行，一般情况下主要取决于反应底物醇的化学结构，即伯醇主要按 S_N2 反应机理进行，叔醇主要按 S_N1 反应机理进行，仲醇按何种反应机理进行则取决于具体反应条件的不同。需要特别指出的是，消除反应与亲核取代反应是同时存在的竞争性反应，对于仲醇还可能存在分子重排反应，因此，针对不同反应现象，可能存在醚、烯烃或分子重排副产物。

2.2.2 反应式

反应式如下：

$$CH_3CH_2CH(OH)CH_3 \xrightarrow{HCl,\ ZnCl_2} CH_3CH_2CHClCH_3 + H_2O$$

$$CH_3CH_2CH(OH)CH_3 \xrightarrow[\text{Lewis酸催化}]{ZnCl_2} \left[Cl^- \ \ CH_3CH(CH_2CH_3)-\overset{H}{\overset{|}{O}}{}^{\oplus}-ZnCl_2^{\ominus} \right]^+ \xrightarrow[\text{稳定的络合物 好离去基团}]{-\ HO\text{-}ZnCl_2^{\ominus}} CH_3CH_2CHClCH_3 + H_2O$$

2-氯丁烷(2-chlorobutane)是通过仲丁醇与溶有氯化锌的浓盐酸(Lucas 试剂)进行亲核取代反应制得的。无水氯化锌作为 *Lewis* 酸催化剂，利用锌原子上空的 P 轨道先与仲丁醇中的氧原子产生络合，而氧原子上的孤对电子则作为 *Lewis* 碱给出电子后带上正电荷，从而使得羟基这样一个强碱性、差离去基团变为一个稳定的弱碱性、易离去的金属络合物基团，有效地促进了亲核取代反应的发生。

2.2.3 主要试剂及产物的物理常数

表2.2.1给出了主要试剂及产物的物理常数。

表2.2.1 主要试剂及产物的物理常数

化合物	MW	m. p.(℃)	b. p.(℃)	d	n_D^{20}
2-丁醇 (2-Butanol)	74.120		99.5	0.810	1.3970
盐酸 (Hydrochloric Acid)	36.460		61.0	1.179	
氯化锌 (Zinc Chloride)	136.300	283～293	732.0	2.910	
2-氯丁烷 (2-Chlorobutane)	95.570		69.2	0.870	1.4015
氢氧化钠 (Sodium Hydroxide)	39.996	318.4	1390.0	2.130	

2.2.4 实验步骤

1. 2-氯丁烷的合成

仪器与耗材:单口圆底烧瓶、量筒、球形冷凝管、30°弯接管塞、玻璃三角漏斗、烧杯、磨口三角烧瓶、玻璃空心塞、磁子、磁力加热搅拌器、铁夹、升降台、橡胶烧瓶托、电子天平、药勺、称量纸、标签纸、进出水管、乳胶管。

涉及的基本实验操作:称量、加热回流、尾气吸收等。

将100 mL圆底烧瓶放置在橡胶烧瓶托上,依次加入13.6 g无水氯化锌和15 mL浓盐酸,手动摇匀,使其全部溶解(放热反应)。待反应液冷却至室温后加入10 mL仲丁醇和磁子,将盛有反应液的烧瓶用铁夹固定在磁力加热搅拌器中,上端磨口处放置连有进出水管的球形冷凝管。冷凝管上端通过30°弯接管塞连接尾气吸收装置。依次打开冷却水和磁力搅拌器的加热和转速开关,设置温度并调节转速,将反应液加热回流1 h。

回流反应结束后,关闭加热开关,维持搅拌状态,冷却反应液至室温后,先关闭水源,再依次拆尾气吸收装置、球形冷凝管和圆底烧瓶等回流装置,将烧瓶内反应液倒入磨口三角烧瓶中,三角烧瓶磨口处均匀涂抹凡士林,塞上玻璃空心塞,待下一步实验进行蒸馏提纯。

* 配置氯化锌的盐酸溶液尽量不在磁力加热搅拌器中进行,避免在装样过程中,样品落入加热套中,在后续加热过程中易发生安全事故。

* 无水氯化锌易吸潮,称量后应及时转移至烧瓶中,转移过程中尽量不粘贴在烧瓶磨口处,如有粘壁现象,后续用盐酸将其冲落。

* 合成实验中使用搅拌装置不但可以较好地控制反应温度,同时也能缩短反应时间和提高产率。常用的搅拌装置有电动搅拌和磁力搅拌。电动搅拌具有搅拌平稳、搅拌效果好等特点。在反应物料较少,不需要太高温度的情况下,磁力搅拌可替代电动搅拌,且具有反应体系易于密封、使用方便等特点。磁子是一个包裹着聚四氟乙烯,且外形为橄榄

状的软铁棒。使用时应沿烧瓶壁小心将磁子滑入瓶底，不可直接丢入，以免造成容器底部破裂。搅拌时，应小心旋转旋钮，依档次顺序缓慢调节转速，使搅拌均匀平稳进行。如调速过急或物料过于黏稠，会使得磁子跳动而撞击瓶壁，此时应立即将调速旋钮归零，待磁子静止后再重新缓慢调高转速。

* 磁力加热搅拌器的加热部分靠电热套加热，属于一种简易的空气浴加热，一般能从室温加热到 200 ℃。安装电热套时，要使反应瓶外壁与电热套内壁保持 1～2 cm 的距离，以便利用热空气传热和防止局部过热。

* 实验过程中会产生和逸出少量刺激性和水溶性的氯化氢气体，需要安装如图 2.2.1 所示的气体吸收装置来吸收这些酸性气体，否则它们会玷污实验室空气，损害人体健康。为了既防止气体逸出，又防止碱性吸收液倒吸至反应瓶中，漏斗口应略倾斜，使其 3/4 在水中，1/4 露出水面。

* 卤代反应需要在反应体系中溶剂的沸点附近进行，因此需要搭回流装置，根据反应瓶内液体的沸腾温度，可选用水浴、油浴或加热套加热等方式。搭装置依照“从下到上”的顺序，拆除装置的顺序则刚好相反，即“从上到下”。回流的速率应控制在液体蒸汽浸润不超过两个回流球为宜。

* 使用磨口玻璃仪器存放碱性物，为了避免磨口处遇碱腐蚀而发生黏结，需要在磨口处均匀涂抹一层润滑剂（凡士林）；一般性使用时为避免污染存放物则无需涂抹润滑剂。此处涂抹凡士林用于保证存放装置的密封性，避免因 2-氯丁烷沸点较低，长时间存放而挥发逸出（图 2.2.2）。

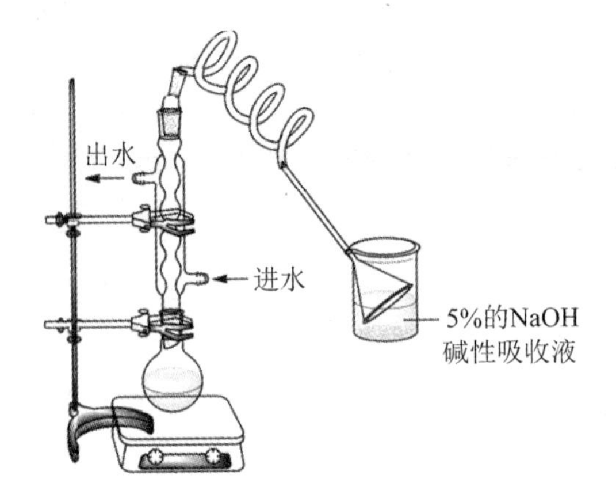

图 2.2.1　加热回流装置图

图 2.2.2　反应液存放装置图

2. 2-氯丁烷的蒸馏提纯

仪器与耗材：单口圆底烧瓶、蒸馏头、温度计及套管、直形冷凝管、尾接管、茄形圆底烧瓶、玻璃空心塞、磨口三角烧瓶、三角漏斗、磁子、磁力加热搅拌器、铁夹、锥形标口夹、进出水管、升降台、标签纸。

涉及的基本实验操作：常压蒸馏。

在100 mL圆底烧瓶中加入磁子，并将其固定在磁力加热搅拌器中，在烧瓶磨口处依次将蒸馏头、直形冷凝管、尾接管、茄形收集瓶等仪器按图2.2.3所示固定。然后将上一步合成收集的粗产物通过玻璃三角漏斗小心地从蒸馏头上端倒入圆底烧瓶中，注意不使液体从侧支口流出，最后套上温度计套管。再依次打开冷凝水、磁力搅拌器的加热和搅拌开关，加热蒸馏收集100 ℃以下的馏分。

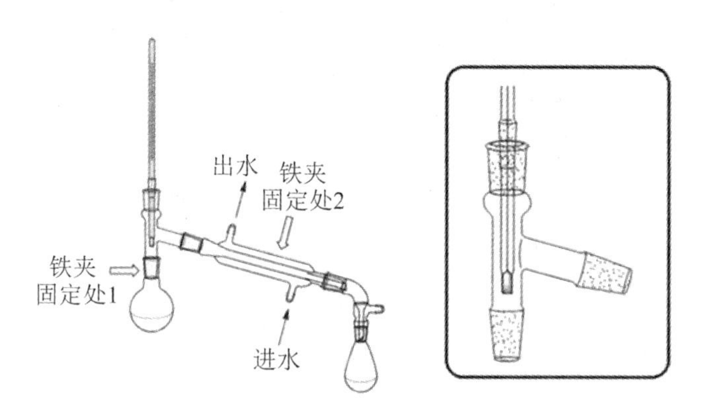

图2.2.3 蒸馏装置图

蒸馏完毕，先关闭搅拌器的加热开关，然后停止通冷却水，拆除仪器顺序和装配顺序相反，即先撤下茄形接收瓶，妥善放置以免产物翻倒，然后依次拆下尾接管、冷凝管、蒸馏头和蒸馏瓶等。温度计待冷却后再洗涤，以免炸裂。最后将茄形瓶中收集的馏分倒入三角烧瓶中，在三角烧瓶磨口处均匀涂抹一层凡士林，塞上玻璃空心塞(图2.2.4)，待下一步实验进行进一步洗涤纯化处理。

图2.2.4 反应液存放装置图

* 蒸馏即将液体加热至沸腾形成蒸气，然后再使蒸气冷凝成液态，并将其收集在另一接收容器中。采用蒸馏的方法可以对液体有机化合物或反应溶剂进行有效地分离、提纯和回收。液体混合物各组分的沸点必须相差至少30 ℃以上才能达到较好的分离效果。常压蒸馏、分馏、减压蒸馏和水蒸气蒸馏也是有机制备中常用的基本操作。

* 蒸馏物液体的体积，一般不超过蒸馏瓶容积的2/3，也不要少于1/3，瓶底距离电热套内套底部1～2 cm，并用铁夹垂直夹好蒸馏烧瓶。

* 普通温度计通常需要借助温度计套管固定在蒸馏头的上端磨口处，温度计水银球的上端应和蒸馏头侧支口的下端在同一水平面上(如图2.2.3的右图所示)，以保证在蒸馏过程中，整个水银球能完全被液体整体浸润。

* 安装冷凝管时，应先调整它的位置使其与蒸馏头的侧支管同轴，然后松开固定冷凝管的铁夹，使冷凝管沿此轴移动与蒸馏头侧支管的磨口处进行衔接。铁夹不应夹得太紧或太松，以夹住后稍用力尚能转动为宜。冷凝管的上下磨口处最好用卡夹加以固定，防止脱落。冷却水应从冷凝管的下口流入，上口流出，以保证冷凝管的套管中始终充满冷却水(图2.2.3)。

* 整套蒸馏装置要求，从正面或侧面看都必须在同一平面内。

* 加热时可以观察到蒸馏瓶中的液体逐渐沸腾，形成逐渐上升的蒸气，温度计读数略微上升，当蒸气的顶端到达温度计水银球部位时，温度计读数急剧上升。控制加热温度，调节蒸馏速度，一般以尾接管中每秒1～2滴收集馏出物为宜。在整个蒸馏过程中，应使温度计水银球上常有被凝结的液滴，此时温度计的读数即为液体与蒸气平衡时候的温度，也就是馏出液的沸点。

3. 2-氯丁烷的洗涤纯化

仪器与耗材：分液漏斗、烧杯、磨口三角烧瓶、玻璃三角漏斗、玻璃棒、脱脂棉、圆底烧瓶、铁圈、电子天平、药勺。

涉及的基本实验操作：萃取、干燥。

取一个 125 mL 的分液漏斗，检漏确认不漏水后，将分液漏斗放在固定于铁架台上的铁圈中，关闭旋塞，将待洗涤纯化的上一步蒸馏馏出物和 10 mL 水依次自上口倒入漏斗中，塞紧顶塞。取下分液漏斗用右手手掌顶住漏斗顶塞，并握住漏斗，左手的食指和中指夹住下管口，同时，食指和拇指控制旋塞。然后将漏斗倾斜使旋塞部分向上，前后摇动或做圆周运动，让漏斗中的液体两相间进行充分的接触，放气后再继续振摇 2～3 min。最后将漏斗放回铁圈中静置，待两层液体完全分开后，打开顶塞，再将旋塞缓缓旋开，下层液体自旋塞放出至磨口三角烧瓶中收集，上层液体从漏斗上口倒出。再分别用 5 mL 5%氢氧化钠溶液和 10 mL 水洗涤有机层。

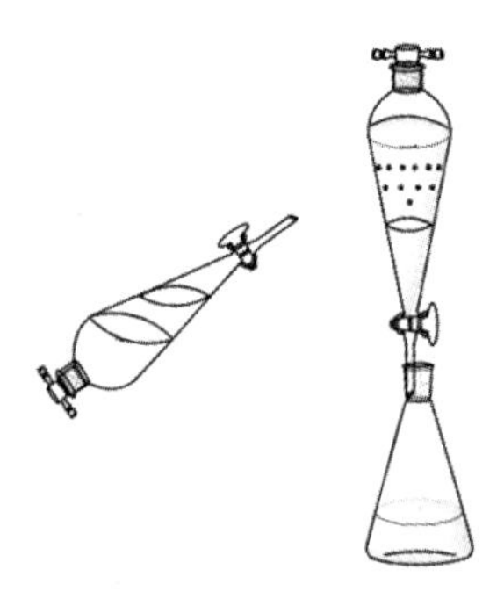

图 2.2.5　分液漏斗的洗涤和静置分液装置图

然后将有机层倒入预先准备好的干燥磨口三角烧瓶中，加入无水氯化钙干燥 20 min。在玻璃三角漏斗中塞一团棉花，并将其固定在铁圈中(图 2.2.6)，将上述溶液过滤至预先准备好的干燥且已称重的圆底烧瓶中，称量 2-氯丁烷的重量，并计算粗产率。

图 2.2.6　常压过滤装置图

* 萃取是有机化学实验中用来提取或纯化有机物的常用基本操作之一。从混合物中提取出所需要的物质称之为“萃取”。它是利用相似相溶原理，有机物在有机溶剂中的溶解度一般比在水中的溶解度大，因此可以将它们从水溶液中萃取出来。而用来去除混合物中的少量溶解性杂质的萃取操作则称之为“洗涤”。它的原理是利用萃取剂能与被萃取物进行化学反应，通常用于从化合物中移除少量杂质或分离混合物，萃取剂通常分为酸性萃取剂和碱性萃取剂两种。

* 5%或 10%的氢氧化钠水溶液或碳酸氢钠水溶液作为常用的碱性萃取剂，它们是通过与酸性杂质形成水溶性钠盐的方式进入水相的，从而有利于从有机物中去除酸性杂质。

* 实验室最常用的萃取容器为分液漏斗。操作时应选择容积较液体体积大一倍以上的分液漏斗。使用前应先于漏斗中放入适量水并摇荡，检查顶塞与旋塞两处是否会发生渗漏，检漏确认不漏水后方可使用(图 2.2.5)。

* 分液漏斗振荡过程中应注意不断放气，一般振荡两三次就放气一次，以免由于两种不互溶的溶剂在混合时产生压力将顶塞冲开，使液体喷出，严重时会引起漏斗爆炸，造成伤人事故。放气的过程中，尾部不要对着人，以免有害气体造成伤害事故。振荡和频繁放气直至不再有蒸气冲出的声音为止。

* 在分液过程中，上层液体须从分液漏斗上口倒出，不可也从旋塞放出，以免被残留在旋塞孔和漏斗颈中的下层液体所玷污。

* 下层液体的放出速度先快后慢，开始的时候快一点，当 3/4 的下层液体放出后，关闭活塞，静置 1～2 min，让沾在漏斗内壁上的下层液体流下，再慢慢打开旋塞，将残留的下层液体放出，直至交界面恰好进入活塞孔，关闭旋塞。

* 液体有机物的干燥有物理法和化学法两种。物理法有吸附、分馏、共沸蒸馏、冷冻和加热等。化学法则利用干燥剂与水进行化学反应来除去水分。根据干燥剂和水的作用又分为两大类：第一类可与水可逆地结合形成水合物，如氯化钙、硫酸镁等；第二类则与水发生不可逆的化学反应生成其他化合物，如金属钠、氧化钙、五氧化二磷等。有机实验中最常使用的是第一类干燥剂。干燥剂应适量，加少了干燥不彻底，加多了吸附产物，影响产率，一般每 10 mL 液体约加 0.5～1 g。

4. 2-氯丁烷的简单分馏

仪器与耗材:单口圆底烧瓶、韦氏分馏柱、蒸馏头、温度计及套管、直形冷凝管、尾接管、茄形圆底烧瓶、玻璃空心塞、磨口三角烧瓶、磁子、磁力加热搅拌器、电子天平、铁夹、锥形标口夹、升降台、进出水管。

涉及的基本实验操作:分馏。

将上一步干燥后收集的 2-氯丁烷倒入放有磁子的 100 mL 干燥圆底烧瓶中,并将其用铁夹固定在磁力搅拌器的电热套中,在烧瓶磨口处依次将韦氏分馏柱、蒸馏头、温度计套管、直形冷凝管、尾接管、茄形收集瓶等仪器按图 2.2.7 所示固定。然后依次打开冷凝水、磁力搅拌器的加热和搅拌开关,加热蒸馏收集 67~69 ℃的馏分。

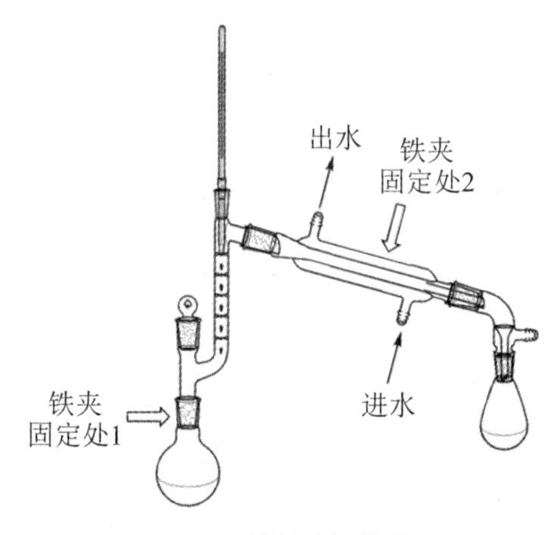

图 2.2.7 简单分馏装置图

蒸馏完毕,先关闭电热套的加热开关,然后停止通冷却水,拆除仪器顺序和装配顺序相反,即先撤下接收瓶,妥善放置以免产物翻倒,然后依次拆下尾接管、冷凝管、温度计套管、蒸馏头、分馏柱和蒸馏瓶等。最后将茄形瓶中收集的馏分进行称重后倒入回收瓶中,并计算 2-氯丁烷产率。产量约 7.1 g。

* 采用分馏柱将两种或两种以上沸点相近的互溶混合物进行分离提纯的方法称为分馏。与通过蒸馏操作分离混合物的原理相同,分馏实际上就是采用分馏柱使汽化和冷凝的过程由一次改进为多次,即经过分馏柱实现反复多次简单蒸馏,用于普通蒸馏无法分离纯化的液体混合物的分离和纯化,也是有机制备中常用的基本操作之一。

* 分馏柱的种类较多,普通有机化学实验常用的有填充式分馏柱和刺形分馏柱(又称韦氏分馏柱)。填充式分馏柱是在柱内填上玻璃珠、陶瓷片或金属丝等各类惰性材料,适合于分离沸点差距比较小的化合物;韦氏分馏柱比填充式分馏柱黏附的液体少,且结构简单,适合于分离量少且沸点差距较大的液体。

* 简单分馏操作和蒸馏的仪器装置大致相同,分馏柱的外围可用石棉绳包住,这样可以减少柱内热量的散发,减少风和室温的影响。为了达到比较好的分馏效果,蒸馏瓶中的液体沸腾后要注意调节浴温,使蒸气缓慢升入分馏柱内,10~15 min 后蒸气到达柱顶,在收集瓶中有馏出液滴入后,调节浴温使得蒸出液体的速度控制在每 2~3 s 1 滴。

* 温度计应待其冷却后再用水冲洗,以免因为温差过大导致水银球处炸裂。

2.2.5 波谱图

波谱图如图 2.2.8、图 2.2.9 所示。

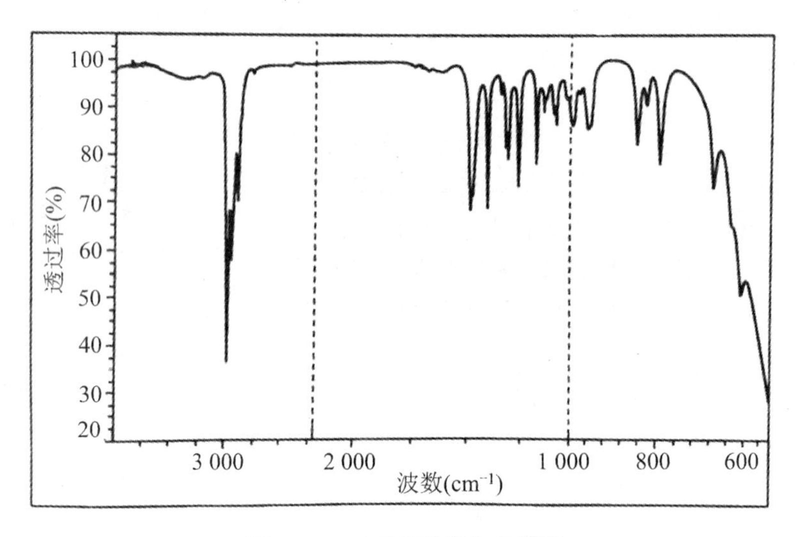

图 2.2.8　2-氯丁烷的红外谱图

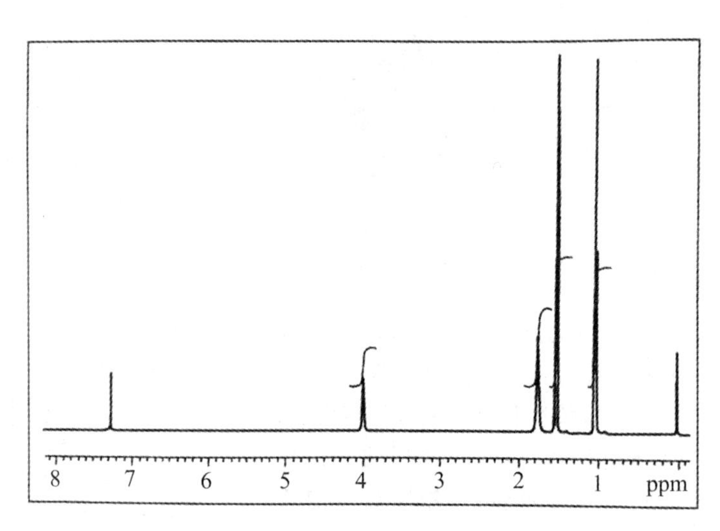

图 2.2.9　2-氯丁烷的核磁共振氢谱谱图

2.3 柱层析分离甲基橙与亚甲基蓝

2.3.1 背景知识

柱层析(Column Chromatography)是分离和提纯少量有机物的有效方法之一,常用的柱层析有吸附柱层析、分配柱层析和离子交换色谱。吸附柱层析常用氧化铝或硅胶作为固定相吸附剂填装在层析柱中,吸附剂将混合物中各组分先从溶液中吸附到其表面,而后用溶剂进行洗脱;分配柱层析用硅胶、硅藻土和纤维素作为载体支持剂,以吸附的液体作为固定相,利用混合物中各组分在两种互不相溶的液相间分配系数的不同而进行分离;离子交换色谱则是基于溶液中的离子与离子交换树脂表面的离子之间的相互作用,使得有机酸、碱或盐类等化合物获得有效的分离。

实验室最常用的是吸附柱层析,吸附柱色谱最重要的是选择合适的吸附剂。吸附剂的选择取决于被分离化合物的类型。略带酸性的硅胶作为实验室常用吸附剂,被广泛用于烃、醇、酮、酸、酯和偶氮类化合物的分离;氧化铝作为高活性、高吸附和高极性的吸附剂分为酸性、碱性和中性 3 种,酸性氧化铝适用于分离酸性有机物,碱性氧化铝适用于分离生物碱、胺等碱性有机物,中性氧化铝使用最为广泛,适用于醛、酮、酯和醌等大量中性有机物的分离;淀粉和糖也可以作为吸附剂,常用于对酸碱作用较敏感的多官能团天然产物的分离。

由于样品被吸附在吸附剂的表面,选择颗粒大小均匀、比表面积大的吸附剂分离效率较高。吸附剂的活性取决于含水量的多少,含水量越少,活性越高,吸附能力越强,而大多数的吸附剂长期存放易吸潮,在使用时一般须经加热活化处理。通常选择颗粒大小均匀、粒子小、比表面积大,吸附能力强的吸附剂并不是最优选择,因为吸附剂颗粒越小,在取得高分离效率的同时,洗脱剂的流速也会相应地变慢,因此需要根据实际的分离需要,选择适合的吸附剂,吸附剂颗粒大小通常以 100～150 目为宜。

2.3.2 柱层析分离原理

吸附柱层析通常将已溶解的样品加入到带有下旋塞的玻璃层析柱中,混合物溶液流经吸附柱时,各组分同时被吸附在柱子的上端。当洗脱剂流经吸附剂时,由于各组分在洗脱剂中的溶解度不同,被解吸的能力也不同,从而发生无数次吸附-解吸-吸附交替的过程,使具有不同吸附能力的化合物按不同速度沿层析柱向下移动,形成不同层次的"色带"。由于各组分被吸附的程度不同,吸附强的组分向下移动的速率慢,留在层析柱的上端,而吸附弱的组分向下移动的速率快,在层析柱的下端,最终使混合物分离成多种单一的纯组分,达到分离提纯的目的。

2.3.3　主要试剂及产物的物理常数

表 2.3.1 给出了主要试剂及产物的物理常数。

表 2.3.1　主要试剂及产物的物理常数

化合物	分子式	MW	m. p.(℃)	b. p.(℃)	*d*	溶解性
甲基橙 (Methyl Orange)	$C_{14}H_{14}N_3NaO_3S$	327.33	300		1.28	溶于水，不溶于醇
亚甲基蓝 (Methylene Blue)	$C_{16}H_{18}ClN_3S$	319.85	215		1	溶于水和乙醇
乙醇 (Ethanol)	C_2H_6O	46.07	−114	78	0.816	与水互溶

2.3.4　实验步骤

仪器与耗材：层析柱、加料具塞三角漏斗、双链加压球、储液球、量筒、烧杯、玻璃棒、磨口三角烧瓶、三通接头、电子天平、药勺、锥形标口夹、滤纸。

涉及的基本实验操作：柱色谱。

用铁夹将层析柱垂直固定在铁架台上，用磨口三角烧瓶作为洗脱剂接收瓶，向柱内加入无水乙醇至柱高的3/4，打开柱下旋塞，控制流出速率为 1 滴/s。然后用烧杯称量 50 g 氧化铝，加入 55 mL 的乙醇，用玻璃棒搅拌使其混合均匀调成糊状后，从柱顶缓慢倒入层析柱内，通过氧化铝的自然沉降，使装填紧密均匀。将三角烧瓶中收集的洗脱剂倒入烧杯中残留的吸附剂中，摇晃均匀后再倒入层析柱内，反复多次至氧化铝完全转移进入层析柱。再用滴管吸取少量三角烧瓶中的洗脱剂将黏附在层析柱内壁的氧化铝淋洗下去。待柱内氧化铝填充完毕后，轻轻敲击柱身，使氧化铝柱平面平整。最后剪一张圆形滤纸覆盖在氧化铝表面或在吸附剂上端覆盖一层约 0.5 cm 的石英砂。在整个装柱过程中，柱内洗脱剂的高度始终不能低于吸附剂的最上端，否则柱内会出现裂痕和气泡。

当洗脱剂液面刚好到达滤纸表面 1 mm 时，立即用滴管加入 1 mL 甲基橙和亚甲基蓝的混合液。当混合物液面降至滤纸面 1 mm 时，用滴管吸取少量无水乙醇，淋洗黏附在柱壁上的溶液。用滴管加入无水乙醇洗脱，控制洗脱剂的流出速率。在整个洗脱过程中，不要使柱内吸附剂“干裂”。

* 层析柱使用前需要进行检漏，并清洗干净。

* 装柱的好坏直接影响到分离的效果。装柱的方法分为干法和湿法装柱。干法装柱是通过一个干燥的漏斗从层析柱上端将吸附剂缓慢倒入柱内，并轻轻敲打柱身，使其填充均匀无气泡，且柱面平整，最后加入洗脱剂润湿。氧化铝和硅胶由于溶剂化作用的影响，易使柱内形成缝隙，不宜使用干法装柱。所以本实验采用湿法装柱。

* 转移吸附剂的过程中，应适当敲打色谱柱，以使层析柱内填充均匀且没有气泡。

* 覆盖石英砂的目的是使样品均匀流入吸附剂表面。

* 被分离的样品应溶解在最少量体积的溶剂中，该溶剂一般是展开色谱的第一个洗脱剂。混合液由 2 g 甲基橙和 0.25 g 亚甲基蓝溶于 100 mL 乙醇中配成。

* 洗脱剂应连续平稳地加入，不能中断。样品量少时，可以用滴管沿壁加入，样品量大时，可用玻璃储液球作为洗脱剂贮存容器。

淋洗过程中，可观察到色带的形成和分离（图 2.3.1）。当蓝色的亚甲基蓝色带到达柱底时，更换一个磨口三角烧瓶作为接收瓶，收集蓝色色带。然后改用蒸馏水作为洗脱剂，当黄色的甲基橙色带到达柱底时，再次更换新的接收瓶，收集黄色色带。

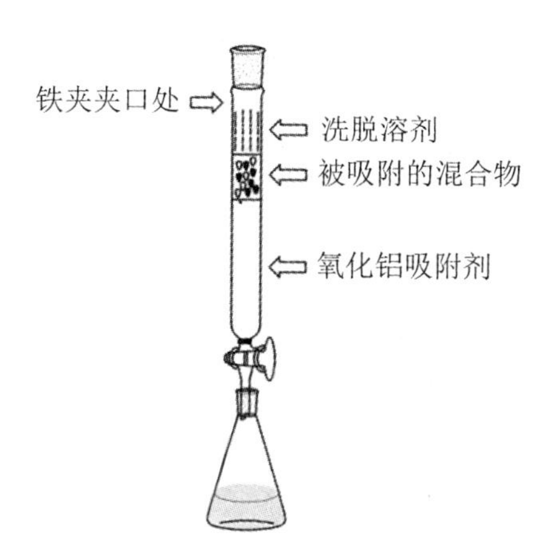

图 2.3.1　柱层析装置图

* 洗脱过程中，应先使用极性小的洗脱剂淋洗，然后逐渐加大溶剂的极性，使洗脱剂的极性在柱中形成梯度，以形成不同的色带环。本实验采用分步淋洗的方法，即将极性小的组分先分离出来后，再改变洗脱剂的极性，分离出极性较大的组分。

* 洗脱过程中，样品在柱内下移速率不能太快，但也不能太慢，因为时间太长会造成某些组分被破坏，使色谱扩散，影响分离效果，流出速率控制在 5～10 滴/min。

* 色谱带出现拖尾，可适当提高洗脱剂的极性。

* 分离有色物时，可以直接观察到分离后的色带，然后用洗脱剂将分离后的色带依次从柱中洗脱出来，分别收集在不同容器中。由于大多数的有机物属于无色物，因此最常用的方法是收集一系列固定体积的馏分，用薄层层析法（TLC）进行检测，确定哪些馏分中的化合物是相同的，然后将其合并。

* 为了缩短实验时间，常压柱层析装置可改装为加压快速柱层析装置：将三通接头与层析柱上端直接对接，通过反复按压橡皮双联球向柱内压入空气，使体系内形成一定的压力，可加速洗脱剂的流出。

2.3.5　波谱图

波谱图如图 2.3.2、图 2.3.3 所示。

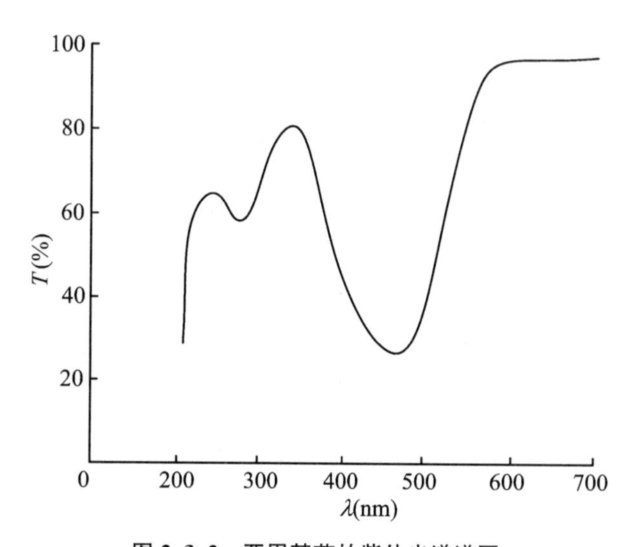

图 2.3.2　亚甲基蓝的紫外光谱谱图

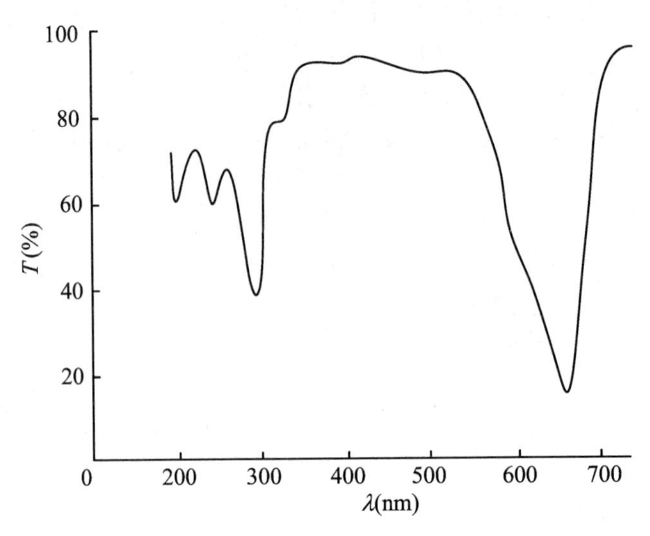

图 2.3.3　甲基橙的紫外光谱谱图

2.4 从茶叶中提取咖啡因

2.4.1 背景知识

天然产物是指动植物、微生物、海洋生物和矿物等自然界中存在的，且具有药理活性的药用天然物。目前随着合成药物开发难度越来越大，表现出研发费用激增、周期延长、成功率大幅下降、越来越严重的环境问题等问题，所以科学家又重新将新药开发的目光关注到天然产物上。

天然产物是人类预防和治疗疾病的重要来源，化学药物中天然来源的化合物超过了30%，还有更多的药物是以天然产物为先导化合物经过结构修饰和结构改造产生的。目前天然产物作为药物主要分两类：一类是单体成分，如吗啡、麻黄碱、青蒿素、东莨菪碱、利血平、青霉素、紫杉醇等；另一类是某一类混合成分，如银杏叶制剂等。根据 Newman 等人的综述报道，在 1981～2002 年间全世界推出的 877 个药物小分子新化学实体中，约有 61%来源于天然产物或受天然产物的启发而合成的衍生物或类似物，而具体在抗菌药物和抗肿瘤药物方面，天然产物来源的药物更是分别高达 78%和 74%。

为了有效合理地利用自然界中丰富的中草药资源，对其中有效成分的研究就显得十分必要，在这方面我国科学工作者已取得了可喜的进展，从黄花蒿中发现并分离出的抗疟有效成分青蒿素就是其中最成功的例子，挽救了全球特别是发展中国家数百万人的生命。

2.4.2 提取原理

天然产物的提取、分离、纯化和鉴定是一项颇为复杂的工作，常用溶剂萃取、水蒸气蒸馏、重结晶、蒸馏、升华等传统提纯方法，同时薄层层析、柱层析、制备型液相色谱等色谱手段，也被越来越多地应用于天然产物粗品的分离。水蒸气蒸馏主要用于那些不溶于水，且具有一定挥发性的天然产物的提取。溶剂萃取法主要是依照“相似相溶”原理，采用合适的溶剂进行提取，一般情况下，用甲醇、乙醇或丙酮就能将大部分天然产物提取出来，所得提取液大多是多组分混合物，还需要配合其他方法进行进一步的分离、纯化和结构鉴定。

茶叶中含有多种天然产物，其中鞣酸约占 11%～12%，咖啡因(Caffeine)约占 1%～5%，色素约占 0.6%，还含有纤维素、类黄酮色素和蛋白质等。咖啡因又称咖啡碱，是一种嘌呤的衍生物，工业上主要通过人工合成制得，具有刺激心脏、兴奋大脑神经和利尿等作用，可作为中枢神经兴奋药。含结晶水的咖啡因系无色针状晶体，味苦，能溶于水、乙醇和氯仿等溶剂。在 100 ℃时，即失去结晶水开始升华，120 ℃时显著升华，178 ℃时快速升华。为了提取茶叶中的咖啡因，用乙醇在脂肪提取器中进行连续抽提，然后蒸去乙醇得到咖啡因粗品，为了将咖啡因与其他有机色素等杂质分离，利用咖啡因可升华的特点进行纯化处理。

2.4.3 主要试剂及产物的物理常数

表 2.4.1 给出了主要试剂及产物的物理常数。

表 2.4.1 主要试剂及产物的物理常数

化合物	分子式	MW	m. p.(℃)	b. p.(℃)	d	n_D^{20}
乙醇(Ethanol)	C_2H_6O	46.07		78	0.789	1.362
咖啡因(Caffeine)	$C_8H_{10}N_4O_2$	194.19	234.5		1.2	

2.4.4 实验步骤

1. 茶叶中咖啡因的粗提取

仪器与耗材:单口圆底烧瓶、索氏提取器、球形冷凝管、磨口三角烧瓶、玻璃空心塞、量筒、电子天平、药勺、磁子、磁力加热搅拌器、橡胶烧瓶托、铁夹、滤纸、称量纸、进出水管。

涉及的基本实验操作:液-固萃取。

方法 1

称取 10 g 茶叶末,放入折叠好的滤纸套筒内,并将套筒装入索氏提取器中,在圆底烧瓶内加入 75 mL 无水乙醇和磁子,如图 2.4.1 所示,先用铁夹将烧瓶固定在磁力加热搅拌器中,再依次安装索氏提取器和装有进出水管的球形冷凝管。打开冷却水开关、搅拌器的搅拌和加热开关,

* 从固体混合物中萃取所需要的物质,最简单的方法是将固体混合物研细后放入容器,然后选择适当的溶剂浸泡,通过简单过滤的方法将萃取液和残留的固体分开,属于液-固萃取。若提取物的溶解度小,应采用脂肪提取器(又称索氏提取器)来进行提取。

* 脂肪提取器是利用溶剂回流和虹吸的原理,使固体物连续不断地被纯溶剂所萃取,提取效率较高。萃取前,应将固体物研细,以增加溶剂浸润的面积,然后将固体物放在滤纸套内,置于索氏提取器中。提取器的下端通过磨口与盛有溶剂的烧瓶连接,上端接回流冷凝管。当溶剂加热沸腾时,溶剂蒸气通过侧支管上升,然后继续上升至冷凝管后,被冷凝成液态,滴入提取器中,当溶剂的液面超过虹吸管的最高处时,随即虹吸流回底部烧瓶中,即萃取出溶于溶剂中的物质,经过多次回流和虹吸,使固体中的可溶物富集至圆底烧瓶中,达到溶剂萃取分离的目的。

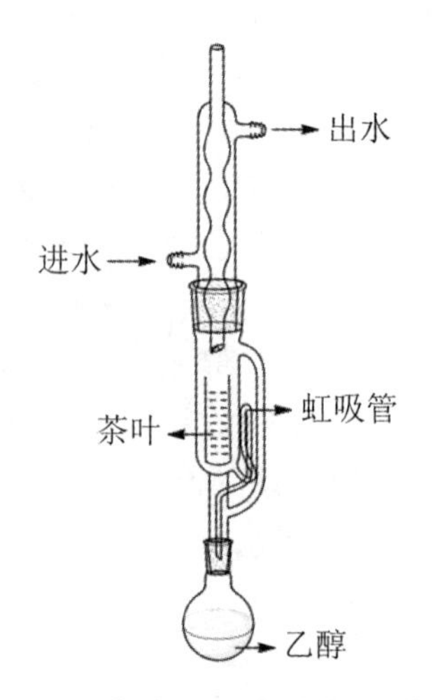

图 2.4.1 索氏(Soxhlet)提取器装置图

对烧瓶内的乙醇进行加热回流，直至提取器中虹吸管内的提取液颜色变得很浅为止，约 90 min。回流结束后，自上而下拆除回流提取装置，将烧瓶内的溶液倒入磨口三角烧瓶中，待冷却后塞上玻璃空心塞。

*滤纸套筒大小要适中，既要紧贴器壁，又能方便取出，套筒内茶叶高度不得超过虹吸管高度。

方法 2

称取 10 g 茶叶末，倒入单口圆底烧瓶中，再加入 75 mL 无水乙醇和磁子。如图 2.4.2 所示，将烧瓶固定在磁力加热搅拌器中，在烧瓶磨口处装置回流冷凝管，依次打开冷却水开关、搅拌器的搅拌和加热开关，将混合物加热回流 90 min。回流结束后，拆除回流装置，趁热将圆底烧瓶内的溶液滤出至磨口三角烧瓶中，并冷却至室温，最后塞上玻璃空心塞，待下一步使用。

*也可采用方法 2 对茶叶中的咖啡因进行粗提取，图 2.2.4 所示的直接加热萃取实验装置可替代索氏提取器提取茶叶中的有机物。

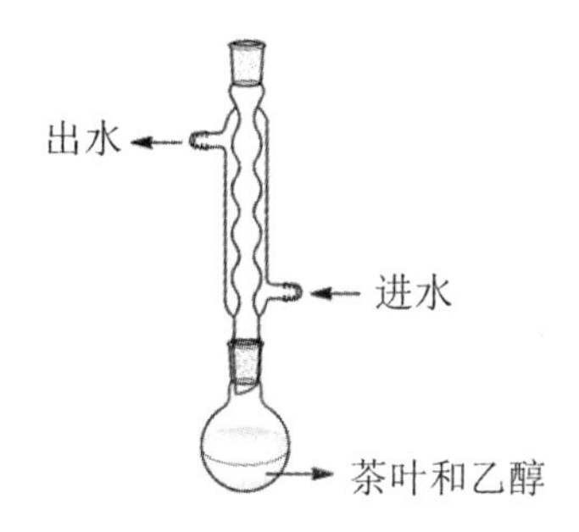

图 2.4.2 加热萃取装置图

2. 咖啡因的升华提纯

> 仪器与耗材：茄形圆底烧瓶、蒸发皿、烧杯、玻璃三角漏斗、玻璃棒、旋转蒸发仪、分析天平、酒精灯、石棉网、铁圈、铁夹、镊子、针头、刮刀、滤纸、脱脂棉、称量纸。
>
> 涉及的基本实验操作：旋转蒸发仪的使用、升华。

用旋转蒸发仪蒸除和回收大部分的溶剂乙醇，趁热将茄形圆底烧瓶中的残液倾入装有 4 g 氧化钙粉末的蒸发皿中，拌和成糊状。再将蒸发皿架置于盛有热水的 250 mL 烧杯口，通过对放置在烧杯底部的石棉网进行加热，用蒸汽浴将蒸发皿内的固体拌炒至干，其间不断搅拌，并用玻璃棒压碎块状物。最后将蒸发皿放在铁圈上，底部放置石棉网，用小火对其加热焙炒片刻，使水分全部除去(图 2.4.3)。冷却后，擦去沾在边上的粉末，以免在升华时污染产物。

将一张刺有许多小孔的滤纸盖在蒸发皿上，上面罩上一只口径合适的玻璃三角漏斗，按图 2.4.4 搭好升华装置，用空气浴加热升华。升华过程中，小心地将蒸发皿尖

*茄形瓶内的乙醇不能蒸得太干，以残留 5%～10%的乙醇为宜，否则残液太黏不易倒出转移，造成较大损失。

*氧化钙(又称生石灰)起吸水和中和作用，用以除去水和部分酸性杂质(如鞣酸)。氧化钙的称量可不用称量纸，直接将蒸发皿放置在电子天平上去皮称量。

*在水蒸汽浴焙炒过程中，通过拌炒的氧化钙固体由深褐色逐渐变为土黄色的颜色变化和玻璃棒上不再黏附固体颗粒两个实验现象来判断水分或溶剂是否彻底去除。

嘴口附近的滤纸掀开，观察滤纸上是否出现白色毛状晶体。

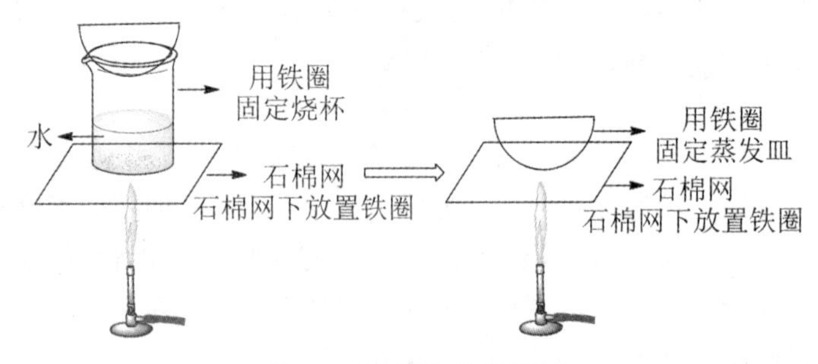

图 2.4.3　蒸汽浴装置图

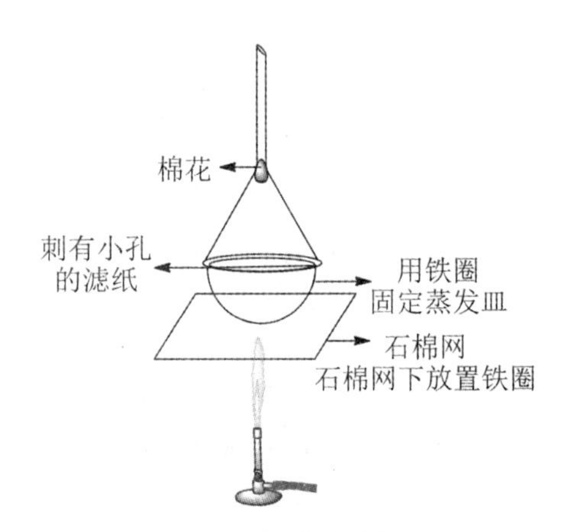

图 2.4.4　升华装置图

当出现白色结晶后，停止加热，小心向上提起漏斗，用镊子抽出滤纸并将挂有结晶的一面翻转朝上，同时立刻换上一张新的刺有小孔的滤纸，继续加热升华，使升华完全。合并两次收集的咖啡因，用分析天平称重，并用数字熔点仪测定咖啡因的熔点。

*在萃取回流充分的前提下，升华操作作为关键步骤，关系着整个实验的成败。升华过程中，升华温度需要保持在 200～210 ℃，可将温度计放置在石棉网附近测试加热温度。升华过程中始终都用小火间接加热，温度太高，会让产物发黄。

2.4.5 波谱图

波谱图如图 2.4.5、图 2.4.6 所示。

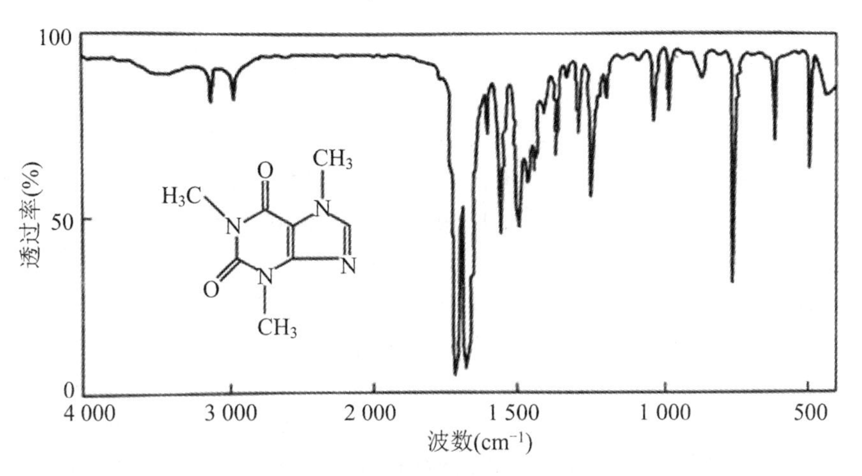

图 2.4.5 咖啡因的红外谱图

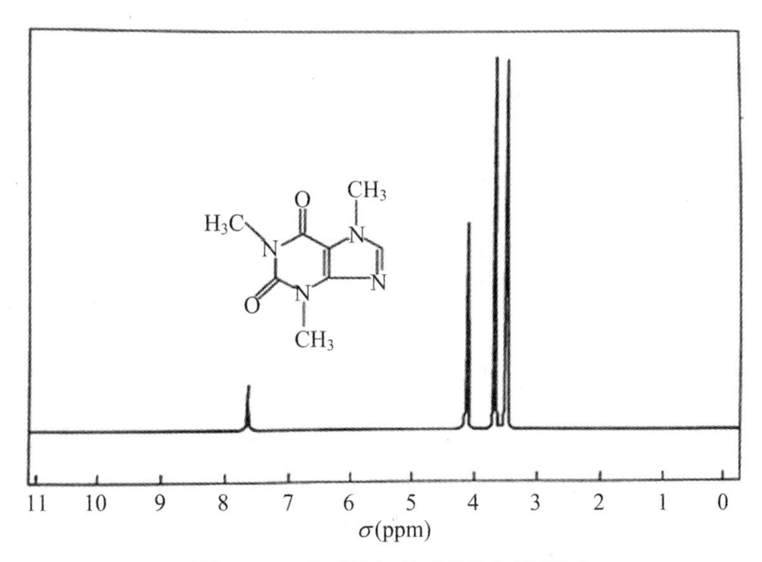

图 2.4.6 咖啡因的核磁共振氢谱谱图

2.5　苯甲酸乙酯的合成

2.5.1　背景知识

羧酸酯是一类在工业和商业上用途广泛的有机物，酸催化的直接酯化反应是工业和实验室制备羧酸酯最常用的方法，常用的催化剂有硫酸、干燥的氯化氢、对甲基苯磺酸、固体超强酸、杂多酸或阳离子交换树脂等。羧酸酯也可以采用酰氯、酸酐或腈的醇解，或者利用羧酸盐与卤代烷或硫酸酯的反应来制备。酯在工业和商业上大量用作溶剂，低级酯一般是具有芳香气味或特定水果香味的液体，自然界中许多水果和花草的芳香气味，就是由于酯存在的缘故。酯在自然界中以混合物的形式存在，人工合成的一些香料就是模拟天然水果和植物提取液的香味经配制而成的。

酸作为催化剂的作用是使羰基发生质子化，从而提高羰基中碳原子的亲电反应活性，易于与亲核性的乙醇结合形成中间体。酯化反应中如果参与反应的羧酸自身就具有足够的酸性，例如甲酸、草酸等，就可以不另加催化剂。当酯化反应达到平衡时，通常只有65%左右的酸和醇转化为酯。为了促使平衡反应向有利于生成酯的方向移动，可以从反应物中不断移除生成的酯或水，或者使用过量的羧酸或醇，或者二者同时采用。至于酸和醇哪一个反应底物过量，主要取决于原料是否价廉易得以及过量的原料与产物容易分离与否等因素。

2.5.2　反应式

反应式如下：

$$\text{(苯环)}-CO_2H \xrightleftharpoons{\text{EtOH，浓}H_2SO_4} \text{(苯环)}-CO_2Et + H_2O$$

在合成苯甲酸乙酯(Ethyl Benzoate)的过程中，可加入过量的乙醇和苯甲酸反应，同时还可以加入一些能与水产生共沸的有机溶剂，通过蒸馏共沸物带出生成的水，达到共沸酯化的目的。实验室常用的能与水形成二元或三元最低恒沸物的有机溶剂有甲苯、苯和环己烷，由于毒性的原因，现大多使用环己烷。

2.5.3　主要试剂及产物的物理常数

表2.5.1给出了主要试剂及产物的物理常数。

表 2.5.1 主要试剂及产物的物理常数

化合物	MW	m. p. (℃)	b. p. (℃)	d	n_D^{20}
乙醇 (Ethanol)	46.07		78	0.789	1.362
苯甲酸 (Benzoic Acid)	122.12	122.13	249	1.2659	
环己烷 (Cyclohexane)	84.16		80.7	0.78	1.426
浓硫酸 (Concentrated Sulfuric Acid)	98.078	10.371	337	1.84	1.418
苯甲酸乙酯 (Ethyl Benzoate)	150.17	−34.6	212.6	1.05	1.500

2.5.4 实验步骤

方法 1

仪器与耗材：单口圆底烧瓶、油水分离器、球形冷凝管、量筒、磨口三角烧瓶、烧杯、分液漏斗、玻璃三角漏斗、玻璃棒、蒸馏头、温度计及套管、直形冷凝管、尾接管、磁子、磁力加热搅拌器、旋转蒸发仪、电子天平、药勺、橡胶烧瓶托、铁夹、铁圈、称量纸、pH 试纸、脱脂棉、进出水管。

涉及的基本实验操作：回流、油水分离器和旋转蒸发仪的使用、常压蒸馏。

将放有磁子的 100 mL 圆底烧瓶放置在橡胶烧瓶托上，依次加入 8.0 g 苯甲酸、18 mL 无水乙醇、15 mL 环己烷和 3 mL 浓硫酸。手动摇匀后，如图 2.5.1 所示用铁夹将烧瓶固定在磁力加热搅拌器中，先将磨口处均匀涂抹了一层凡士林的油水分离器固定于圆底烧瓶上口，再将球形冷凝管固定在分离器上端。

* 转移称量好的苯甲酸时，黏附在烧瓶磨口处的样品，需用后续添加的溶剂冲落。

* 油水分离器使用前，需检漏。

* 固定圆底烧瓶时，要使烧瓶外壁与电热套内壁保持 1～2 cm 左右的距离，以便利用热空气传热和防止局部过热。

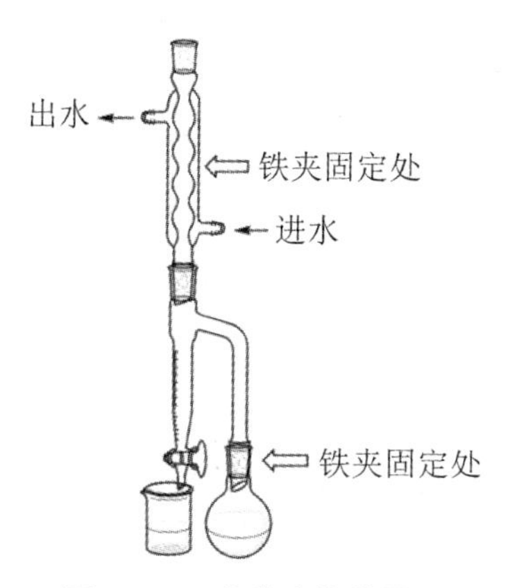

图 2.5.1 共沸酯化装置图

量取 10 mL 环己烷，从冷凝管上端倒入油水分离器中，再依次打开磁力加热搅拌器的搅拌开关和加热开关。控制加热温度，开始时溶液回流速度要慢，避免形成液泛。随着回流的进行，水珠沉入分离器底部，当几乎没有水珠下落时，打开分水器下端的旋塞，放出分水器中的下层液体。停止加热，用余温将大部分的乙醇和环己烷蒸馏至油水分离器中，并通过旋塞放出，用磨口三角烧瓶收集后倒入废液桶内。

将烧瓶内的残液倒入盛有 60 mL 冰水的 250 mL 烧杯中，在磁力搅拌器上边搅拌边缓慢加入碳酸钠粉末，中和至 pH＝7，无二氧化碳气体产生为止。再将烧杯内的液体倒入分液漏斗中，分出有机层，即粗产物。剩余的水层再用 20 mL 乙醚萃取。将乙醚层和粗产物合并于一个提前准备好的干燥磨口三角烧瓶中，用无水氯化钙干燥 30 min 后，倒入底部塞有一团脱脂棉的干燥玻璃三角漏斗中，过滤，滤液用干燥的圆底烧瓶收集(图 2.5.2)，然后用旋转蒸发仪蒸除和回收溶剂乙醚。最后将烧瓶内的残液进行常压蒸馏(图 2.5.3)，收集 210～213 ℃的馏分。产量约 8 g。

* 加碳酸钠的目的是除去硫酸和未发生反应的苯甲酸，碳酸钠添加的过程遵从“少量多次”的原则，加得太多或太快，会产生大量的泡沫而使溶液溢出。

* 测溶液 pH 的操作方法：将一小片试纸放在培养皿上，用沾有待测溶液的玻璃棒碰点试纸的中部，试纸即被潮湿而显色，与标准色阶对比即得 pH 值，试纸的颜色以半分钟内观察到的为准。不能用滴管把被测液滴在试纸上，因为一般滴液较大，易使纸上有机色素溶解下来，使所测 pH 不准。

* 三角漏斗中脱脂棉的用量，以刚好堵住漏斗口为宜，塞入过多易吸附产物而造成损失。

* 蒸馏沸点 140 ℃以上的液体时，应改用空气冷凝管，否则由于蒸出的液体温度过高，与冷却水的温差大而使直形冷凝管管口爆裂。空气冷凝管可以用不通冷却水的直形冷凝管替代。

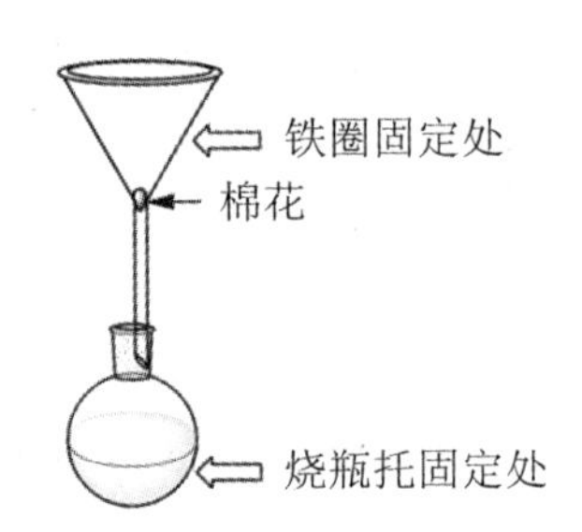

图 2.5.2　常压过滤装置图

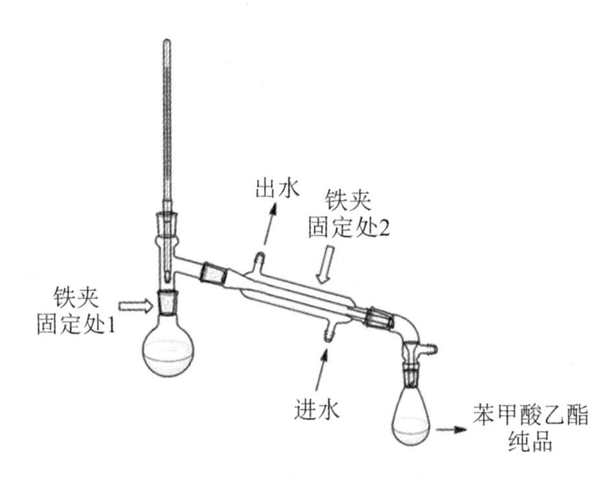

图 2.5.3　常压蒸馏装置图

方法 2

仪器与耗材：单口圆底烧瓶、恒压滴液漏斗、球形冷凝管、量筒、磨口三角烧瓶、烧杯、分液漏斗、玻璃三角漏斗、玻璃棒、蒸馏头、温度计及套管、直形冷凝管、尾接管、磁子、磁力加热搅拌器、旋转蒸发仪、电子天平、药勺、橡胶烧瓶托、铁夹、铁圈、pH 试纸、脱脂棉、进出水管。

涉及的基本实验操作：回流、恒压滴液漏斗和旋转蒸发仪的使用、常压蒸馏。

将放有磁子的 100 mL 圆底烧瓶放置在橡胶烧瓶托上，依次加入 4 g 苯甲酸、10 mL 无水乙醇和 1 mL 浓硫酸，手动摇匀后将其用铁夹固定在磁力加热搅拌器中。然后将一小团棉花放入恒压滴液漏斗内底部靠近处于开启状态的活塞孔处，将用无水乙醇饱和的 10 g 无水硫酸铜和 10 g 石英砂均匀混合后的吸水剂倒入恒压滴液漏斗内，漏斗磨口处安装球形冷凝管，再依次打开冷却水开关、搅拌器的搅拌开关和加热开关，使反应物保持微沸回流 2 h。回流液流入恒压滴液漏斗筒内水分被吸水剂迅速吸收，而反应原料乙醇可及时返回圆底烧瓶中的反应体系继续参与酯化反应(图 2.5.4)。

* 转移称量好的苯甲酸时，黏附在烧瓶磨口处的样品，需用后续加入的溶剂冲落。

* 恒压滴液漏斗使用前，需检漏。

* 固定圆底烧瓶时，要使烧瓶外壁与电热套内壁保持 1～2 cm 的距离，以便利用热空气传热和防止局部过热。

* 恒压滴液漏斗的下端旋塞需要保持开启状态，底部的脱脂棉不宜过多，以刚好将放置在恒压漏斗中的固体吸水剂不跌落到圆底烧瓶中为宜，否则易堵住漏斗下口，溶液不易回流至烧瓶中。

* 随着回流持续进行，酯化反应中形成的水不断地被有效分离，如此循环反复，有利于苯甲酸的完全酯化。

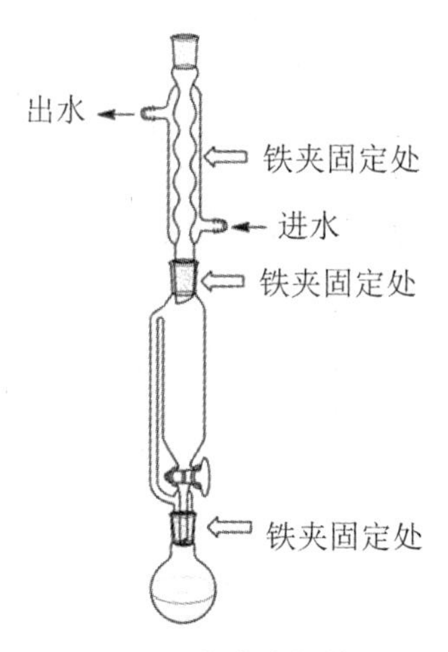

图 2.5.4 共沸酯化装置图

将烧瓶内的残液倒入盛有 30 mL 冰水的 250 mL 烧杯中，在磁力搅拌器上边搅拌边缓慢加入碳酸钠粉末，中和至 pH=7，直到无二氧化碳气体产生为止。再将烧杯内的液体倒入分液漏斗中，分出有机层，即粗产物。剩余的水层再用 10 mL 乙醚萃取。将乙醚层和粗产物合并于一个提前干燥好的磨口三角烧瓶中，用无水氯化钙干燥 30 min 后，倒入底部塞有一团棉花的干燥玻璃三角漏斗中，过滤，滤液用干燥的圆底烧瓶收集，然后用旋转蒸发仪蒸除和回收

* 加入碳酸钠的目的是除去硫酸和未反应的苯甲酸，碳酸钠添加的过程遵从“少量多次”的原则，加得太多或太快，会产生大量的泡沫而使液体溢出。

* 三角漏斗中脱脂棉的用量，以刚好堵住漏斗口为宜，塞入过多易导致产物损失，常压过滤装置如图 2.5.2 所示。

＊蒸馏沸点 140 ℃以上的液体时，应使用空气冷凝管，否则会由于蒸出的液体温度过高，与冷却水的温差大而使直形冷凝管管口爆裂。空气冷凝管可以用不通冷却水的直形冷凝管替代。

溶剂乙醚。最后将烧瓶内的残液进行常压蒸馏(图 2.5.5)，收集 210～213 ℃的馏分。产量约 4 g。

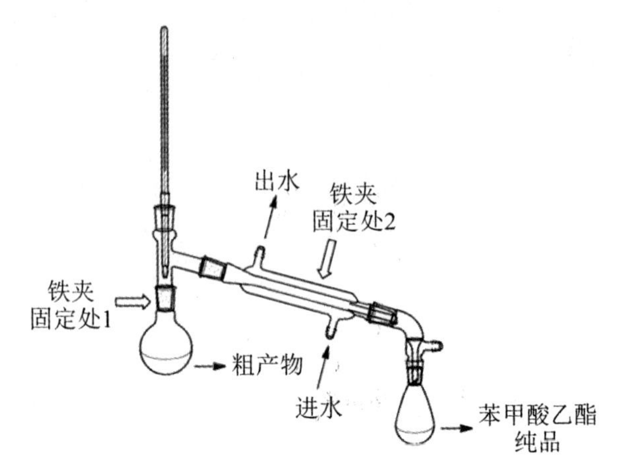

图 2.5.5　常压蒸馏装置图

2.5.6　波谱图

波谱图如图 2.5.6～图 2.5.8 所示。

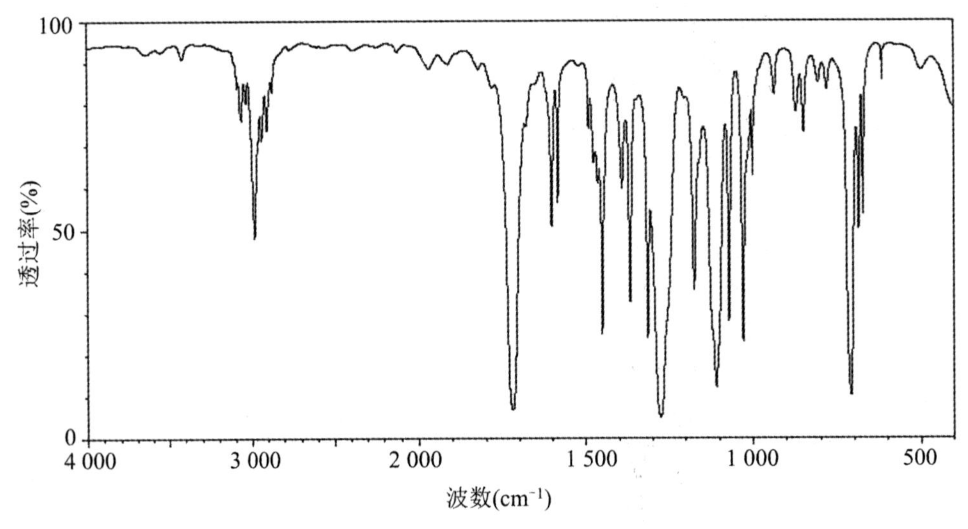

图 2.5.6　苯甲酸乙酯的红外谱图

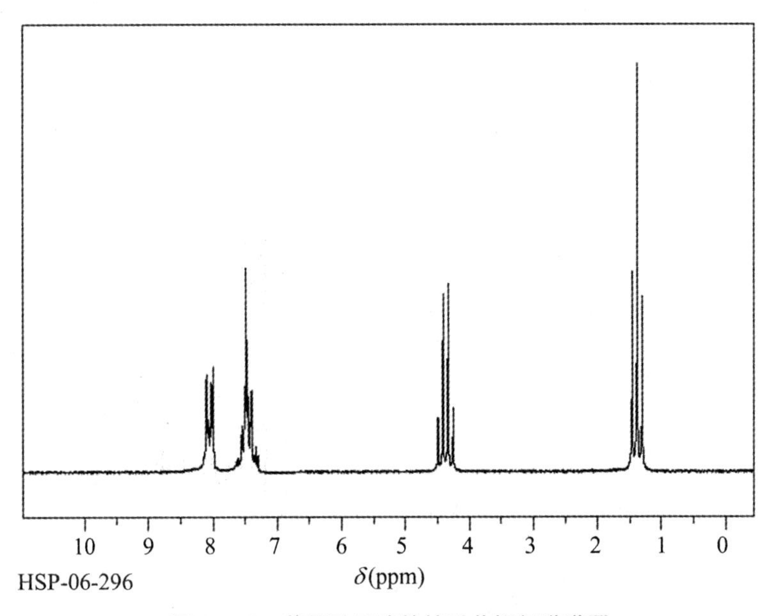

图 2.5.7 苯甲酸乙酯的核磁共振氢谱谱图

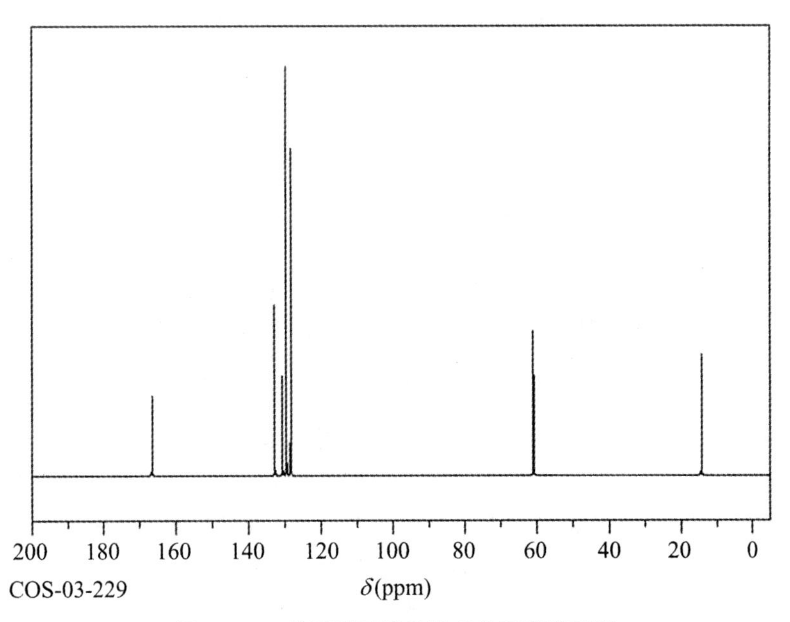

图 2.5.8 苯甲酸乙酯的核磁共振碳谱谱图

2.6 苯甲酸和苯甲醇的合成

2.6.1 背景知识

坎尼扎罗(Cannizzaro)反应是无 α 活泼氢的醛在强碱作用下发生分子间的氧化还原反应,生成一个分子羧酸和一个分子醇的有机歧化反应。意大利化学家斯坦尼斯劳·坎尼扎罗在 1895 年通过用草木灰处理苯甲醛,得到了苯甲酸(Benzoic Acid)和苯甲醇(Benzyl Alcohol),首先发现了这个反应,由此而称坎尼扎罗反应。Cannizzaro 反应实质是羰基的亲核加成,反应机理涉及了羟基负离子对一个分子芳香醛进行亲核进攻,所得加成物的负氢向另外一个分子芳香醛进行亲核加成,其机理可表示如下:

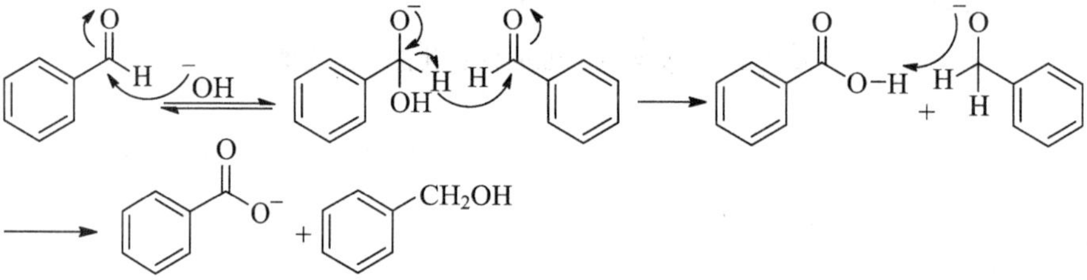

2.6.2 反应式

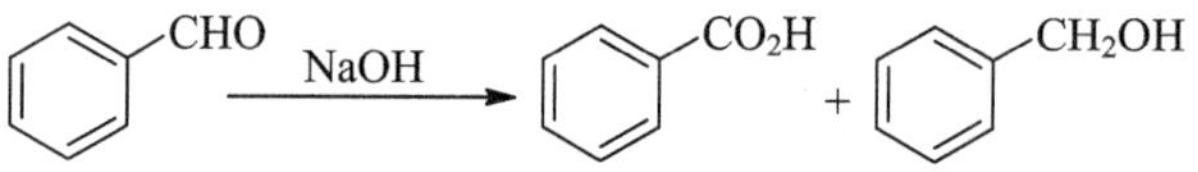

在 Cannizzaro 反应中,通常使用 50%的浓碱,其中碱的摩尔量比醛的摩尔量多一倍以上,否则反应不完全。未反应的苯甲醛与生成的苯甲醇混合在一起,通过蒸馏的方法难以将二者有效分离,需要用饱和亚硫酸氢钠进行有机相的液-液萃取洗涤,让其进一步转化为水溶性盐进入水相,从而达到苯甲醇的纯化目的。

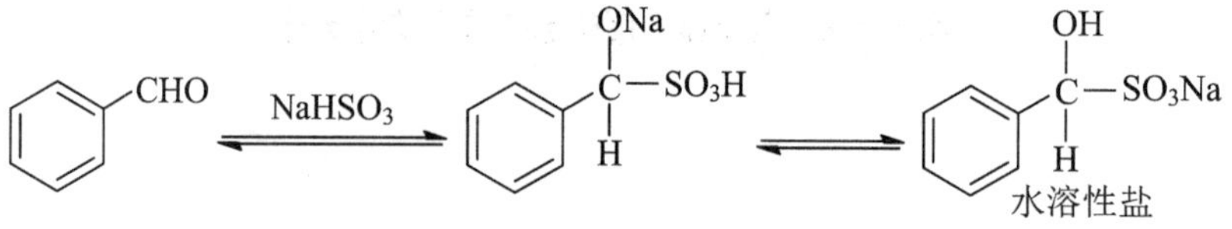

2.6.3 主要试剂及产物的物理常数

表 2.6.1 给出了主要试剂及产物的物理常数。

表 2.6.1 主要试剂及产物的物理常数

化合物	MW	m. p. (℃)	b. p. (℃)	d	n_D^{20}
苯甲醛 (Benzaldehyde)	106.12	−26	179	1.044	1.545
苯甲酸 (Benzoic acid)	122.12	122.13	249	1.2659	
苯甲醇 (Benzyl Alcohol)	108.14	−15.3	205.7	1.045	1.5400
乙醚 (Ether)	74.12	−116.3	34.6	0.7134	1.3555
氢氧化钠 (Sodium Hydroxide)	39.996	318.4		2.130	

2.6.4 实验步骤

1. 苯甲醇的合成、分离和纯化

仪器与耗材：磨口三角烧瓶、分液漏斗、圆底烧瓶、蒸馏头、温度计及套管、直形冷凝管、尾接管、茄形圆底烧瓶、量筒、烧杯、玻璃三角漏斗、玻璃棒、磁子、磁力加热搅拌器、旋转蒸发仪、电子天平、药勺、橡胶烧瓶托、铁圈、铁夹、升降台、称量纸、脱脂棉、封口膜、进出水管。

涉及的基本实验操作：萃取和洗涤、常压蒸馏、干燥、旋转蒸发仪的使用。

用 100 mL 磨口三角烧瓶在电子天平上称取 10 g 氢氧化钠，然后小心地加入 10 mL 水，摇振使其充分溶解后，冷却至室温。然后加入 10 mL 新蒸过的苯甲醛，瓶口用封口膜封紧，剧烈摇振，使其充分混合均匀后，放置 24 h 以上。

向反应混合物中加入 40 mL 水，用玻璃棒不断搅拌使其中的苯甲酸盐全部溶解。然后倒入分液漏斗中，用乙醚萃取上述溶液 3 次，每次 20 mL。用烧杯保留乙醚萃取后的水溶液，合并乙醚萃取液，并将其倒入分液漏斗中，再依次用 10 mL 饱和亚硫酸氢钠溶液、20 mL 饱和碳酸氢钠溶液和 10 mL 水洗涤。经过 3 次洗涤后的醚层，将其倒入提前准备好的干燥磨口三角烧瓶中，边摇三角烧瓶边加入适量的无水氯化钙，静置干燥 30 min 后，倒入底部塞有一团

* 氢氧化钠易吸潮，称量时直接将磨口三角烧瓶放置在电子天平上去皮称量。

* 苯甲醛易氧化成苯甲酸，因此在配置溶液时应用新鲜蒸馏的苯甲醛。

* 使用分液漏斗前应先于漏斗中放入适量水并摇荡，检查顶塞与旋塞两处是否会发生渗漏，检漏确认不漏水后方可使用。

* 分液漏斗使用时需用右手掌心顶住漏斗顶塞，并握紧漏斗，左手的食指和中指夹住下管口，同时，食指和拇指控制旋塞。然后将漏斗倾斜使旋塞部分向上，前后摇动或做圆周运动，让漏斗中的液体两相间进行充分的接触，放气后再

继续振摇 2～3 min。最后将漏斗放回铁圈中静置，待两层液体完全分开后，打开顶塞，再将旋塞缓缓旋开，下层液体自旋塞放出至磨口三角烧瓶中收集，上层液体从漏斗上口倒出保存。

* 由于乙醚蒸气压较低，分液漏斗振荡过程中应注意不断放气，一般振荡两至三次就放气一次，以免液体喷出，严重时会引起漏斗爆炸，造成伤人事故。放气的过程中，尾部不要对着人，以免有害气体造成伤害事故。

* 用乙醚萃取后的水相为苯甲酸钠的水溶液，需保留，调节其 pH 至酸性即可转变为苯甲酸。

* 用亚硫酸氢钠洗涤醚层的目的是去除未反应完全的苯甲醛原料。

* 无水氯化钙的用量应适量，加少了干燥不彻底，加多了吸附产物，影响产率。一般以干燥剂加入之后出现不黏附在瓶壁，并且干燥剂仍棱角分明这一现象说明用量合适。

* 固定蒸馏烧瓶时，要使烧瓶外壁与电热套内壁保持 1～2 cm 左右的距离，以便利用热空气传热和防止局部过热。

* 蒸馏沸点 140 ℃以上的液体时，为避免冷凝管管口爆裂，不能通冷却水，或改用空气冷凝管。

棉花的干燥玻璃三角漏斗中，过滤，滤液用干燥的圆底烧瓶收集，然后用旋转蒸发仪蒸除和回收溶剂乙醚。

最后将烧瓶内的残液进行常压蒸馏(图 2.6.1)，收集 202～206 ℃的馏分。产量约 3～4 g。

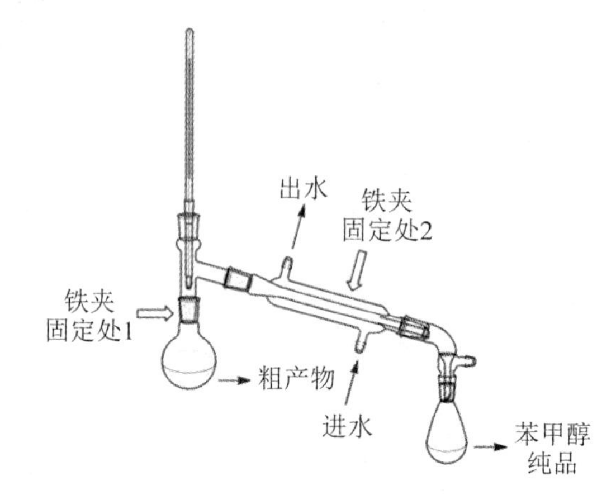

图 2.6.1　常压蒸馏装置图

2. 苯甲酸的提纯、分离和纯化

> 仪器与耗材：烧杯、量筒、布氏漏斗、磨口三角烧瓶、玻璃空心塞、玻璃棒、培养皿、磁子、磁力搅拌器、电子天平、药勺、滤纸、刚果红试纸、滴管、铁夹、铁圈。
>
> 涉及的基本实验操作：(热)过滤、重结晶。

* 重结晶是提纯固体有机物常用的方法之一。固体有机物在溶剂中的溶解度一般是随着温度升高而增大。通常先选择合适的溶剂对固体进行热溶解，使之成为饱和溶液，冷却后由于溶解度降低，溶液达到过饱和状态从而析出晶体，利用被提纯物与杂质在溶剂中的溶解度不同而除去杂质。一般适用于纯化杂质含量在 5%以下的固体有机化合物。若杂质含量过高，常会影响结晶生成的速率，有时会变成油状物而难以析出晶体。

* 加热时火不宜太大，时间不宜太长，否则水蒸发过多，烧杯中留下的水比加入水的总量少了许多。

在乙醚萃取后剩余的水溶液中加入一磁子，在磁力搅拌器上一边搅拌，一边滴加浓盐酸，酸化至刚果红试纸变蓝。混合液冷却至室温后，再用冰水浴充分冷却使苯甲酸析出完全，减压抽气过滤，滤渣用少量冰水洗涤后，用玻璃空心塞尽量压干溶剂，即得到苯甲酸粗产物。

粗产物转移至磨口三角烧瓶中，先加入 30 mL 水和 2 粒沸石，将三角烧瓶如图 2.6.2 所示用铁夹固定，放置于石棉网上加热至微沸，并不断用玻璃棒搅拌使其中的固体溶解。在微沸过程中仔细观察瓶内物质溶解的情况：如仍有固体不溶，可分批补加水，每次补加 5 mL 水后再将溶液加热至微沸，同时注意观察每次补加少量溶剂后，溶液中残余固体量的变化，以免将不溶性杂质的存在当作固体未溶而误加入过多的溶剂；如有不溶性的杂质，需要进行热过滤滤除杂质（若粗产物有颜色，则加入适量的活性炭进行脱色后，再进行热过滤），待溶液中的固体全部溶解，计算全溶后加入水的总体积，再加入过量100％的水，继续加热溶解，保持溶液微沸5 min后，将溶液冷却至室温。用冰水浴继续冷却重结晶溶液，待析晶完全后进行减压抽气过滤，磨口三角烧瓶中残留晶体用少量滤液转移至布氏漏斗中。将所得白色片状结晶转移至培养皿中，在空气中自然风干，待下次实验时称量重结晶产物。产量为4～5 g。

* 由于苯甲酸在水中的溶解度高温和低温时相差比较大，为了热过滤操作的方便，可适当多加一些水。

* 用活性炭进行溶液脱色时，应将溶液稍冷后小心加入适量活性炭（加入活性炭的用量约为样品量的1％～5％），切忌直接将其加至沸腾的溶液中，以免造成爆沸，导致溶液冲出容器产生意外，操作过程中应佩戴护目镜。加入活性炭后，应微沸5～10 min，使其充分吸附，然后趁热过滤。此时若有不溶性杂质也可一并过滤去除。

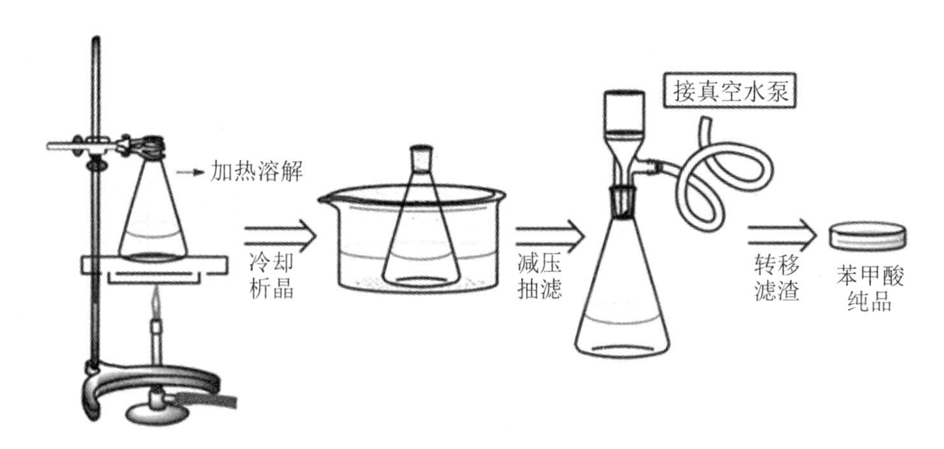

图 2.6.2 重结晶操作流程图

2.6.5 波谱图

波谱图如图2.6.3～图2.6.6所示。

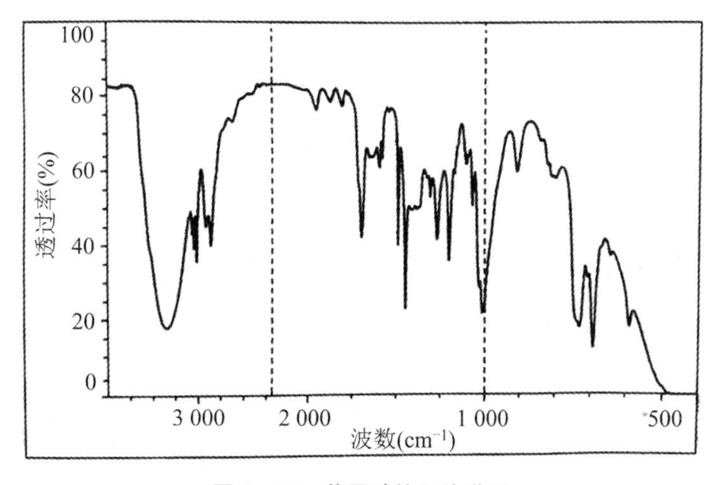

图 2.6.3 苯甲醇的红外谱图

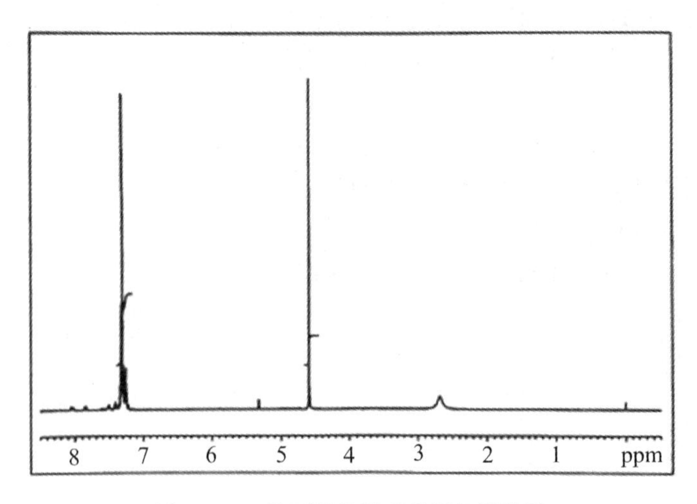

图 2.6.4　苯甲醇的核磁共振氢谱谱图

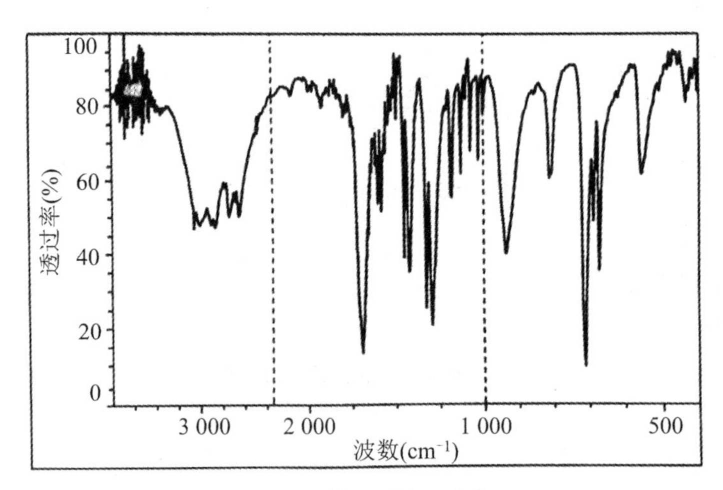

图 2.6.5　苯甲酸的红外谱图

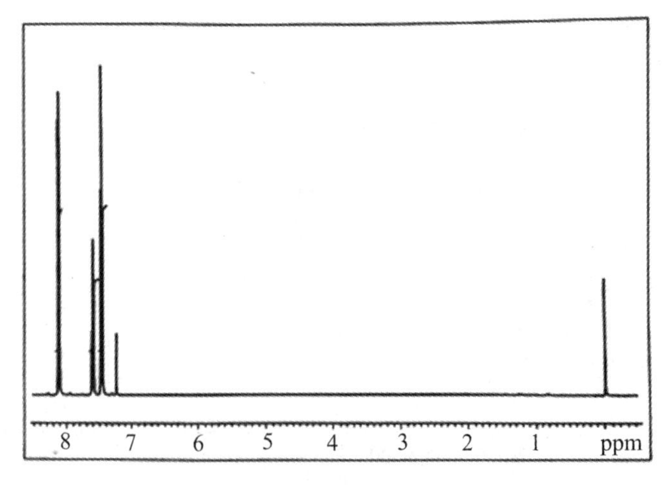

图 2.6.6　苯甲酸的核磁共振氢谱谱图

2.7 对甲苯乙酮的合成

2.7.1 背景知识

傅克(Friedel-Crafts)酰基化反应是实验室制备芳香酮的常用方法之一，一般在无水三氯化铝的催化作用下，利用芳香族化合物与酰氯或酸酐发生亲电取代反应形成酰基苯。傅克酰基化反应属于放热反应，常将酰基化试剂与溶剂混合后利用滴液漏斗缓慢滴加至盛有芳香族反应底物的反应瓶中，若芳香族反应底物为苯、甲苯等液态芳香烃，则加入过量的芳香烃既可以作为反应底物，又可充当反应溶剂。芳香族反应底物与酸酐发生傅克酰基化亲电取代反应的机理如下图所示。由于三氯化铝可与两个反应产物产生配位络合，需消耗2当量的三氯化铝，因此它的用量应稍大于2当量，而非“催化量”。反应后三氯化铝很难回收，容易产生大量腐蚀性废液。为了达到绿色化学的要求，化学家已开始使用氟化钇或氟化镝来替代氯化铝，减少“三废”的排放。

$$CH_3\overset{O}{\overset{\|}{C}}-O-\overset{O}{\overset{\|}{C}}CH_3 \xrightarrow{AlCl_3} CH_3\overset{O}{\overset{\|}{C}}-O-\overset{\overset{\oplus}{O}-\overset{\ominus}{AlCl_3}}{\overset{\|}{C}}CH_3 \longrightarrow CH_3C\equiv\overset{\oplus}{O} + CH_3\overset{O}{\overset{\|}{C}}-O-\overset{\ominus}{AlCl_3} \xrightarrow{-Cl^-} CH_3\overset{O}{\overset{\|}{C}}-O-AlCl_2$$

$$H_3C-C_6H_5 + CH_3C\equiv\overset{\oplus}{O} \longrightarrow H_3C-\overset{\oplus}{C_6H_5}(H)(CCH_3{=}O) \xrightarrow[2)\ AlCl_3]{1)\ -\overset{+}{H}} H_3C-C_6H_4-\overset{\overset{\oplus}{O}-\overset{\ominus}{AlCl_3}}{\overset{\|}{C}}CH_3 \xrightarrow{H_2O} H_3C-C_6H_4-\overset{O}{\overset{\|}{C}}CH_3$$

2.7.2 反应式

反应式如下：

$$C_6H_5-CH_3 + Ac_2O \xrightarrow{AlCl_3} CH_3-\overset{O}{\overset{\|}{C}}-C_6H_4-CH_3 + CH_3CO_2H$$

2.7.3 主要试剂及产物的物理常数

表2.7.1给出了主要试剂及产物的物理常数。

表 2.7.1　主要试剂及产物的物理常数

化合物	MW	m. p. (℃)	b. p. (℃)	d	n_D^{20}
甲苯 (Toluene)	92.140	−94.9	110.6	0.870	1.496 7
乙酸酐 (Acetic Anhydride)	102.090	−73	139.8	1.080	1.390 0
三氯化铝 (Aluminium Chloride)	133.340	194	181	1.045	1.540 0
氢氧化钠 (Sodium Hydroxide)	39.996	318.4		2.440	
盐酸 (Hydrochloric Acid)	36.500	−27.32	48	1.180	
氯化钙 (Calcium Chloride)	111.000	782		2.150	
对甲苯乙酮 (4-Methylacetophenone)	134.180		226	1.005	1.532 8

2.7.4　实验步骤

仪器与耗材：三口圆底烧瓶、单口圆底烧瓶、茄形圆底烧瓶、球形冷凝管、恒压滴液漏斗、U型干燥管、分液漏斗、磨口三角烧瓶、烧杯、蒸馏头、温度计及套管、空气冷凝管、尾接管、量筒、烧杯、玻璃三角漏斗、加热搅拌器、机械搅拌器、旋转蒸发仪、电子天平、药勺、硅胶塞、空心玻璃管、铁圈、铁夹、升降台、搅拌杆、进出水管、乳胶管、称量纸、棉花。

涉及的基本实验操作：机械搅拌器和旋转蒸发仪的使用、常压蒸馏、干燥。

将 500 mL 干燥的三口圆底烧瓶的中口用铁夹固定放置在升降台上的加热搅拌器中，烧瓶中口安装搅拌杆，边口安装恒压滴液漏斗，另一根边口安装顶端连有氯化钙干燥管的球形冷凝管，干燥管末端再接一个酸性气体吸收装置(图 2.7.1)。取下恒压滴液漏斗，依次将 22 g 无水三氯化铝和 30 mL 无水甲苯加入三口瓶中，恒压滴液漏斗中放置 6.8 mL 乙酸酐和 6 mL 无水甲苯的混合液。开启机械搅拌器的电机，将反应液缓慢滴入三口瓶中，然后设置加热温度至 100 ℃，并打开搅拌器的加热开关，加热搅拌 30 min。降低升降台，取下加热搅拌器，冷却反应液至室温后，换上冰水浴冷却反应液，并一边搅拌一边通过滴液漏斗缓慢滴加 45 mL 浓盐酸和 50 mL 冰水的混合液。滴加过程中，溶液中先出现固体再逐渐溶解，待瓶内固体全部溶解后，停止搅拌，拆除反应装置，将三口瓶内混合液倒入

* 机械搅拌器，又称电动搅拌器，适用于非均相反应。与磁力搅拌器相比，适用于被搅拌介质黏度较大时，对搅拌速度要求较高的反应。先根据搅拌杆的长度选定三口烧瓶和电机的位置，将电机固定好，然后用连接器将搅拌杆连接到电机轴上，再小心地将三口瓶套上，以搅拌杆的末端距烧瓶底部约 5 mm 为宜。检查整套机械搅拌装置是否安装正直，电机轴和搅拌杆应在同一条直线上。通电前，先用手实验搅拌杆转动是否灵活，再以低转速开动电机，实验运转情况。当搅拌杆与封管之间不发出摩擦声时方可认为仪器装配合格，否则仍需调整。最后安装冷凝管、滴液漏斗或温度计套管等，用铁夹固定。

* 傅克反应为放热反应，乙酸酐溶液滴入时应缓慢滴加，滴加过程持续 15～20 min 为宜。

分液漏斗中,分出有机层。有机层依次用 25 mL 水、25 mL 10%的氢氧化钠、25 mL 水洗涤 3 次后,将其倒入提前准备好的干燥磨口三角烧瓶中,边摇三角烧瓶边加入适量的无水氯化钙,静置干燥 30 min 后,倒入底部塞有一团棉花的干燥玻璃三角漏斗中,过滤,滤液用干燥的单口圆底烧瓶收集,然后用旋转蒸发仪蒸除和回收溶剂甲苯。

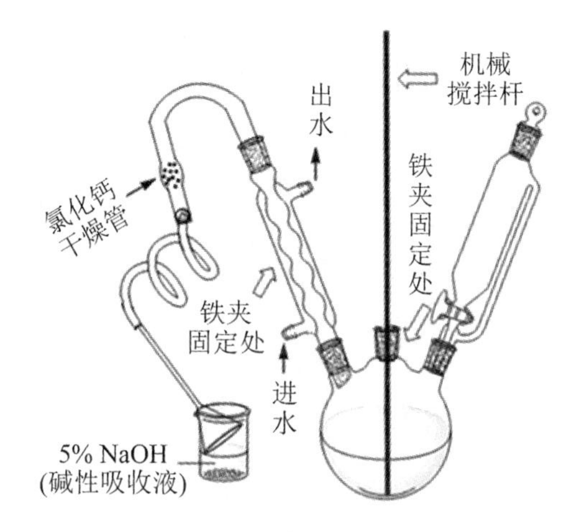

图 2.7.1 机械搅拌反应装置图

最后将圆底烧瓶内的残液进行常压蒸馏,收集 220~222 ℃的馏分。产量为 7~8 g。

*使用分液漏斗前应先于漏斗中放入适量水并摇荡,检查顶塞与旋塞两处是否会发生渗漏,检漏确认不漏水后方可使用。

*分液漏斗使用时需用右手掌心顶住漏斗顶塞,并握紧漏斗,左手的食指和中指夹住下管口,同时,食指和拇指控制旋塞。然后将漏斗倾斜使旋塞部分向上,前后摇动或做圆周运动,让漏斗中的液体两相间进行充分的接触,放气后再继续振摇 2~3 min。最后将漏斗放回铁圈中静置,待两层液体完全分开后,打开顶塞,再将旋塞缓缓旋开,下层液体自旋塞放出至磨口三角烧瓶中收集,上层液体从漏斗上口倒出。

*分液漏斗振荡过程中应注意不断放气,一般振荡两至三次就放气一次,以免液体喷出。放气的过程中,尾部不要对着人,以免有害气体造成伤害事故。

*无水氯化钙的用量应适量,加少了干燥不彻底,加多了吸附产物,影响产率。当氯化钙加入后不黏附在瓶壁,并且仍棱角分明,出现这一现象说明用量刚好合适。

*固定蒸馏烧瓶时,要使烧瓶外壁与电热套内壁保持 1~2 cm 左右的距离,以便利用热空气传热和防止局部过热。

*蒸馏沸点 140 ℃以上的液体时,为避免冷凝管管口爆裂,不能通冷却水,应改用空气冷凝管。空气冷凝管可用不通冷却水的直形冷凝管替代。

2.7.5 波谱图

波谱图如图 2.7.2、图 2.7.3 所示。

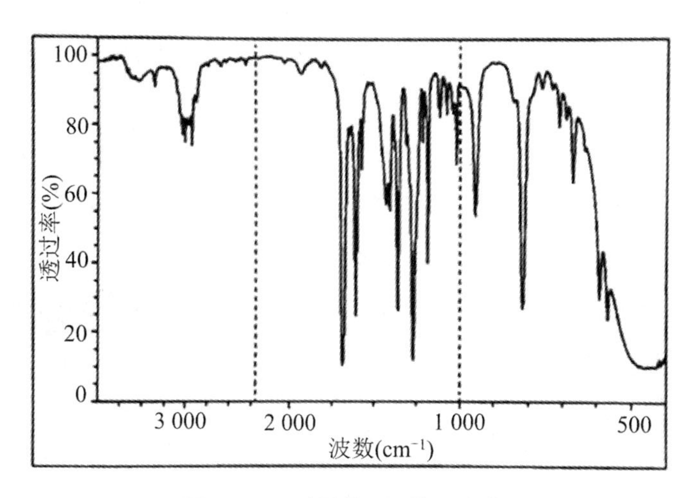

图 2.7.2 对甲苯乙酮的红外谱图

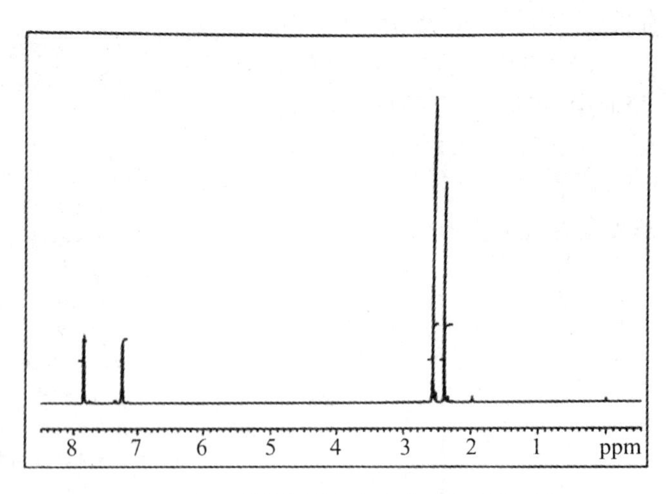

图 2.7.3　对甲苯乙酮的核磁共振氢谱谱图

2.8 3-苯基-1-(4-甲基苯基)丙烯酮的合成

2.8.1 背景知识

在稀碱的催化作用下，两个分子的醛或酮进行亲核加成反应生成β-羟基醛或β-羟基酮的反应，称为羟醛缩合反应或Adole缩合反应。β-羟基醛或β-羟基酮可进一步脱水形成α，β-不饱和醛或α，β-不饱和酮，在有机合成中常常通过羟醛缩合反应来增长反应底物的碳链，应用十分广泛。Adole缩合反应的反应机理如下：

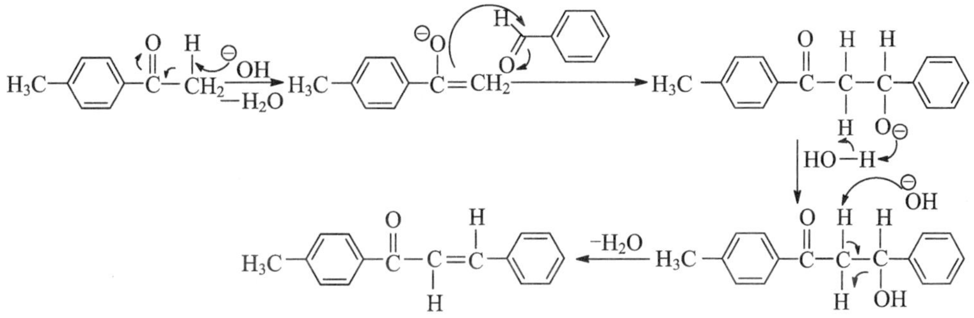

为了得到高产率的单一产物，羟醛缩合反应一般在相同的醛或酮分子间进行缩合。若在不同的醛或酮之间进行交叉羟醛缩合，会得到4种不同化学结构的产物，无合成应用价值。只有用一个无α-氢的醛或酮与有α-氢的醛或酮进行分子间缩合反应时，才能得到单一合成产物，此时，没有α-氢的醛或酮中的羰基只能被脱去羰基α位质子的醛或酮进攻，然后发生亲核加成反应。

2.8.2 反应式

反应式如下：

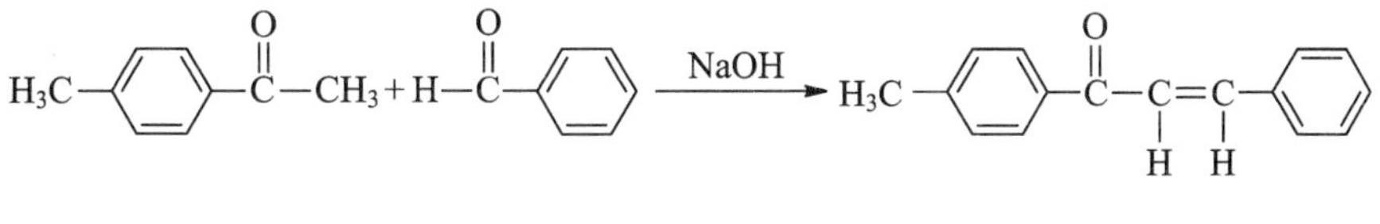

2.8.3 主要试剂及产物的物理常数

表2.8.1给出了主要试剂及产物的物理常数。

表 2.8.1　主要试剂及产物的物理常数

化合物	MW	m. p. (℃)	b. p. (℃)	d	n_D^{20}
对甲苯乙酮 (4-Methylacetophenone)	134.18		226	1.005	1.532 8
苯甲醛 (Benzaldehyde)	106.12		178	1.044	1.545 0
乙醇 (Ethanol)	46.07	−114	78	0.816	
氢氧化钠 (Sodium Hydroxide)	39.996	318.4		2.440	
3-苯基-1-(4-甲基苯基)丙烯酮 (3-Benzyl-1-*p*-Totyl Propenone)	222.28	73～75		1.071	

2.8.4　实验步骤

仪器与耗材：三口圆底烧瓶、单口圆底烧瓶、球形冷凝管、温度计及套管、量筒、布氏漏斗、磨口三角烧瓶、玻璃空心塞、磁子、磁力加热搅拌器、电子天平、药勺、橡胶烧瓶托、铁夹、滤纸、硅胶层析板、点样毛细管、高型称量瓶、进出水管。

涉及的基本实验操作：磁力搅拌器的使用、薄板层析、重结晶、干燥。

用 500 mL 三口圆底烧瓶称量 3.9 g 氢氧化钠，然后将其放置在橡胶烧瓶托上，加入 34.5 mL 水，手动摇匀使其全部溶解。稍冷后，再往三口瓶中依次加入 21.6 mL 95%的乙醇、7.8 mL 苯甲醛、10.2 mL 对甲苯乙酮和磁子。将三口瓶的中口用铁夹固定于磁力加热搅拌器中，中口安装玻璃空心塞，边口分别安装配有温度计的温度计套管和连有进出水管的球形冷凝管(图 2.8.1)。依次打开冷却水开关、搅拌器的加热和转速开关，设置温度并

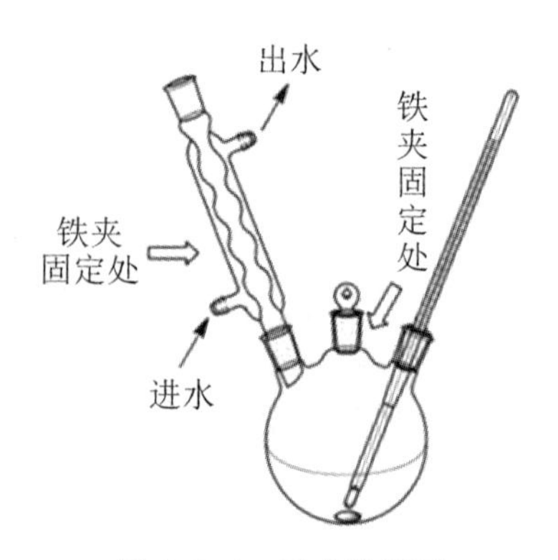

图 2.8.1　反应装置图

*磁子是一个包裹着聚四氟乙烯，外形为橄榄状的软铁棒。使用时应沿瓶壁小心地将磁子滑入瓶底，不可直接丢入，以免造成容器底部破裂。搅拌时，应小心旋转转速旋钮，依挡位顺序缓慢调节转速，使搅拌均匀平稳进行。如调速过急或物料过于黏稠，会使得磁子跳动而撞击瓶壁，此时应立即将调速旋钮归零，待磁子静止后再重新缓慢调高转速。

*磁力加热搅拌器靠电热套加热，属于一种简易的空气浴加热，一般能从室温加热到 200 ℃。安装电热套时，要使反应瓶外壁与电热套内壁保持 1～2 cm 左右的距离，以便利用热空气传热和防止局部过热。

*薄板层析(Thin Layer Chromaphys，简称 TLC)，是实验室最为常用的一种色谱法，用于快速分离和定性分析微量物质，具有需要样品量少、展开速度快和分离效率高等特点。TLC 跟踪监测反应进程：取一张市售层析板，在距离一端 1 cm 处用铅笔轻轻画一条横线作为起始线，在板的另一端 0.5 cm 处画

调节转速，控制反应混合液的内温在 45～50 ℃范围内进行加热搅拌反应，用 TLC 监控反应物的转化过程，约 90 min 后 TLC 显示原料点全部消失。在反应后期，三口瓶内会有淡黄色的固体析出。

反应结束后，依次关闭搅拌器的加热和搅拌开关，冷却反应液至室温后，再用冰水冷却三口瓶，直至产物完全析出。抽滤，滤渣先用冰水洗涤至滤液 pH＝7，再用冰乙醇洗涤残留的反应物。用玻璃空心塞尽量压干滤渣，然后转移至装有磁子的 100 mL 圆底烧瓶中，加入 10 mL 95％的乙醇，将其用铁夹固定于磁力加热搅拌器中，装上连有进出水管的球形冷凝管，依次打开搅拌器的搅拌和加热开关。加热至溶剂微沸时粗产物全部溶解，若未溶解，从冷凝管的上端分批补加 95％的乙醇，每次补加 5 mL，直至所有固体粗产物刚好全部溶解，同时记录下所使用的溶剂用量。依次关闭搅拌器的加热开关、搅拌开关和冷却水开关，冷却溶液析晶，用布氏漏斗进行减压抽气过滤，并用少量冰乙醇洗涤滤渣。用红外灯或真空干燥箱干燥产品至恒重后，用数字熔点仪进行产物的熔点测定，并计算产率。产量约 12 g。

一条终点线。然后用点样毛细管分别吸取苯甲醛和对甲苯乙酮溶液，在起始线上小心点样。再将三口瓶中的反应液用毛细管点在距原料样点 1～1.5 cm 处。待样点上的溶剂挥发后，将层析板放入石油醚：乙酸乙酯＝20：1 的混合溶剂中展开。当展开剂前沿到达终点线时，用镊子取出层析板。待展开剂完全挥发后，将层析板置于碘缸中，显色后立即取出，并用铅笔标出斑点位置，用于进一步判断反应物转化的程度。

＊反应物样品需用低沸点溶剂溶解，配成 1％～5％的溶液后再进行点样，点样斑点直径不超过 2 mm，待溶剂挥发后再在原点上重复多次，以达到足够样品浓度（样品太少时，斑点不清晰，影响判断；样品过多时，出现斑点太大或拖尾现象，影响分离效果）。如果要在同一张板上点几个样点，间距应为 1～1.5 cm。

＊由于样品本身无色，在展开后需要先经过显色，才能观察到斑点的位置。实验室常用紫外灯显色、碘显色或喷显色剂。碘能与许多有机物形成褐色配合物，是最常用的显色剂之一。层析板取出后碘易升华逸出，故应立即用铅笔标出斑点所在的位置。

2.8.5 波谱图

波谱图如图 2.8.2、图 2.8.3 所示。

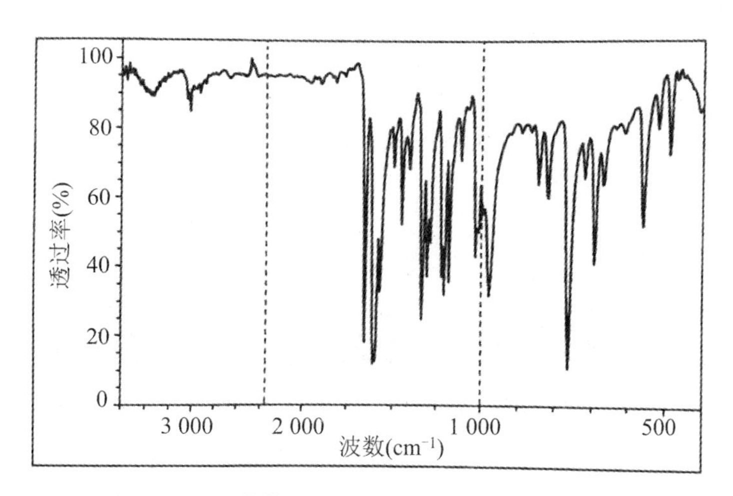

图 2.8.2 3-苯基-1-(4-甲基苯基)丙烯酮的红外谱图

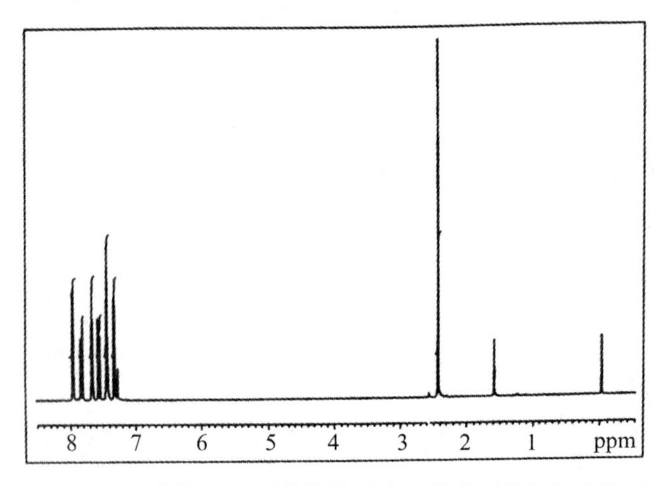

图 2.8.3　3-苯基-1-(4-甲基苯基)丙烯酮的核磁共振氢谱谱图

2.9　外消旋 α-苯乙胺的拆分

2.9.1　背景知识

在非手性反应条件下，由一般合成反应所得的手性化合物为等量对映体组成的外消旋体，无旋光性。对映体之间除旋光性外的物理性质和除手性外的化学性质基本相同，因此常规的蒸馏、重结晶等无法将二者分离。外消旋体拆分是获得旋光纯手性化合物的重要途径之一，常采用机械拆分、非对映体结晶拆分、酶拆分、晶种结晶拆分或柱色谱拆分将一对对映体分离出旋光纯的左旋体和右旋体。

1848 年德国化学家 Louis Pasteur 借助放大镜手动拆分了一对光学活性酒石酸钠铵盐，但该方法不适用于大多数外消旋体的拆分。拆分外消旋体最常用的方法是利用化学反应把对映体转变成非对映体，如果被拆分化合物的分子中含有一个易于反应的拆分基团，如羧基或胺基等，就可以让它与一个纯的旋光化合物（即拆分试剂）反应，从而把一对对映体转变成两种非对映体，利用非对映体之间溶解性、结晶性等物理性质的不同，通过结晶的方法将二者分离和纯化，然后再去掉拆分试剂，就可以分别得到纯的旋光化合物，达到了拆分的目的。

2.9.2　拆分原理

拆分原理如下：

CH_3 / $HC-NH_2$ + CO_2H / $H-C-OH$ / $HO-C-H$ / CO_2H →

CH_3 / $H-C-\overset{\oplus}{N}H_3$ · $CO_2^{\ominus}$ / $H-C-OH$ / $HO-C-H$ / CO_2H

CH_3 / $H_3\overset{\oplus}{N}-C-H$ · $CO_2^{\ominus}$ / $H-C-OH$ / $HO-C-H$ / CO_2H $\xrightarrow{NaOH}$ CH_3 / H_2N-C-H

(-)-α-苯乙胺

2.9.3　主要试剂及产物的物理常数

表 2.9.1 给出了主要试剂及产物的物理常数。

表 2.9.1　主要试剂及产物的物理常数

化合物	MW	m. p. (℃)	b. p. (℃)	d	n_D^{20}
(±)-α-苯乙胺/PEA [(±)-α-Phenethylamine]	121.18	−60	195	0.958	1.529 0
(+)-酒石酸 [(+)-Tartaric Acid]	150.09	171～174			
甲醇 (Methanol)	32.04	−97	64.7	0.791 8	1.328 4
氢氧化钠 (Sodium Hydroxide)	39.996	318.4		2.440	
乙醚 (Ether)	74.12	−116.3	34.6	0.713 4	1.355 5
硫酸镁 (Magnesium Sulphate)	120.368 7	1124		2.66	

2.9.4　实验步骤

仪器与耗材：磨口三角烧瓶、茄形圆底烧瓶、烧杯、分液漏斗、量筒、布氏漏斗、玻璃空心塞、水浴锅、旋光仪、旋光管、旋转蒸发仪、电子天平、药勺、橡胶烧瓶托、铁圈、滤纸、封口膜。

涉及的基本实验操作：旋光仪的使用、萃取、减压过滤、干燥。

* 通过对样品旋光度的测量，可以分析和确定样品的浓度、含量和化学纯度等。旋光仪种类较多，旋光测定范围和读数形式差异较大，在使用旋光仪前需仔细阅读说明书，了解操作方法和注意事项。旋光仪大多是自动调节和自动显示读数，测定精确，使用也较方便。

用 500 mL 磨口三角烧瓶称量 15.6 g (+)-酒石酸，然后加入 210 mL 甲醇，水浴加热使得酒石酸全部溶解，边摇振边缓慢加入 12.5 g (±)-α-苯乙胺，注意加入时混合液易起泡溢出，不要加入过快。将溶液自然冷却至室温后用封口膜封住瓶口，静置 24 h，析出白色棱形晶体。假如同时有针状晶体析出，需重新水浴加热溶解，并让少量棱状晶体留在溶液中作为晶种，自然冷却至棱形晶体析出。

待结晶完全析出后抽滤，滤液留作分离(+)-α-苯乙胺，滤渣用少量冰甲醇洗涤，得到(−)-α-苯乙胺·(+)-酒石酸盐晶体，然后将其转移至盛有 4 倍量水的烧杯中搅拌溶解，加入 7.5 mL 4 mol/L 氢氧化钠溶液，再用 25 mL 乙醚萃取 3 次。合并乙醚提取液，用无水硫酸镁干燥，减压过滤。滤液转移至提前干燥好和称重后的茄形瓶中，用旋转蒸发仪蒸除和回收乙醚，得到(－)-α-苯乙胺。称重，测(－)-α-苯乙胺的旋光度。

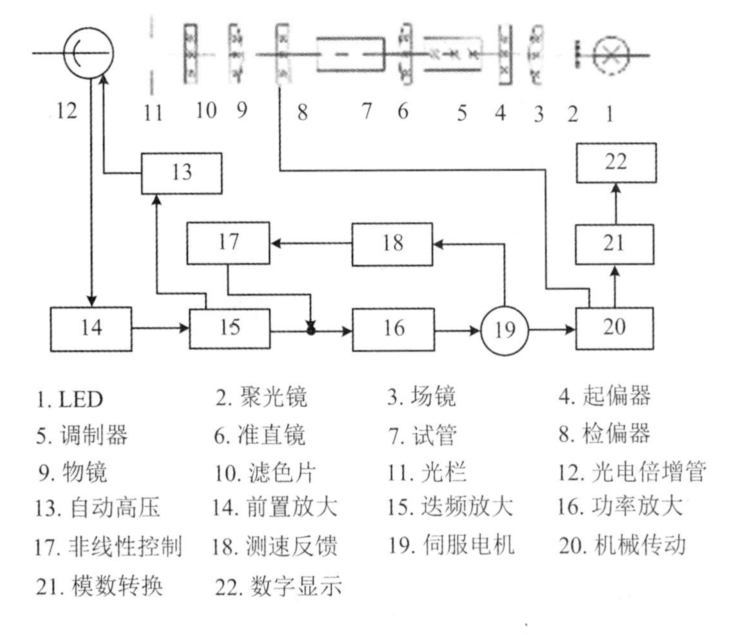

图 2.9.1 WZZ-2S 旋光仪装置示意图

用旋转蒸发仪蒸除前步留存滤液中的甲醇，残渣用 80 mL 水和 12.5 mL 50％的氢氧化钠溶解，再用 25 mL 乙醚萃取 3 次。合并乙醚提取液，硫酸镁干燥后抽滤，用旋转蒸发仪蒸除滤液中的乙醚，得到(＋)-α-苯乙胺粗品。将粗品与 45 mL 乙醇混合，水浴加热使其充分溶解，再向热溶液中加入 90 mL 含有浓硫酸的乙醇溶液(约加入浓硫酸 1.6 g)。静置后缓慢析出白色片状(＋)-α-苯乙胺硫酸盐，抽滤，晶体保留，滤液用旋转蒸发仪浓缩后抽滤得到第二批晶体，合并两批结晶。用 20 mL 水、3 mL 50％的氢氧化钠水溶液溶解(＋)-α-苯乙胺硫酸盐晶体，再用 25 mL 乙醚萃取 3 次。合并乙醚提取液，硫酸镁干燥后抽滤，用旋转蒸发仪蒸除滤液中的乙醚，得到(＋)-α-苯乙胺。称重，测(＋)-α-苯乙胺旋光度。

＊旋光仪预热方法：将 WZZ-2S 自动旋光仪(图 2.9.1)电源接通，打开仪器的后置电源开关，待前置面板屏幕自动跳到设置界面后，系统默认参数为“MODE(模式)：1；L(旋光管长度)：1；C(待测样浓度)：0；N(测试次数)：6”(MODE：1 对应“旋光度测量”；MODE：2 对应“比旋光度测量”；MODE：3 对应“浓度测定”；MODE：4 对应“糖度测定”)。“MODE：1”显示模式无需改变，屏幕光标移至“OK”后，直接按回车进入测量界面，然后预热仪器 10～15 min。

旋光度测量方法：在清洁干燥的旋光管中注入待测(－)-α-苯乙胺样品溶液，然后将样品管放入样品室内，盖好箱盖。仪器将显示出该样品的旋光度值，然后计算出(－)-α-苯乙胺的光学纯度。仪器使用完毕后，关闭电源开关，并清洗旋光管。

＊对映体的完全分离是最理想的状态，然而在实际研究工作中很难做到完全分离，常用光学纯度(OP)来表示被拆分后对映体的纯净纯度。光学纯度的定义是：旋光性物质的旋光度除以光学纯样品在相同条件下的旋光度。文献报道的纯粹(－)-α-苯乙胺旋光度：$[\alpha]_D^{25}=-39.5°$；(＋)-α-苯乙胺旋光度：$[\alpha]_D^{25}=39.5°$。

＊氯化钙作为干燥剂虽然吸水能力强，且价廉易得，但它除了不能干燥酸性物质以外，还能与醇、酚、胺、酰胺、醛、酮等形成配合物，所以不能用来干燥 α-苯乙胺，应使用中性干燥剂无水硫酸镁。

2.9.5　波谱图

波谱图如图 2.9.2、图 2.9.3 所示。

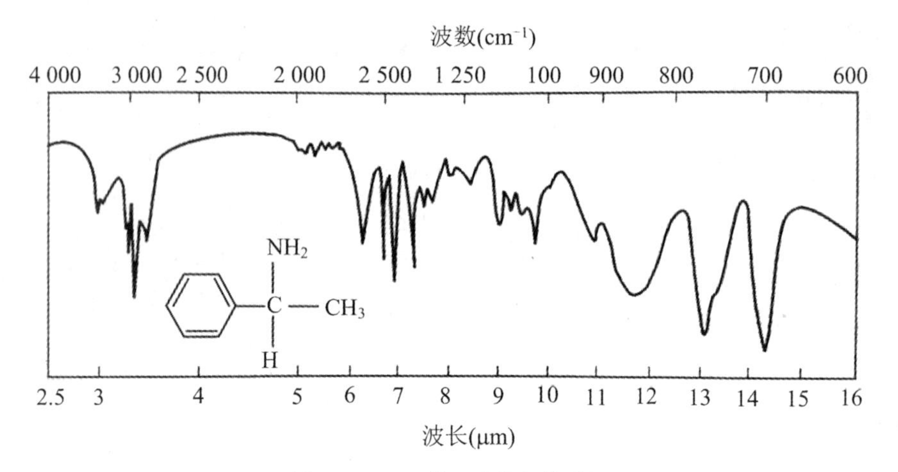

图 2.9.2　α-苯乙胺的红外谱图

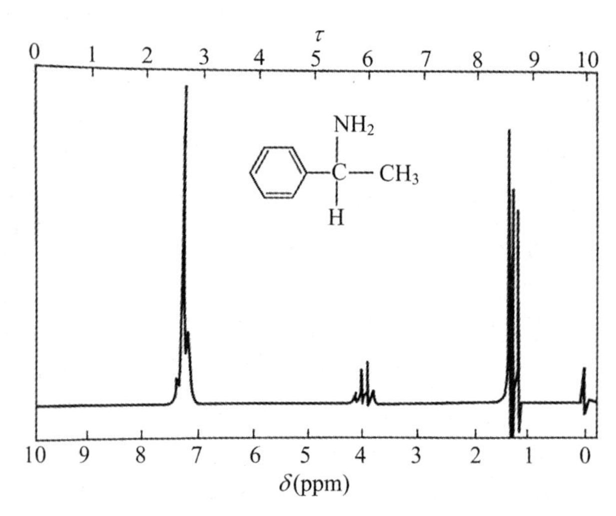

图 2.9.3　α-苯乙胺的核磁共振氢谱谱图

2.10　离子液体的合成及应用

2.10.1　背景知识

室温离子液体(Ionic Liquid)是一种由阴、阳离子组成,在室温或室温以下呈液态的化合物,其化学结构中的阳离子组成部分大多为不对称取代的季铵盐离子。离子液体的蒸气压比有机溶剂低得多,是一种环境相对友好的溶剂或催化剂,具有可循环使用的特点。文献报道的使用离子液体作为反应溶剂的各类有机反应有很多,大多数的有机人名反应改用离子液体作为溶剂,选择性和转化率均有大幅的提高,显示出了明显的合成优越性。

2.10.2　反应式

反应式如下:

$$\text{N-methylimidazole} + \text{Br} \xrightarrow{H_2O} [\text{BMIM}]^{\oplus}\ ^{\ominus}\text{Br} \xrightarrow[H_2O]{KPF_6} [\text{BMIM}]^{\oplus}\ ^{\ominus}PF_6$$

$[BMIM]PF_6$

$$CH_3\overset{O}{\overset{\|}{C}}CH_2CO_2Et + PhCHO + H_2N\overset{O}{\overset{\|}{C}}NH_2 \xrightarrow{[BMIM]PF_6}$$

Ph, EtO_2C, NH, O, N H

2.10.3　主要试剂及产物的物理常数

表 2.10.1 给出了主要试剂及产物的物理常数。

表 2.10.1　主要试剂及产物的物理常数

化合物	MW	m. p. (℃)	b. p. (℃)	d	n_D^{20}
1-甲基咪唑 (1-Methylimidazole)	82.103 8	−60	198	1.030	1.497 0
1-溴丁烷 (Bromobutane)	137.02	−112.4	100～104	1.276	
六氟磷酸钾 (Potassium Hexafluorophosphate)	184.07	575		2.750	
1,2-二氯乙烷 (1,2-Dichloroethane)	98.96	−35	83.5	1.260	1.444 3

续表

化合物	MW	m. p. /℃	b. p. /℃	d	n_D^{20}
苯甲醛 (Benzaldehyde)	106.12	−26	179	1.040	1.545 5
脲 (Urea)	60.055	132～135	196.6	1.335	1.400 0
乙酰乙酸乙酯 (Ethyl Acetoacetate)	130.14	−45	236.3	1.028	1.419 2
乙醇 (Ethanol)	46.07	−114	78	0.816	
乙酸乙酯/EA (Ethyl Acetate)	88.11	−84	77	0.902	1.372 0

2.10.4　实验步骤

仪器与耗材：圆底烧瓶、茄形圆底烧瓶、球形冷凝管、量筒、恒压滴液漏斗、分液漏斗、布氏漏斗、磨口三角烧瓶、烧杯、培养皿、玻璃棒、玻璃空心塞、磁子、磁力加热搅拌器、旋转蒸发仪、电子天平、药勺、橡胶烧瓶托、铁夹、滤纸、称量纸、标签纸、进出水管。

涉及的基本实验操作：搅拌器、旋转蒸发仪的使用、萃取、重结晶、洗涤。

将置有磁子的 50 mL 圆底烧瓶放置在橡胶烧瓶托上，依次加入 5 mL 1-甲基咪唑和 6.75 mL 1-溴丁烷，然后用铁夹将其固定在磁力加热搅拌器中，上端磨口处放置连有进出水管的球形冷凝管。依次打开冷却水和磁力搅拌器的加热和转速开关，将混合液加热至 140 ℃进行搅拌回流，待反应液变成白色乳状液时，将反应瓶撤离加热套，在空气中冷却搅拌 10 min 后，重新放入加热套中加热搅拌反应 10 min，再撤离加热套，冷却至室温，并向反应瓶中加入 20 mL 去离子水。将反应瓶放置于冰水浴中搅拌，用盛有 11.55 g 六氟磷酸钾去离子水溶液的恒压滴液漏斗替代冷凝管，并将 KPF_6 水溶液缓慢滴入圆底烧瓶中，滴毕，先在冰水浴中搅拌 30 min，再于 25 ℃搅拌 30 min。然后将反应液转入分液漏斗中分液，去除上层的水层，向有机层加入 50 mL 1,2-二氯乙烷使之完全溶解，再每次用 50 mL 的去离子水洗涤 3 次。用旋转蒸发仪蒸除有机层中的 1,2-二氯乙烷得到橘黄色液体，即为六氟磷酸 1-甲基-3-丁基咪唑（[BMIM]PF_6），产量约 14.5 g。

* 磁力搅拌具有反应体系易于密封，使用方便等特点，适合于反应物料较少，不需要太高温度的情况下使用。使用磁子时应沿烧瓶壁小心将磁子滑入瓶底，不可直接丢入，以免造成容器底部破裂。搅拌时，应小心旋转旋钮，依档次顺序缓慢调节转速，使搅拌均匀平稳进行。如调速过急或物料过于黏稠，会使得磁子跳动而撞击瓶壁，此时应立即将调速旋钮归零，待磁子静止后再重新缓慢调高转速。

* 磁力加热搅拌器属于空气浴加热，反应瓶外壁与电热套内壁一般保持 1～2 cm 的距离，以便利用热空气传热和防止局部过热。

* 六氟磷酸钾在水中的溶解度为 8.35 g/100 g H_2O，可用热水使其溶解，避免加入过多的水。

将置有磁子的 50 mL 圆底烧瓶放置在橡胶烧瓶托上，依次加入 2.25 g 新蒸苯甲醛、2.5 mL 乙酰乙酸乙酯和 0.03 g [BMIM]PF_6，然后用铁夹将其固定在磁力加热搅拌器中，上端磨口处放置连有进出水管的球形冷凝管。依次打开冷却水和磁力搅拌器的加热和转速开关，将反应瓶在 100 ℃下进行加热，5～10 min 后反应混合物从均匀透明液体转变成淡黄色凝固体，继续加热反应 30 min 后，冷却反应液至室温，倒入冰水。用玻璃棒研细凝固状产物，抽滤，滤渣先依次用冰水、10%的乙醇溶液洗涤，最后用乙酸乙酯进行重结晶，干燥后即得 6-甲基-4-苯基-5-乙氧酰基-1,3-二氢嘧啶-2-酮。产量约 6 g。

* 分液漏斗使用时需用右手掌心顶住漏斗顶塞，并握紧漏斗，左手的食指和中指夹住下管口，同时，食指和拇指控制旋塞。然后将漏斗倾斜使旋塞部分向上，前后摇动或做圆周运动，让漏斗中的液体两相间进行充分的接触，放气后再继续振摇 2～3 min。最后将漏斗放回铁圈中静置，待两层液体完全分开后，打开顶塞，再将旋塞缓缓旋开，下层液体自旋塞放出至磨口三角烧瓶中收集，上层液体从漏斗上口倒出。

* 1,2-二氯乙烷可以与水产生共沸，六氟磷酸 1-甲基-3-丁基咪唑的 1,2-二氯乙烷溶液无需干燥。

* 产物的重结晶方法：将粗产物转移至 100 mL 茄形瓶中，加入磁子和 10 mL 乙酸乙酯，将其用铁夹固定于磁力加热搅拌器中，装上球形冷凝管，依次打开搅拌器的搅拌和加热开关。加热至溶剂微沸时粗产物全部溶解，若未溶，从冷凝管的上端分批补加乙酸乙酯，直至固体刚好全部溶解，同时记录下所使用的溶剂用量。依次关闭搅拌器的加热开关、搅拌开关和冷却水开关，冷却析晶，用布氏漏斗进行抽滤，并用少量冷的乙酸乙酯洗涤析出的晶体。用红外灯或真空干燥箱干燥至恒重，称量、测熔点并计算产率。

2.11 (±)-苯乙醇酸(扁桃酸)的合成和化学拆分

2.11.1 背景知识

α-羟基苯乙酸(dl-2-hydroxy-2-phenylacetic acid),俗称扁桃酸(mandelic acid)、苦杏仁酸,不仅是一种口服治疗尿道感染的药物,还是一种重要的药物合成中间体,在医药和化工领域有着广泛的应用价值。由于在它的分子结构中含有一个手性碳,存在(*R*)-(—)-扁桃酸和(*S*)-(+)-扁桃酸两种构型的光学异构体。光学活性的扁桃酸具有生物选择性,例如(*R*)-(—)-扁桃酸用于头孢菌素类系列抗生素羟苄四唑头孢菌素的侧链结构修饰,还可应用于减肥药物和抗肿瘤药物的化学合成;而(*S*)-(+)-扁桃酸是合成(*S*)-奥希布宁的前体原料,(*S*)-奥希布宁在临床上广泛用于治疗尿急、尿频和尿失禁。相关行业调研数据表明,扁桃酸产品的全球市场需求量为 3 000~4 000 吨/年,并且以年均 10%的速度增长,尤其是单一组分的光学活性(*R*)或(*S*)-扁桃酸的需求增长速度更快。

化学方法合成得到的是外消旋扁桃酸。采用非对映体盐结晶拆分的方法,可以在拆分过程中同时获得 *R* 型和 *S* 型扁桃酸,是实现高附加值、高技术含量和颇具发展潜力的策略方法之一,也是目前制药工业上应用最广泛的一种拆分技术。文献已报道的使用该方法拆分扁桃酸对映体的碱性拆分剂主要有麻黄碱、辛可宁、苯乙胺、2-氨基-1-丁醇,但由于所使用的拆分试剂受药物管制或价昂成本高等原因,该方法未能得到深入的推广和使用。我国作为发展中国家,医疗水平相对较低,广泛用于控制细菌性感染疾病的药物"氯霉素"仍在大量生产,于是合成氯霉素的副产物(1*S*,2*S*)-右旋氯霉胺(又名:右胺)作为工业生产废弃物来源丰富,几乎零成本。复旦大学陈芬儿院士课题组首次报道了以价廉易得的右胺作为碱性拆分剂,对(+)-生物素合成中间体进行化学拆分,实现了(+)-生物素的工业全合成,也是为数不多的从学术研究到工业化应用的经典案例之一。

在有机合成中,均相反应通常容易进行,而水溶性的无机盐负离子与不溶于水的有机物之间的非均相反应则反应速率慢且产率较低,甚至难以进行。以季铵盐为代表的鎓盐作为相转移催化剂(PTC),能促使反应速率加快并能在两相之间转移负离子的化合物,这种相转移催化反应是有机合成中最引人瞩目的新技术。常用的相转移催化剂主要有鎓盐类和冠醚类两大类。由于鎓盐价廉、无毒,且在所有的有机溶剂中可以各种比例溶解,能适用于液-液和液-固体系。与鎓盐适用于所有的正离子不同,冠醚对正离子具有明显的选择性,为此在有机合成中最常选用鎓盐作为相转移催化剂。通常情况下,分子量较大的鎓盐比分子量小的鎓盐催化效果好;碳链愈长的季铵盐,催化效果愈好;对称的铵盐比具有一个碳链的季铵盐催化效果好;季磷盐则由于热稳定性较高,催化性能稍高于季铵盐。

2.11.2 反应式

反应式如下：

$$PhCH_2Cl + (C_2H_5)_3N \longrightarrow PhCH_2\overset{+}{N}(C_2H_5)_3Cl^-\ (TEBA)$$

$$PhCHO + CHCl_3 \xrightarrow[2)\ H^+]{1)\ NaOH,\ TEBA} PhCH(OH)CO_2H$$

$$CHCl_3 \xrightarrow{NaOH,\ \alpha\text{-消除}} :CCl_2$$

$$PhCHO + :CCl_2 \longrightarrow Ph\text{-}CH(O)CCl_2\ (\text{环氧}) \xrightarrow{\text{重排}} PhCHCl\text{-}COCl \xrightarrow[(2)\ H^+]{(1)\ OH^-} PhCH(OH)CO_2H$$

扁桃酸传统上可用扁桃腈和 α,α-二氯苯乙酮的水解制备，但合成路线长、操作不便且欠安全。本实验采用相转移催化反应，充分利用相转移催化剂（TEBA）的优点，一步即可得到产物。该反应的机理一般认为是反应体系中产生的二氯卡宾对苯甲醛的羰基进行加成，再经重排和水解反应即可制得外消旋扁桃酸。

水相：$R_4N^+Cl^- + NaOH \rightleftharpoons R_4N^+OH^- + NaCl$

有机相：

$$R_4N^+OH^- \xrightleftharpoons{CHCl_3} R_4N^+CCl_3^-$$

$$R_4N^+CCl_3^- \rightleftharpoons R_4N^+Cl^- + :CCl_2$$

$$:CCl_2 \xrightarrow{PhCHO} Ph\text{-}CH(O)CCl_2 \xrightarrow{\text{重排}} Ph\text{-}CHCl\text{-}COCl \xrightarrow[(2)\ H^+]{(1)\ OH^-} PhCH(OH)CO_2H$$

然后采用价廉易得的手性氯霉胺作为碱性拆分剂，对扁桃酸对映体进行化学结晶拆分，经过酸碱成盐反应后，对形成的非对映体盐进行结晶分离，最后经酸性解离和重结晶提纯后获得了光学纯的(S)-(+)-扁桃酸。

外消旋扁桃酸 $\xrightarrow[EtOH/H_2O]{\text{碱性拆分剂-手性氯霉胺}}$ (1) 加热 (2) 冷却 (3) 抽滤

晶体：$PhCH(OH)CO_2^- \cdot O_2N\text{-}C_6H_4\text{-}CH(OH)CH(NH_3^+)CH_2OH \xrightarrow{HCl}$ (S)-(+)-扁桃酸

滤液：$PhCH(OH)CO_2^- \cdot O_2N\text{-}C_6H_4\text{-}CH(OH)CH(NH_3^+)CH_2OH$ 非对映体(盐)

2.11.3　主要试剂及产物的物理常数

表 2.11.1 给出了主要试剂及产物的物理常数。

表 2.11.1　主要试剂及产物的物理常数

化合物	MW	m. p. (℃)	b. p. (℃)	*d*	n_D^{20}
氯苄 (Benzyl Chloride)	126.59		177	1.100	1.538
三乙胺 (Triethylamine)	101.19		89.5	0.723	
丙酮 (Acetone)	58.08		56.53	0.788	
氯化苄基三乙胺 (*N*-Benzyl-*N*,*N*-Diethylethanaminium Chloride)	227.77	120			
苯甲醛 (Benzaldehyde)	106.12	−26	179	1.044	1.545
氯仿 (Chloroform)	119.39		61.26	1.499	
扁桃酸 (Mandelic Acid)	152.14	118.1		1.300	
(1*S*,2*S*)-右旋氯霉胺 [(1*S*,2*S*)−(+)−Chloramphenicol Amino]	212.20	159.5			
1,2-二氯乙烷 (1,2-Dichloroethane)	98.96	−35	83.5	1.26	1.444

2.11.4　实验步骤

1. 氯化苄基三乙铵(TEBA)的合成

仪器与耗材：单口圆底烧瓶、球形冷凝管、布氏漏斗、磨口三角烧瓶、真空塞、量筒、表面皿、玻璃棒、磁子、磁力加热搅拌器、电子天平、药勺、橡胶烧瓶托、铁夹、滤纸、称量纸、进出水管。

涉及的基本实验操作：加热回流、减压过滤。

方法1

将装有磁子的100 mL干燥单口圆底烧瓶放置在橡胶烧瓶托上，依次加入8 mL氯化苄、12 mL三乙胺和30 mL丙酮，手动摇匀后将其用铁夹固定在磁力加热搅拌器中。然后依次装上球形冷凝管，打开冷却水、搅拌开关和加热开关。待反应液加热回流3 h后，依次关闭搅拌器的加热和搅拌开关，将反应液自然冷却至室温，再用冰水浴冷却充分析出晶体。减压抽气过滤，滤渣用少量冰丙酮洗涤两次后，继续抽吸将溶剂尽量抽干，然后转移至表面皿内，放入真空干燥箱内抽真空干燥30 min，称重，计算产率，产量约14 g。

* 加热回流反应装置需事先干燥处理。在将烧瓶固定在磁力加热搅拌器中之前，需将烧瓶外壁擦拭干净。烧瓶外壁与电热套内壁保持1～2 cm左右的距离，以便利用热空气传热和防止局部过热。

* 在加热回流过程中，为了避免三乙胺来不及完全冷凝而部分挥发逸出，回流的速率不宜过快。

* 产物TEBA极易吸水，应放在真空干燥箱内进行彻底干燥后，方可称重和使用。另外，产品需放入置有变色硅胶的真空干燥器内保存。

* 减压抽气过滤可以将结晶从母液中进行快速分离。布氏漏斗的侧管应使用耐压的橡胶管与水泵相连，将容器中的液体和晶体分批倒入漏斗中，并用少量的滤液洗出黏附于容器壁上的晶体。关闭水泵前，务必先将抽气口与水泵间相连的橡胶管拆开，再关闭水泵，以免水泵中的水倒吸流入吸滤瓶中(图2.11.1)。

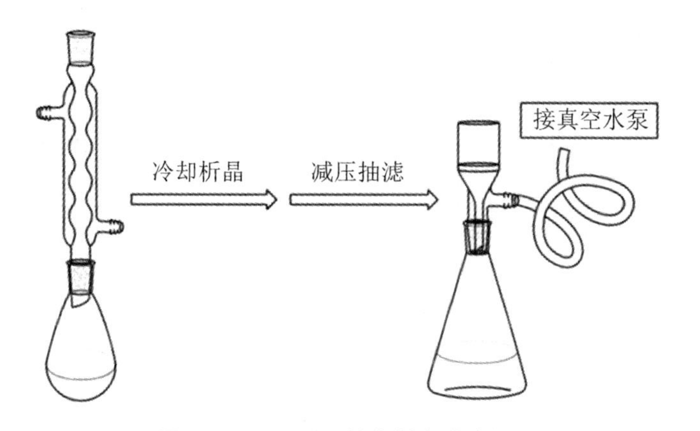

图2.11.1　TEBA催化剂合成流程图

方法2

在100 mL干燥的磨口三角烧瓶内，依次加入8 mL氯化苄、12 mL三乙胺和30 mL丙酮，摇匀后，瓶口贴上一层封口膜，静置一星期。减压抽气过滤收集溶液中析出的结晶(图2.11.2)，滤渣用少量冰丙酮洗涤两次后，转移至表面皿内，放入真空干燥箱内抽真空干燥30 min，称重，计算产率，产量约14 g。

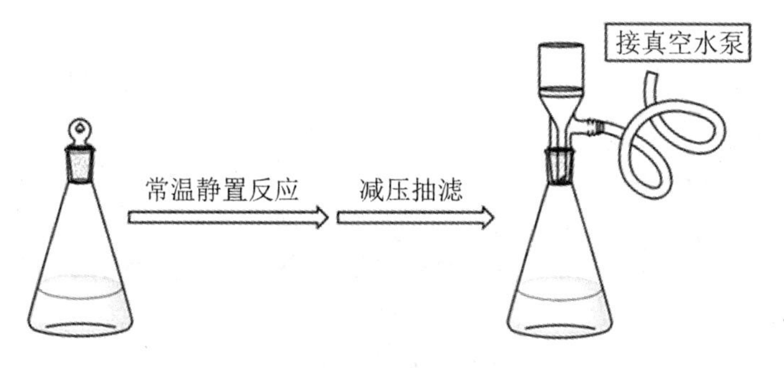

图2.11.2　TEBA催化剂合成流程图

2. 外消旋扁桃酸的合成

仪器与耗材：三口圆底烧瓶、单口圆底烧瓶、恒压滴液漏斗、球形冷凝管、量筒、磨口三角烧瓶、分液漏斗、烧杯、布氏漏斗、玻璃棒、玻璃空心塞、温度计及套管、磁子、磁力加热搅拌器、旋转蒸发仪、红外灯、电子天平、药勺、橡胶烧瓶托、滤纸、封口熔点管、铁夹、进出水管。

涉及的基本实验操作：萃取、重结晶、减压过滤、熔点测定、三口烧瓶的使用。

* 相转移催化反应是非均相反应，充分搅拌是实验成功的关键。反应液温度通过温度计测量，加热套设定的加热温度一般比反应液温度高。

* 反应液呈浓稠状，腐蚀性极强，应小心操作。盛有碱的分液漏斗使用后需要立即清洗干净，以防活塞受腐蚀而粘连。

在 250 mL 安置了球形冷凝管、恒压滴液漏斗和温度计的三口圆底烧瓶(图 2.11.3)中依次加入 10 mL 新蒸苯甲醛、16 mL 氯仿、1.3 g TEBA 和磁子，将其用铁夹固定在磁力加热搅拌器中后，依次打开冷却水开关、搅拌器的搅拌和加热开关，将反应液加热至 55 ℃后，通过恒压滴液漏斗缓慢滴加 25 mL 50％的氢氧化钠水溶液，滴加过程中通过调节磁力搅拌器的加热温度，维持反应液温度在 60～65 ℃(滴加过程约 20 min)。滴毕，控制反应液温度在 65～70 ℃继续加热搅拌 40 min。

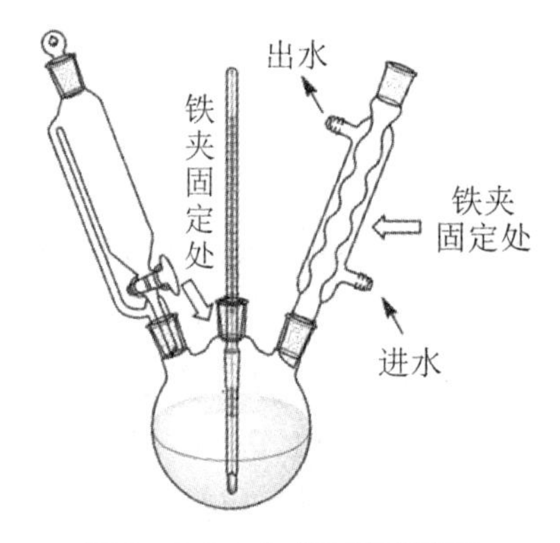

图 2.11.3 合成实验装置图

反应结束后，依次关闭冷却水开关、加热和磁力搅拌开关，待反应液冷却后，拆除反应装置。将三口瓶放置在橡胶烧瓶托上，然后加入 200 mL 水，用乙醚萃取稀释后的反应液两次，每次 30 mL。水层再用 50％硫酸水溶液酸化至 pH＝1～2 后，用乙酸乙酯萃取两次，每次 40 mL。用干燥的磨口三角烧瓶收集合并的乙酸乙酯层，加入无水硫酸镁进行干燥。过滤后，将滤液倒入事先称重后的 100 mL 干燥圆底烧瓶中，再用旋转蒸发仪蒸除乙酸乙酯，得到外消旋扁桃酸粗产物。

在盛有粗产物的圆底烧瓶中，加入磁子和 10 mL 体积比为 1∶1 的乙酸乙酯和正己烷，将其用铁夹固定于磁力加热搅拌器中，装上球形冷凝管，依次打开冷却水开关、搅拌器的搅拌和加热开关。加热至溶剂微沸时粗产物全部溶解，若未溶，从冷凝管的上端分批补加体积比为 1∶1 的乙酸乙酯和正己烷混合溶剂，直至所有固体粗产物刚好全部溶解，同时记录下溶剂的用量。依次关闭搅拌器的加热开关、搅拌开关和冷却水开关，冷却溶液析晶，减压抽气过滤，并用少量冷的体积比为 1∶1 的乙酸乙酯和正己烷混合溶剂洗涤析出的晶体，继续抽吸将溶剂尽量抽干。用红外灯或真空干燥箱干燥至恒重后，用数字熔点仪进行产物的熔点测定，并计算产率。产量约 8 g。

*当一种化合物在某些溶剂中溶解度较大，而在另一些溶剂中溶解度又太小，选不到合适的单一溶剂时，可选用能够互溶的混合溶剂，这样可以获得新的、良好的溶解性能。用混合溶剂重结晶时，可先将待纯化物在接近良溶剂(在此溶剂中极易溶解)的沸点时溶于良溶剂中。若有不溶物，需趁热过滤；如有色，则用 1%～2% 的活性炭煮沸脱色后趁热过滤。再于此热溶液中小心地加入热的不良溶剂(在此溶剂中溶解度很小)，直至所出现的浑浊不再消失为止，再加入少量良溶剂或稍加热使其恰好透明，静置，冷却析晶。有时也可将两种溶剂先行混合，其操作和使用单一溶剂重结晶时相同。

*重结晶步骤中，体积比为 1∶1 的乙酸乙酯和正己烷可用单一溶剂甲苯替代，每克扁桃酸约需 1.5 mL 甲苯(图 2.11.4)。

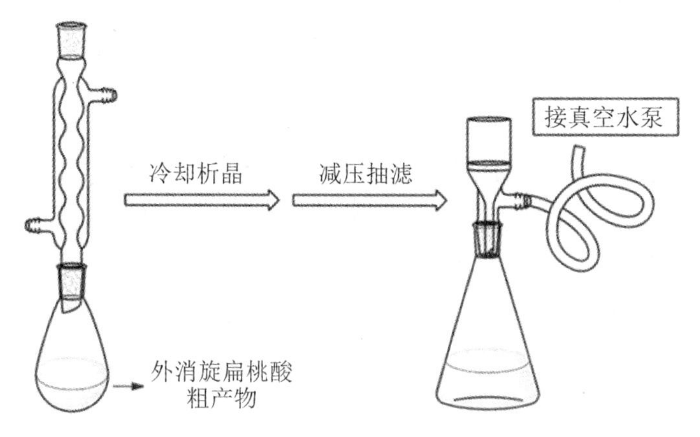

图 2.11.4 重结晶流程图

3. 外消旋扁桃酸的拆分

仪器与耗材：单口茄形圆底烧瓶、球形冷凝管、量筒、磨口三角烧瓶、烧杯、布氏漏斗、分液漏斗、玻璃棒、磁子、磁力加热搅拌器、旋转蒸发仪、电子天平、药勺、红外灯、橡胶烧瓶托、滤纸、称量纸、封口熔点管、真空干燥箱、进出水管。

涉及的基本实验操作：结晶拆分、数字熔点仪的使用。

(1) 形成非对映体盐

在 150 mL 置有磁子的茄形圆底烧瓶中依次加入 10 g 外消旋扁桃酸、14.2 g (1*S*,2*S*)-氯霉胺和 50 mL 50%的乙醇水溶液，将其用铁夹固定在磁力加热搅拌器中，装上球形回流冷凝管，打开冷却水、搅拌开关和加热开关，将混合液加热至固体全部溶解。冷却至室温后，反应液再用冰水浴冷却析晶，减压过滤得到白色的“(*S*)-(+)-扁桃酸 · (1*S*,2*S*)-氯霉胺”非对映异构体盐晶体。

(2) 酸化解离

将抽滤收集的非对映体盐晶体加入 60 mL 水中，搅拌

*在非手性条件下，由一般合成反应所得的手性化合物为等量的对映体组成的外消旋体，无旋光性。利用拆分的方法，将一对对映体分成纯净的左旋体和右旋体，即外消旋体的拆分。

*拆分外消旋体最常用的方法是利用化学反应将对映体转变为非对映体。如果手性化合物分子中含有一个易于反应的基团，如羧基或胺基等，就可以使它与一个纯的旋光化合物(化学拆分剂)反应，从而将一对对映体变成非对映体。然后利用非对映体之间溶解度和结晶性等物理性质的差异，将它们进行结晶分离，

最后去除拆分剂，即可得到纯的旋光化合物，达到化学拆分的目的。

* 真空干燥箱运行时可使工作室内保持一定的真空度，适合于对热敏性、易分解、易氧化有机物进行快速干燥处理。操作流程：① 将样品均匀放入真空干燥箱内。② 关紧箱门和放气阀。③ 将真空泵与干燥箱的真空阀相连，依次开启真空泵和真空阀，进行箱体内抽真空(依据真空泵的性能，抽到压力表为真空泵的极限值为准)。④ 每隔一段时间观察一下压力表、温度表和箱体内样品的变化。如果压力表指数下降，则可能存在漏气现象，需仔细检查相关管路的气密性。⑤ 干燥完成后，依次关闭真空阀、真空泵，再打开放气阀，最后打开真空干燥箱箱门，取出干燥后的样品。

* 文献报道的(S)-(+)-扁桃酸熔点为：m. p. ＝120 ℃。

至固体全部溶解，用 18％的盐酸水溶液调节溶液 pH＝1 后，继续搅拌 30 min，然后用乙醚萃取混合液 3 次，每次 20 mL。用事先烘干的磨口三角烧瓶收集合并的乙醚层，加入无水硫酸镁进行干燥。减压过滤，将滤液倒入事先称重后的 100 mL 干燥茄形瓶中，再用旋转蒸发仪蒸除乙醚，得到(S)-(+)-扁桃酸粗产物。

(3) 重结晶提纯

在盛有粗产物的茄形瓶中，加入磁子和 10 mL 1，2-二氯乙烷，将其用铁夹固定于磁力加热搅拌器中，装上回流冷凝管，依次打开搅拌器的搅拌和加热开关。加热至溶剂微沸时粗产物全部溶解，若未溶，从冷凝管的上端分批少量补加 1，2-二氯乙烷，直至所有固体粗产物刚好全部溶解，同时记录下所使用的溶剂用量。依次关闭搅拌器的加热开关、搅拌开关和冷却水开关，冷却析晶，用布氏漏斗进行减压过滤，并用少量冰的 1，2-二氯乙烷溶剂洗涤析出的晶体，继续抽吸将溶剂尽量抽干。用红外灯或真空干燥箱干燥至恒重，并用数字熔点仪进行熔点测定。产量约 3.6 g。

4. (*S*)-(＋)-扁桃酸的旋光度测定

仪器与耗材：分析天平、旋光仪、旋光管、容量瓶、烧杯、量筒、药勺、滴管、称量纸。
涉及的基本实验操作：自动旋光仪的使用。

* 通过对样品旋光度的测量，可以分析和确定样品的浓度、含量和化学纯度等。

* 物质的旋光度与测定旋光度时所用溶液的浓度、样品管长度、温度、所用光源的波长和溶剂的性质等因素有关。因此，常用“比旋光度”来表示物质的旋光性。与熔点、沸点一样，比旋光度是一个只与分子结构有关的表征旋光性物质的特征常数。

* 对映体的完全分离是最理想的状态，然而在实际研究工作中很难做到完全分离，常用光学纯度(OP)来表示被拆分后对映体的纯净纯度。光学纯度的定义是：旋光性物质的比旋光度除以光学纯样品在相同条件下的比旋光度。文献报道的(S)-(+)-扁桃酸旋光度为：$[\alpha]_D^{20}$＝149 (c 2.5，H_2O)。

(1) 旋光仪预热

将 WZZ-2S 自动旋光仪(图 2.11.5)电源接通，打开仪器的后置电源开关，待前置面板屏幕自动跳到设置界面后，系统默认参数为“MODE(模式)：1；L(旋光管长度)：1；C(待测样浓度)：0；N(测试次数)：6”(MODE：1 对应“旋光度测量”；MODE：2 对应“比旋光度测量”；MODE：3 对应“浓度测定”；MODE：4 对应“糖度测定”)。如果显示模式无需改变，屏幕光标移至“OK”后，直接按回车键进入测量界面。由于“MODE：1”需自行计算比旋光值，而“MODE：2”可自动读取比旋光度值，修改相应模式为“MODE：2；L：2；C：2.5；N：6”。修改方法为：将光标移至“SET”，再按回车键，光标移至模式设置，修改相应模式对应的每一项，输入完毕后，再按回车键，进入测量界面，然后预热仪器 10～15 min。

(2) 清零

待仪器预热 10～15 min 后，将装有蒸馏水的旋光管放入样品室，盖上箱盖，按清零键，显示 0 读数。旋光管中若有气泡,应让气泡浮在凸颈处,通光面两端的雾状水滴用软布擦干。旋光管两端的螺帽不宜旋得过紧,以免产生应力,影响读数。旋光管安放时注意标记的位置和方向。

* 旋光仪种类较多,旋光测定范围和读数形式差异较大,在使用旋光仪前需仔细阅读说明书,了解操作方法和注意事项。现在的旋光仪大多是自动调节和自动显示读数,测定精确,使用也较方便。

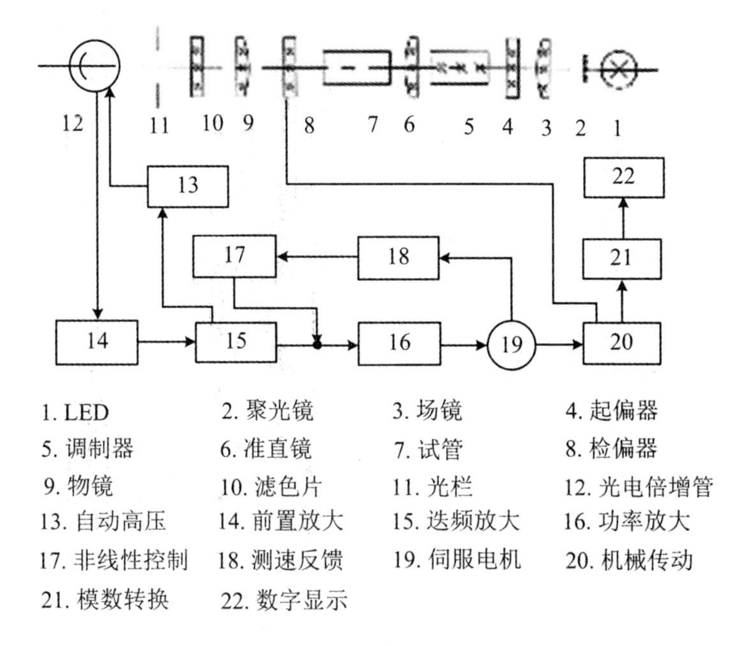

图 2.11.5 WZZ-2S 旋光仪装置示意图

(3) 比旋光度测量

用 25 mL 的容量瓶配置 2.5 mol/L 的(S)-(+)-扁桃酸水溶液(蒸馏水)。取出装有蒸馏水的旋光管,除去空白溶剂,用待测样品溶液荡洗旋光管 3 次,再在旋光管中注入待测样品溶液。按相同的位置和方向将样品管放入样品室内,盖好箱盖。仪器将显示出该样品的比旋光度值,然后计算出(S)-(+)-扁桃酸的光学纯度。仪器使用完毕后,关闭电源开关,并清洗旋光管。

2.11.5 波谱图

波谱图如图 2.11.6、图 2.11.7 所示。

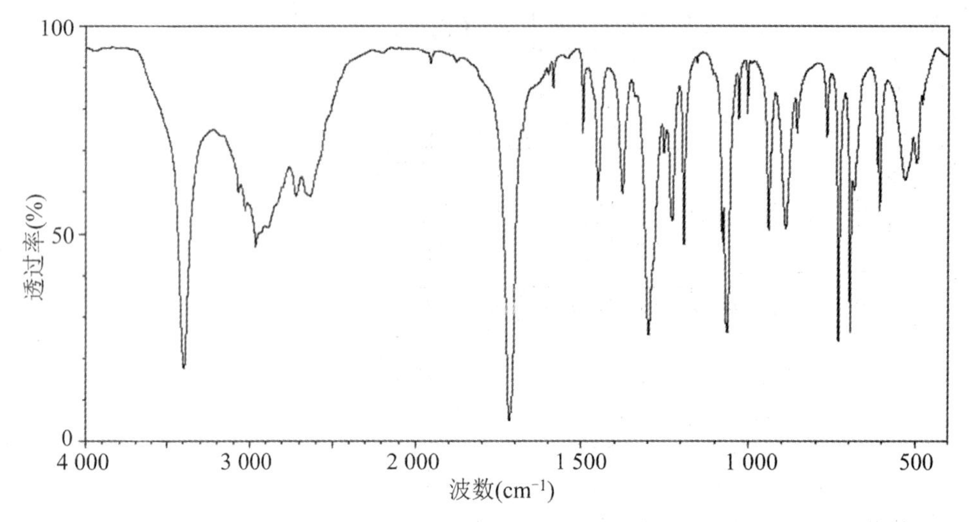

图 2.11.6 外消旋扁桃酸的红外谱图

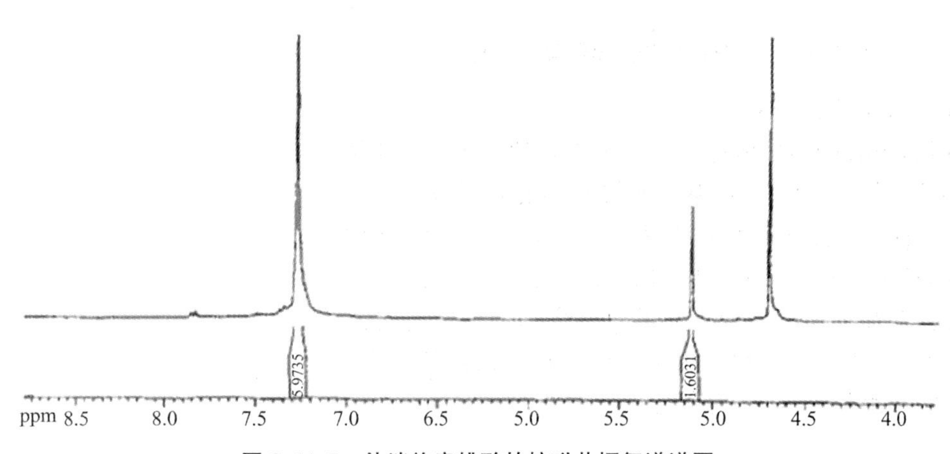

图 2.11.7 外消旋扁桃酸的核磁共振氢谱谱图

2.12　(4*S*,5*R*)-半酯的不对称合成

2.12.1　背景知识

光学活性化合物的获取主要有3种途径:天然产物提取、外消旋体手性拆分和不对称合成。采用天然产物提取的方法获取光学活性化合物的效率和纯度均较差,而使用非对映体盐结晶拆分(即外消旋体手性拆分法)的单步收率最高只有50%,并产生一半废弃物,原子经济性和合成效率均较差。目前,对潜手性化合物进行对映选择性去对称化(即不对称合成法)是高效合成光学活性化合物的重要途径之一。采用该合成策略,可以在手性试剂、助剂或催化剂存在的条件下促进反应底物通过一步反应生成一个或多个手性中心,具有手性增值作用。由于内消旋环酸酐易于制备,对环状酸酐的对映选择性开环反应是一种重要的去对称化反应类型。而使用价廉易得的醇类亲核试剂对反应底物酸酐进行不对称醇解开环,可用于制备有机合成中的重要手性合成中间体(半酯或硫脂),在天然产物的不对称合成中具有广泛的应用前景,同样也吸引了学术界和工业界成千上万的化学工作者积极投身其中,一些富有创造性的新思想和新方法也随之层出不穷。

天然生物碱由于来源广泛以及反应结束后催化剂易于通过酸洗分离,采用金鸡纳生物碱及其衍生物作为手性 *Lewis* 碱催化剂对环状酸酐化合物进行去对称化醇解反应研究的报道相对较为集中。对 *cis*-1,3-二苄基咪唑啉-2*H*-呋喃并[3,4-*d*]咪唑-2,4,6-三酮进行对映选择性开环醇解,可以制备天然产物(+)-生物素(又名维生素 H,见图 2.12.1)的重要手性合成砌块(4*S*,5*R*)-半酯[(4*S*,5*R*)-hemiester]。

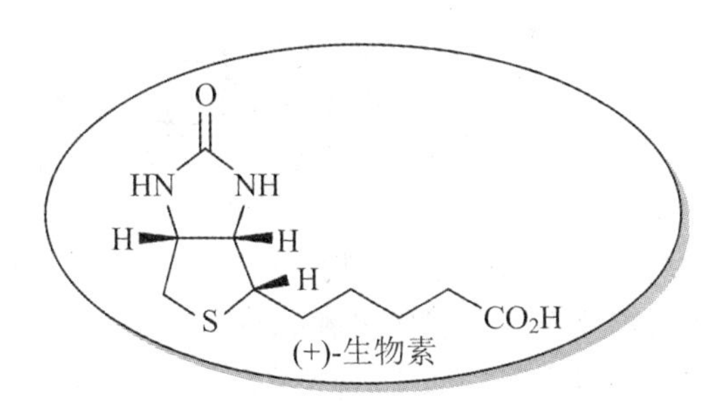

图 2.12.1　(+)-生物素结构式

(+)-生物素是一种水溶性含硫B族维生素,又名维生素H、维生素 B_7 或辅酶R,它在糖原异生和脂肪酸合成等关键生理过程中发挥特定的辅酶作用,同时在促进动物生长过程中也起着至关重要的作用,并因此而得名。与其他合成目标物相比,生物素的结构貌似简单,实则不然。它包含一个在杂环化学中罕见的二元杂环骨架结构,而且在四氢噻吩环上还具有3个相邻的全顺式手性中心和一条正戊酸侧链,涉及相对较为复杂的立体异构问题。近年来,随着光学活性的生物素在医疗保健(抗糖尿病药物、多维制剂等)、生物技术(核酸探针、免疫分析等)、家畜饲料业(饲料添加剂)、美容化妆品(美肤、美甲和美发)等领域被挖掘出越来越多的应用潜能,发展高效和高立体选择性的合成策略实现(+)-生物素全合成具有

重要的战略、学术和社会经济意义。

2.12.2 反应式

反应式如下：

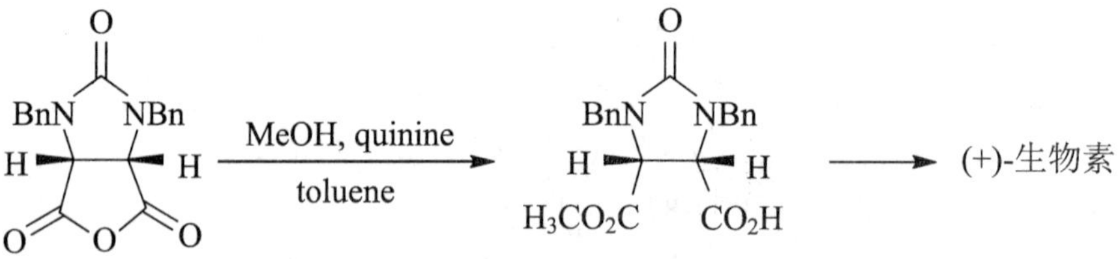

内消旋环酸酐的不对称醇解反应机理可能经历如下反应历程：手性催化剂奎宁化学结构中喹啉环上的氮原子作为路易斯碱与醇羟基配位，增强了烷氧基亲核试剂的亲核性，继而烷氧基选择性进攻环酸酐中的羰基，使其开环形成半酯的羧酸铵盐，最后脱除奎宁即可得到所需立体构型的手性半酯产物。

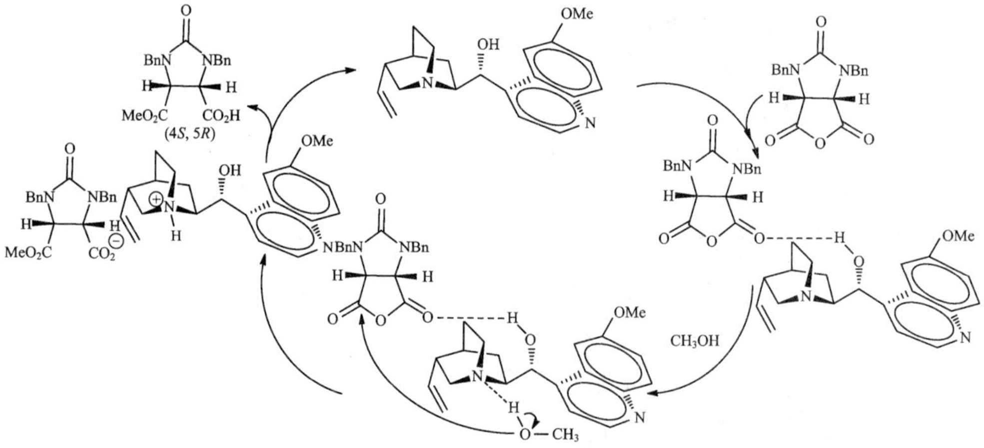

反应结束后，无需经过柱层析分离纯化产物，利用奎宁催化剂的碱性，用 2 mol/L 的盐酸溶液洗涤反应液即可实现催化剂和产物的分离。将水相中奎宁的盐酸盐溶液碱化后再经萃取、干燥、浓缩常规处理后即可定量回收手性催化剂。后续采用光学活性的 *L*-酒石酸对回收的奎宁催化剂粗品进行成盐处理，继而进行非对映体结晶拆分，再用无机碱处理所得的奎宁酒石酸盐，最后经萃取、干燥、浓缩后即可得到光学纯度与标准品一致的奎宁催化剂。

2.12.3 主要试剂及产物的物理常数

表 2.12.1 给出了主要试剂及产物的物理常数。

表 2.12.1 主要试剂及产物的物理常数

化合物	MW	m. p. (℃)	b. p. (℃)	*d*	n_D^{20}
内消旋环酸酐 (*Meso*-cyclic Anhydride)	336.34	237			
奎宁 (Quinine)	324.42	176	495.9	1.210	1.625
甲醇 (Methanol)	32.04	−97	64.7	0.792	1.328 4
甲苯 (Toluene)	92.14	−94.9	110.6	0.870	1.496 7
乙酸乙酯 (Ethyl Acetate)	88.11	−84	77	0.902	1.372 0
L-酒石酸 (*L*-Tartaric Acid)	150.09	171		1.760	1.496
盐酸 (Hydrochloric Acid)	36.5	−30	61.0	1.179	
二氯甲烷 (Dichloromethane)	84.93	−97	39.75	1.325	1.4213
氢氧化钠 (Sodium Hydroxide)	39.996	318.4	1390	2.130	

2.12.4 实验步骤

1. (4*S*,5*R*)-半酯的合成

仪器与耗材：三口烧瓶、圆底烧瓶、温度计及套管、三通接头、恒压滴液漏斗、分液漏斗、布氏漏斗、磨口三角烧瓶、量筒、表面皿、玻璃棒、点样毛细管、高型称量瓶、硅胶层析板、磁子、低温反应器、紫外灯、红外灯、熔点仪、旋光仪、电子天平、药勺、橡胶烧瓶托、铁夹、滤纸、称量纸、气球、橡皮筋。

涉及的基本实验操作：氮气保护、低温反应器、薄板层析、旋光仪的使用。

在装有磁子的 250 mL 干燥三口烧瓶中依次加入 2.69 g 环酸酐、2.85 g 奎宁和 80 mL 甲苯，然后分别在烧瓶的三个磨口处配置温度计及套管、装有 1 mL 甲醇的恒压滴液漏斗和三通接头。三通接头的两个支口分别连接氮气气球和真空水泵，通过旋转三通接头的旋塞，先用水泵对密闭的反应瓶进行抽真空，再旋转旋塞将气球中的氮气导入反应瓶中。连续置换 3 次气体后，将混合物在 −50 ℃的低温反应器中搅拌 10 min，再将滴液漏斗中的甲醇缓慢滴入反

* 由于环酸酐易吸潮分解成环酸，所使用的反应装置均需事先洗涤烘干处理。

* 薄板层析(TLC)是实验室最为常用的一种用于快速分离和定性分析微量物质的色谱法，具有需要样品量少、展开速度快和分离效率高等特点。如果将吸附层加厚，样品点成一条线时，又可作为制备色谱，样品的最高分离量可达 500 mg，用于样品的精制。TLC 的原理

应液中，所得混合物在－50 ℃反应温度下搅拌 24 h。

TLC 跟踪监测反应进程：取一张市售层析板，在距离一端 1 cm 处用铅笔轻轻画一条横线作为起始线，在板的另一端 0.5 cm 处画一条终点线。然后用点样毛细管吸取环酸酐样品溶液，在起始线上小心点样。再将反应液用毛细管点在距环酸酐样点 1～1.5 cm 处。待样点上的溶剂挥发后，将层析板放入乙醇：丙酮＝9：1 的高型称量瓶内进行展开操作。当展开剂前沿到达终点线时，立即取出层析板。待层析板上的展开剂挥发后，将层析板置于碘缸中，显色后立即取出，并用铅笔标出斑点位置，用于进一步判断反应完成的程度。

待 TLC 中原料点彻底消失后，将反应液倒入圆底烧瓶中，用旋转蒸发仪减压浓缩回收甲苯。然后用 50 mL 乙酸乙酯溶解残余物，所得溶液用 2 mol/L 的盐酸水溶液洗涤 3 次，每次 15 mL。合并水相后，保留待回收奎宁。有机相再用 15 mL 饱和食盐水洗涤，无水硫酸镁干燥，过滤，用旋转蒸发仪减压浓缩滤液回收乙酸乙酯，红外灯干燥后即得到半酯粗产物。产量约 2.9 g。

将所得半酯粗产物用乙酸乙酯重结晶，冷却析晶，过滤、干燥后得到(4*S*,5*R*)－半酯纯品，测定熔点、比旋光度和计算光学纯度。产量约 2.3 g；熔点：m.p.＝149.5～151.2 ℃；$[\alpha]_D^{25}$＝＋2.7(*c* 1.0，$CHCl_3$)。

和分离过程与柱层析类似，TLC 是在载玻片上均匀地涂抹一层吸附剂(硅胶或氧化铝)，后续的层析分离也就在层析板上进行。与柱层析不同的是，柱层析的流动相沿着吸附剂向下移动，而 TLC 中流动相沿着薄板上的吸附剂向上移动。在合成实验中，常用 TLC 来监测反应物的转化程度，或作为柱层析的先导，用于确定分离条件和监控分离进程。

* 样品需用低沸点溶剂溶解，配成 1%～5%的溶液后再进行点样，点样斑点直径不超过 2 mm，待溶剂挥发后再在原点上重复多次，以达到足够样品浓度(样品太少时，斑点不清晰，影响判断；样品过多时，出现斑点太大或拖尾现象，影响分离效果)。如果要在同一板上点几个样，样点间距应为 1～1.5 cm。

* 由于样品本身是无色的，在展开后，需要先经过显色，才能观察到斑点的位置。实验室常用紫外灯显色、碘显色或喷显色剂。由于碘能与许多有机物形成褐色配合物，是最常用的显色剂之一。层析板取出后，碘易升华逸出，故应立即用铅笔标出斑点所在的位置。

2. 奎宁的回收

仪器与耗材：茄形圆底烧瓶、球形冷凝管、量筒、磨口三角烧瓶、烧杯、分液漏斗、布氏漏斗、玻璃棒、磁子、磁力加热搅拌器、旋光仪、旋光管、熔点仪、封口熔点管、旋转蒸发仪、电子天平、药勺、橡胶烧瓶托、滤纸、称量纸、滴管、进出水管。

涉及的基本实验操作：萃取、重结晶、减压抽滤。

(1) 催化剂的回收

将上步的酸性洗涤液用 6 mol/L 的氢氧化钠水溶液中和至 pH＝14，然后用二氯甲烷萃取混合液 3 次，每次 20 mL，合并二氯甲烷层，再用饱和食盐水洗涤 1 次后，用无水硫酸镁干燥 30 min。减压过滤，滤液转移至事先烘干和称重后的茄形圆底烧瓶中，用旋转蒸发仪减压浓缩滤液回收二氯甲烷，瓶内的浓缩残留物即为奎宁粗品，红外或真空干燥后测定其熔点、旋光度和计算光学纯度。产品约 2.8 g，熔点：m.p.＝151.2～157.1 ℃，$[\alpha]_D^{25}$＝105 (*c* 1.5，$CHCl_3$)。

* 盛有碱的分液漏斗使用后需要立即清洗干净，以防活塞受腐蚀而粘连。

* 比旋光度是一个只与分子结构有关的表征旋光性物质的特征常数。旋光仪的种类较多，测定旋光的范围、读数的形式差别较大，实验室中数字旋光仪使用较为广泛。在使用旋光仪前需要仔细阅读说明书，掌握操作方法。

* 旋光仪的一般操作方法：① 依次打开仪器电源开关、光源开关，预热仪器 10～30 min；② 按照样品管体积的大小，在容量瓶中配置能确保注满样品管和润

(2) 催化剂的纯化

将置有磁子的圆底烧瓶放置在橡胶烧瓶托上，依次加入 1 g 奎宁粗品和 1.6 mL 95%的乙醇，手动摇匀待固体溶解后，再加入由 0.232 g L-酒石酸配制的饱和乙醇溶液，此时有白色沉淀析出，将混合液加热至回流，观察固体是否全部溶解，若不溶，再加入适量乙醇使沉淀全部溶解。冷却反应液至室温，再在冰水浴中充分冷却析晶，过滤，将所得晶体用 20%的氢氧化钠水溶液调节至 pH=14，然后用乙酸乙酯萃取 3 次，每次 10 mL，合并有机相，用无水硫酸镁干燥，过滤、浓缩滤液即得奎宁纯品，测定熔点、比旋光度和计算光学纯度。产品约 0.95 g，熔点：m. p. =172.3～172.7 ℃，$[\alpha]_D^{25}=112$ (c 1.5，$CHCl_3$)。

洗样品管的样品量；③ 打开测量开关，先将配置待测样品的溶剂装入样品管，然后放入旋光仪试样槽中，按下清零键；④ 倒出空白溶剂，用待测样品溶液润洗样品管 3 次后，再在样品管中注入待测样品，将样品管放入旋光仪试样槽中，读取旋光度数据；⑤ 复测 2～3 次，取几次测量的平均值作为测量结果；⑥ 计算比旋光度和样品纯度。

*旋光管用完后要及时将溶液倒出，并用蒸馏水洗涤干净。所有镜片应用柔软绒布擦拭，不能用手直接擦拭。

2.12.5　波谱图

波谱图如图 2.12.2～图 2.12.4 所示。

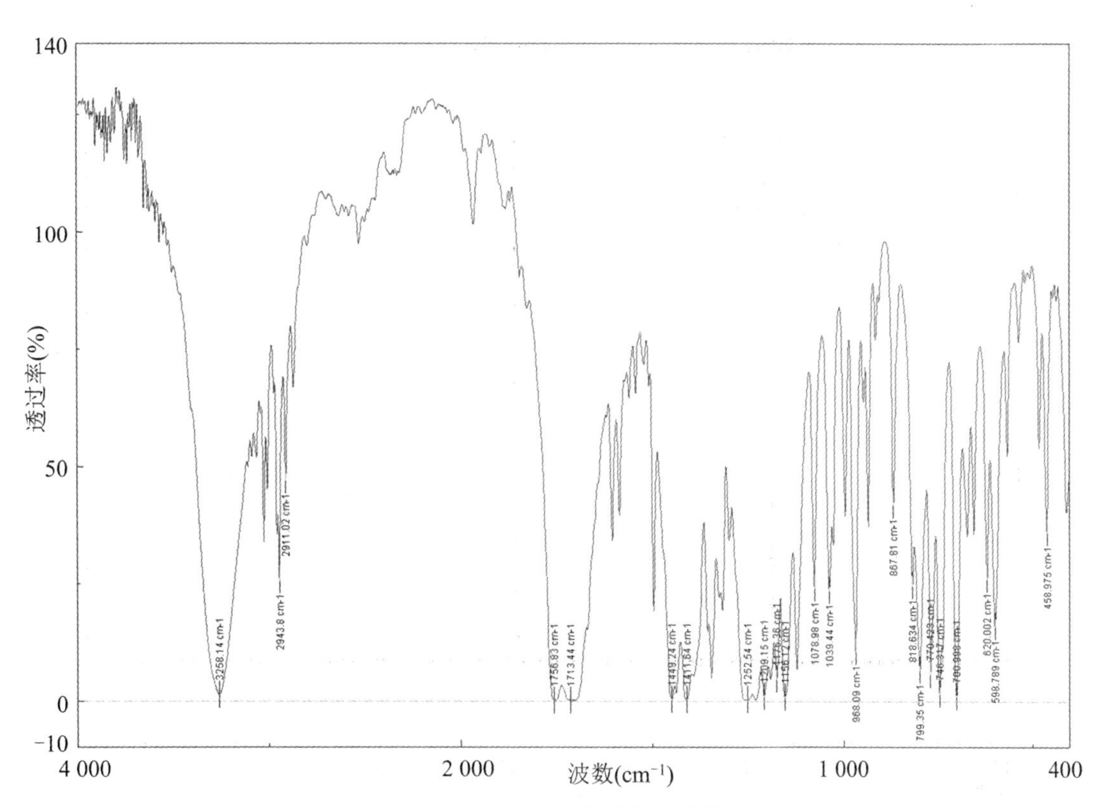

图 2.12.2　(4*S*,5*R*)-半酯的红外谱图

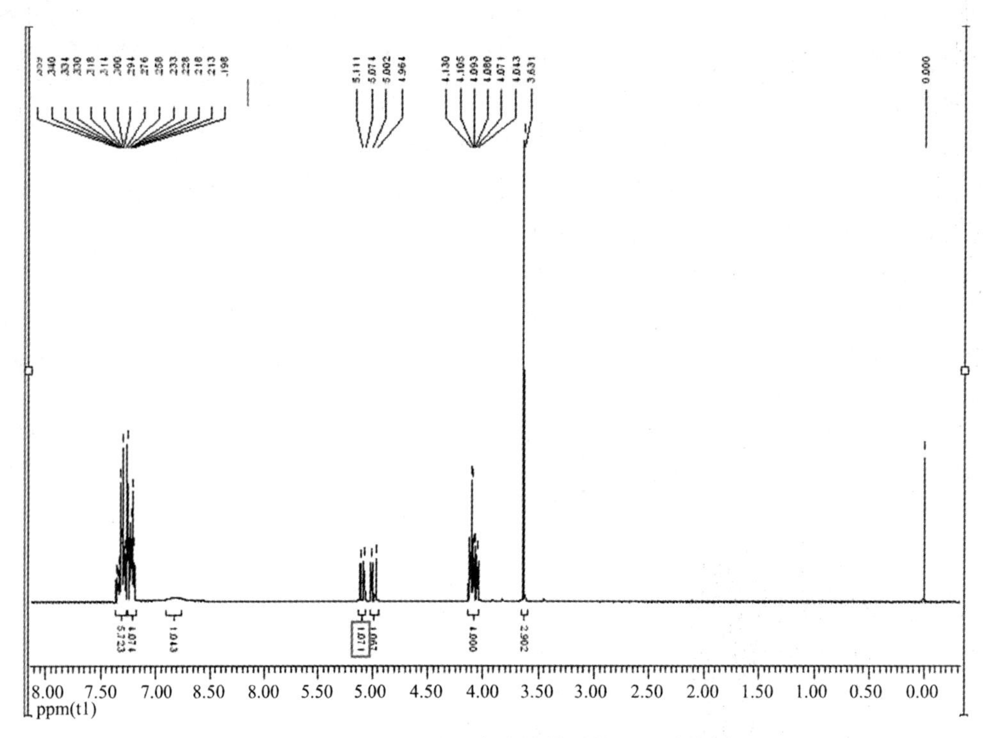

图 2.12.3　(4*S*,5*R*)-半酯的核磁共振氢谱谱图

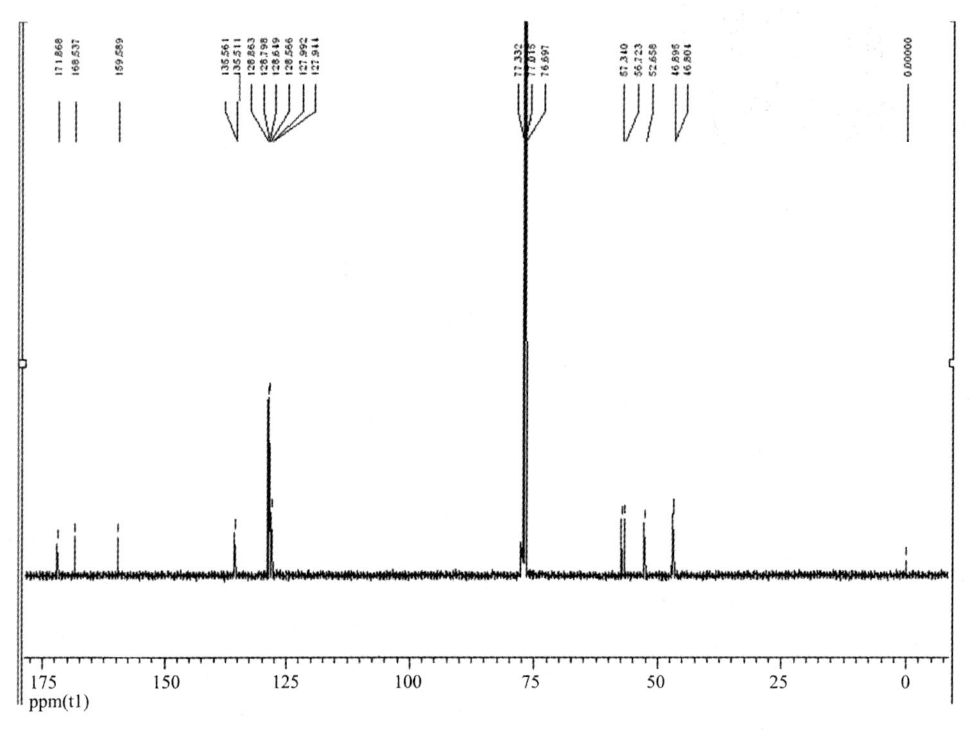

图 2.12.4　(4*S*,5*R*)-半酯的核磁共振碳谱谱图

2.13 苯妥英(3,3-二苯基-2,5-二氮杂环戊酮)的合成

2.13.1 背景知识

中枢神经系统的疾病常表现为痉挛性发作,如各种类型的癫痫、帕金森氏病、舞蹈型和肌阵挛型运动过度症等。巴比妥酸类、乙内酰脲类、噁唑烷类、丁二酰亚胺类、羧酸酯类和酰胺类的抗痉挛药物已在临床中广泛使用。

第一个用于临床的乙内酰脲类抗痉挛药物是3,3-二苯基-2,5-二氮杂环戊酮(3,3-Diphenylimidazolidine-2,5-dione),即苯妥英(Phenytoin),其钠盐为苯妥英钠,又名大伦丁钠。由于可导致锥体外系运动障碍、贫血、急性骨髓造血停止、急性早幼粒细胞白血病和骨质疏松等不良反应,临床上仅将其作为治疗癫痫大发作和部分性发作的首选药。苯妥英钠还可用于治疗心律失常、高血压和三叉神经痛。苯妥英分子中含有酰胺键,其水溶液在碱性条件下加热可水解开环,形成α-氨基二苯乙酸和氨。正是由于它的不稳定性,一般将其制成粉针剂,临用时新鲜配制。

2.13.2 反应式

反应式如下:

$$2\,\mathrm{Ph{-}\overset{O}{\overset{\|}{C}}{-}H} \xrightarrow[\text{安息香缩合}]{\mathrm{VB_1,\ NaOH}} \mathrm{Ph{-}\overset{OH}{\overset{|}{C}H}{-}\overset{O}{\overset{\|}{C}}{-}Ph} \xrightarrow{\mathrm{HNO_3}} \mathrm{Ph{-}\overset{O}{\overset{\|}{C}}{-}\overset{O}{\overset{\|}{C}}{-}Ph} \xrightarrow[\mathrm{KOH}]{\mathrm{H_2N{-}\overset{O}{\overset{\|}{C}}{-}NH_2}} \text{(HN–C(=O)–NH–C(=O)–CPh}_2\text{ 五元环, 苯妥英)}$$

本实验是以苯甲醛为起始原料的多步骤连续合成实验:首先用硫胺(即维生素B_1)的内鎓盐替代剧毒的氰化钠作为安息香缩合的催化剂,催化苯甲醛的双分子缩合反应生成安息香中间体;然后用浓硝酸对安息香进行氧化得到二苯乙二酮;苯妥英最后通过二苯乙二酮和尿素发生类似二苯乙醇酸重排反应而获得。

在二苯乙醇酸重排反应中,碱进攻二苯乙二酮的一个羰基,随后发生苯基迁移。苯妥因的合成中也是利用类似的反应机理,只不过重排和分子内酸碱反应后,继续发生的是尿素的酰胺化反应,最后发生环化反应得到苯妥英。

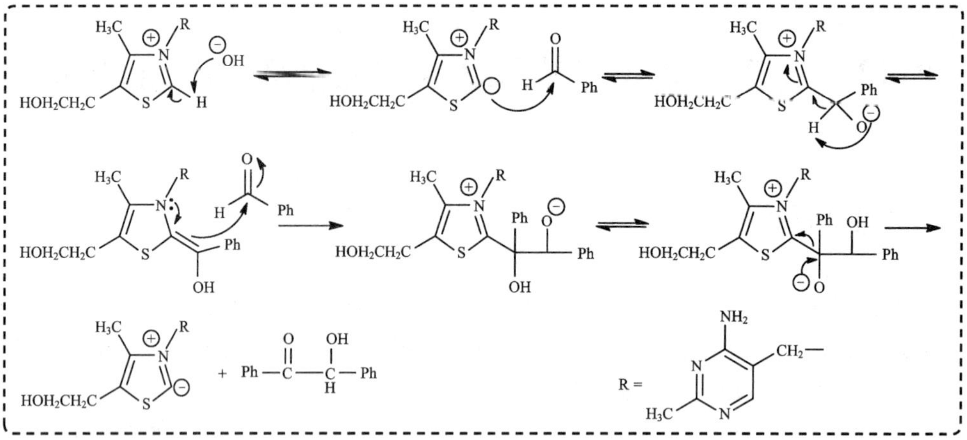

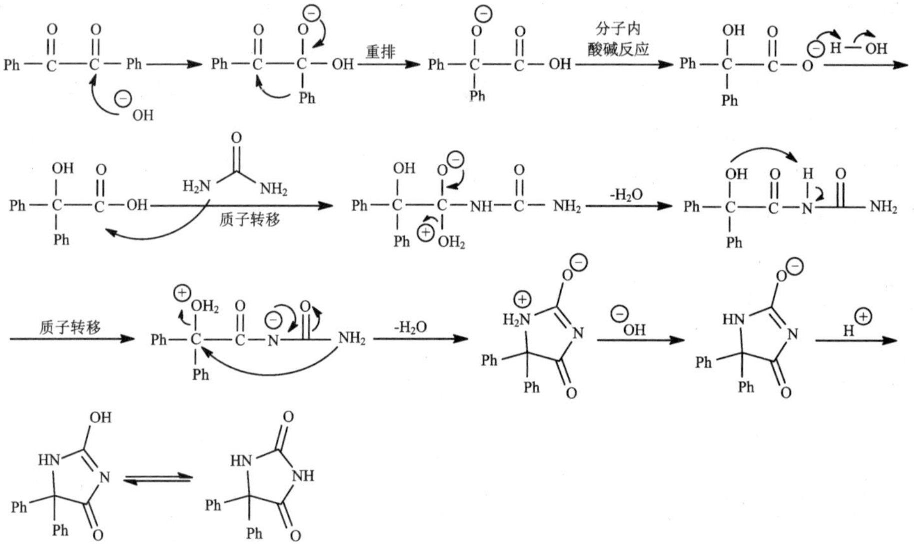

2.13.3 主要试剂及产物的物理常数

表 2.13.1 给出了主要试剂及产物的物理常数。

表 2.13.1 主要试剂及产物的物理常数

化合物	MW	m. p. (℃)	b. p. (℃)	d	n_D^{20}
苯甲醛 (Benzaldehyde)	106.12	−26	179	1.044	1.545
维生素 B_1 (Vitamin B_1)	300.81		245～250		
氢氧化钠 (Sodium Hydroxide)	39.996	318.4	1390	2.130	
乙醇 (Ethanol)	46.07		78	0.789	1.362

续表

化合物	MW	m. p. (℃)	b. p. (℃)	d	n_D^{20}
安息香 (Benzoin)	212.25	133	344	1.310	
浓硝酸 (Nitric Acid)	63.01	−42	83	1.420	
二苯乙二酮 (Diphenylethanedione)	210.23	94～97	346～348		
尿素 (Urea)	60.06	132.7		1.335	1.40
氢氧化钾 (Potassium Hydroxide)	56.1		1324	2.044	
丙酮 (Acetone)	58.08	−94.9	56.53	0.784 5	
苯妥英 (Phenytoin)	252.27	293～295			

2.13.4 实验步骤

1. 安息香的合成

仪器与耗材：单口圆底烧瓶、茄形圆底烧瓶、球形冷凝管、布氏漏斗、磨口三角烧瓶、玻璃空心塞、量筒、表面皿、玻璃棒、烧杯、磁子、磁力加热搅拌器、数字熔点仪、电子天平、药勺、熔点管、橡胶烧瓶托、铁夹、滤纸、称量纸、标签纸、进出水管。

涉及的基本实验操作：加热回流、减压过滤、重结晶。

将装有磁子的 100 mL 圆底烧瓶放置在橡胶烧瓶托上，依次加入 1.8 g 维生素 B_1、3.5 mL 水和 15 mL 95%的乙醇，手动振摇溶解后滴加 3.5 mL 3 mol/L 氢氧化钠水溶液。然后再加入 10 mL 新蒸苯甲醛，继续手动振摇，待溶液 pH=8～9 后，将圆底烧瓶用铁夹固定在磁力加热搅拌器中。磨口处安装均匀涂抹了一层凡士林的球形冷凝管，依次打开冷却水、搅拌开关和加热开关，将反应液于 60～75 ℃下加热反应 1.5 h。待反应液冷却析出白色晶体后，用水泵进行减压抽气过滤，滤渣用少量冰水洗涤 2 次，继续抽吸将溶剂尽量抽干。

将粗产物转移至放入磁子的 100 mL 茄形圆底烧瓶中，加入 10 mL 95%的乙醇后，将其用铁夹固定于磁力加热搅拌器中，装上连有进出水管的回流冷凝管，依次打开

*维生素 B_1 易受热变质失去催化活性，需低温保存。

*将圆底烧瓶放入磁力加热搅拌器前，需将外壁擦拭干净。烧瓶外壁与电热套内壁保持 1～2 cm 左右的距离，以便利用热空气传热和防止局部过热。

*苯甲醛易氧化形成苯甲酸，若使用前不重新蒸馏提纯，会影响溶液的 pH。

*控制 pH 和反应温度是实验的关键。在碱性介质中，维生素 B_1 的噻唑环形成两性离子，对反应起催化作用，但碱性过强会使噻唑开环，降低了维生素 B_1 对反应的催化效果。反应温度过高会使维生素 B_1 分解，产率降低。

搅拌器的搅拌和加热开关。加热至溶剂微沸时粗产物全部溶解，若未溶，从冷凝管的上端分批补加 95%的乙醇，每次补加 5 mL，直至所有固体粗产物刚好全部溶解，同时记录下所使用的溶剂用量。依次关闭搅拌器的加热开关、搅拌开关和冷却水开关，冷却析晶，用布氏漏斗进行减压过滤，并用少量冷的 95%的乙醇洗涤析出的晶体(图 2.13.1)。用红外灯或真空干燥箱干燥晶体至恒重后，用数字熔点仪进行产物的熔点测定，并计算产率。产量约 6 g。

* 减压抽气过滤可以将结晶从母液中进行快速分离。布氏漏斗的侧管应使用耐压的橡胶管与水泵相连，将容器中的液体和晶体分批倒入漏斗中，并用少量的滤液洗出黏附于容器壁上的晶体。关闭水泵前，务必将抽滤瓶与水泵间相连的橡胶管拆开，以免水泵中的水倒吸流入吸滤瓶中。

* 安息香粗产物过滤后，滤渣可以烘干至恒重后再进行重结晶，也可以直接用单一溶剂(95%的乙醇)对滤渣进行重结晶。

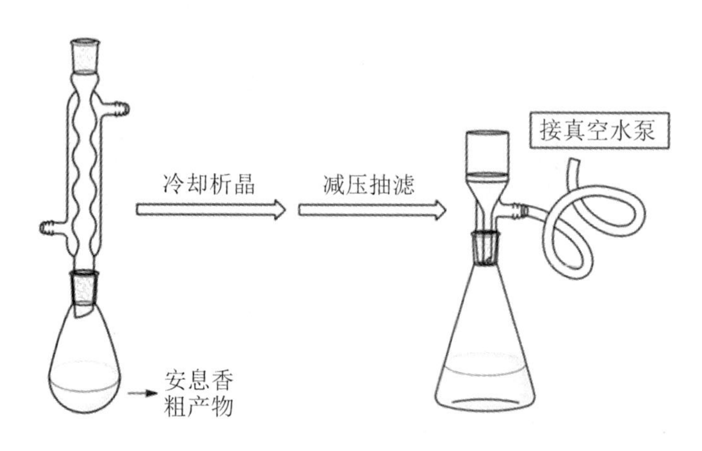

图 2.13.1　重结晶流程图

2. 二苯基乙二酮的合成

仪器与耗材：单口圆底烧瓶、茄形圆底烧瓶、球形冷凝管、30 度弯管、量筒、磨口三角烧瓶、烧杯、玻璃三角漏斗、布氏漏斗、玻璃空心塞、玻璃棒、熔点管、磁子、磁力加热搅拌器、熔点仪、电子天平、药勺、橡胶烧瓶托、升降台、滤纸、称量纸、进出水管、乳胶管。

涉及的基本实验操作：加热回流、尾气吸收、重结晶、减压过滤。

将装有磁子的 100 mL 圆底烧瓶放置在橡胶烧瓶托上，依次加入 5.25 g 安息香和 17.5 mL 浓硝酸，手动摇匀后，将圆底烧瓶用铁夹固定在磁力加热搅拌器中。装上球形回流冷凝管和尾气吸收装置，打开冷却水、搅拌开关和加热开关，将反应液加热至 85～90 ℃搅拌反应 10 min (图 2.13.2)。

* 需要用稀碱吸收氧化反应过程中产生的氧化氮。

* 氧化反应也可用水浴加热。

反应完全后冷却，拆除气体吸收装置，自冷凝管上端加入 100 mL 冰水，同时将反应瓶置于冰水浴中冷却，待黄色晶体析出完全后，抽滤，滤渣用少量冰水洗涤 2 次，继续抽吸将溶剂尽量抽干。

将粗产物转移至 100 mL 茄形圆底烧瓶中，加入磁子和 10 mL 95%的乙醇，将其用铁夹固定于磁力加热搅拌器

* 二苯乙二酮粗产物过滤后可烘干后再进行重结晶，也可以不用完全烘干，直接用单一溶剂(95%的乙醇)进行重结晶。

中，装上回流冷凝管，依次打开搅拌器的搅拌和加热开关。加热至溶剂微沸时粗产物全部溶解，若未溶，从冷凝管的上端分批补加95%的乙醇，直至所有固体粗产物刚好全部溶解，同时记录下所使用的溶剂用量。依次关闭搅拌器的加热开关、搅拌开关和冷却水开关，冷却析晶，用布氏漏斗进行减压过滤，并用少量冰的95%的乙醇洗涤析出的晶体。用红外灯或真空干燥箱干燥至恒重后，用数字熔点仪进行产物的熔点测定，并计算产率。产量约4 g。

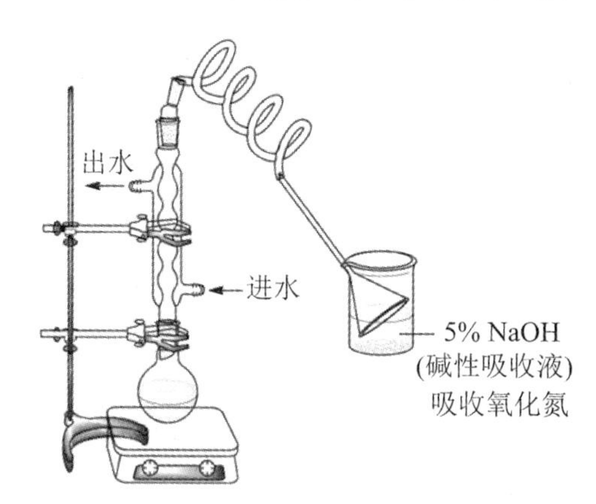

图2.13.2 合成实验装置图

3. 苯英妥的合成

仪器与耗材：圆底烧瓶、茄形圆底烧瓶、球形冷凝管、量筒、磨口三角烧瓶、烧杯、布氏漏斗、玻璃棒、磁子、磁力加热搅拌器、红外灯、电子天平、药勺、橡胶烧瓶托、铁夹、滤纸、称量纸、蓝色石蕊试纸、滴管、进出水管。

涉及的基本实验操作：加热回流、重结晶、数字熔点仪的使用。

将装有磁子的100 mL圆底烧瓶放置在橡胶烧瓶托上，依次加入2 g二苯乙二酮、1 g尿素和30 mL 95%的乙醇和6 mL 30%的氢氧化钾溶液，然后将烧瓶用铁夹固定在磁力加热搅拌器中，装上球形冷凝管，再依次打开冷却水开关、搅拌开关和加热开关，将反应混合液加热至回流。搅拌回流2 h后冷却反应液，并将所得反应混合物倒入盛有50 mL水的烧杯中，减压过滤，除去不溶性固体杂质。往滤液中滴加10%的盐酸至蓝色石蕊试纸呈酸性，待溶液中固体析出完全后，减压过滤，滤渣用少量冰水洗涤2次，继续抽吸将溶剂尽量抽干，再用红外灯或真空干燥箱干燥至恒重，即得苯妥英粗产品。

将上步合成粗产品转移至100 mL事前干燥好的茄形

* 苯妥英是一种极强的抗痉挛药，实验处理时需要特别小心，防止污染实验室环境。

* 苯妥英粗产品经减压抽气过滤后需干燥至恒重后，再用单一溶剂（丙酮）进行重结晶。

圆底烧瓶中，加入磁子和 10 mL 丙酮，然后用铁夹将其固定于磁力加热搅拌器中，装上球形冷凝管，依次打开搅拌器的搅拌和加热开关。加热至溶剂微沸时观察固体是否全部溶解，若未溶，从冷凝管的上端分批补加丙酮，直至所有固体粗产物刚好全部溶解，同时记录下所使用的丙酮的总用量。依次关闭搅拌器的加热开关、搅拌开关和冷却水开关，反应液自然冷却至室温，再用冰水浴冷却，待其充分析晶后，用布氏漏斗进行减压过滤，并用少量冰丙酮洗涤析出的晶体。用红外灯或真空干燥箱干燥重结晶产物至恒重后，称重计算产率，并用数字熔点仪进行苯妥英的熔点测定。产量约1.7 g。

2.13.5 波谱图

波谱图如图 2.13.3～图 2.13.7 所示。

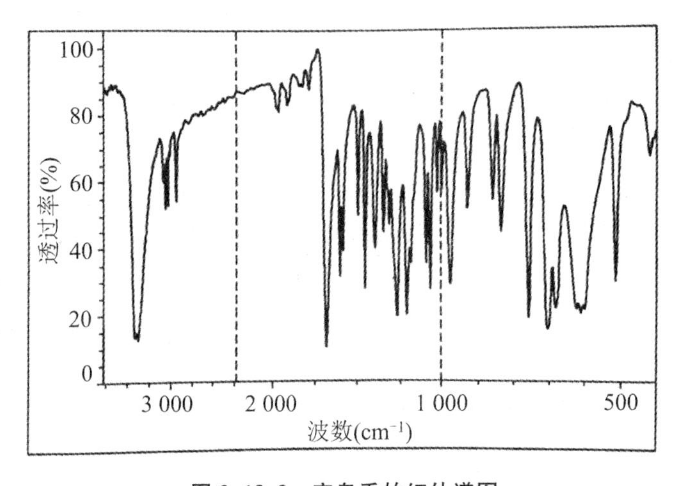

图 2.13.3　安息香的红外谱图

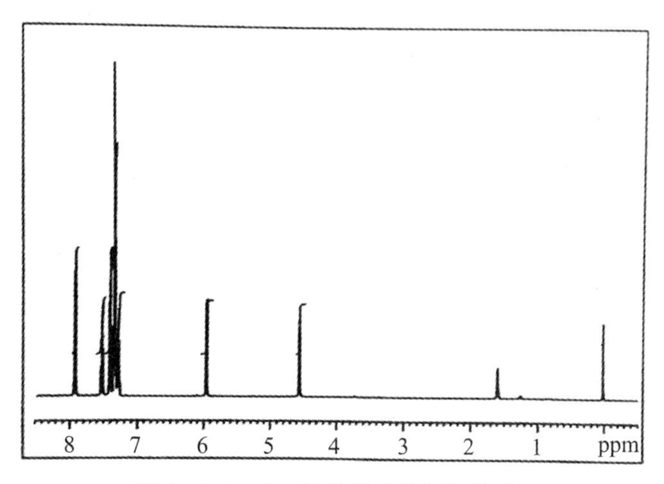

图 2.13.4 安息香的核磁共振氢谱谱图

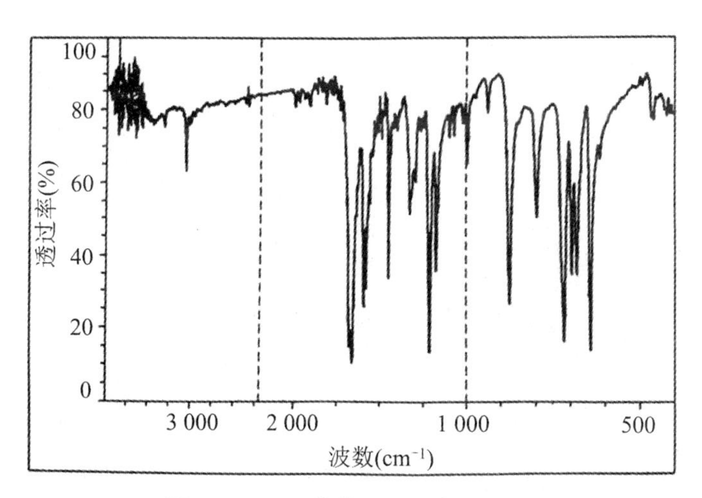

图 2.13.5 二苯基乙二酮的红外谱图

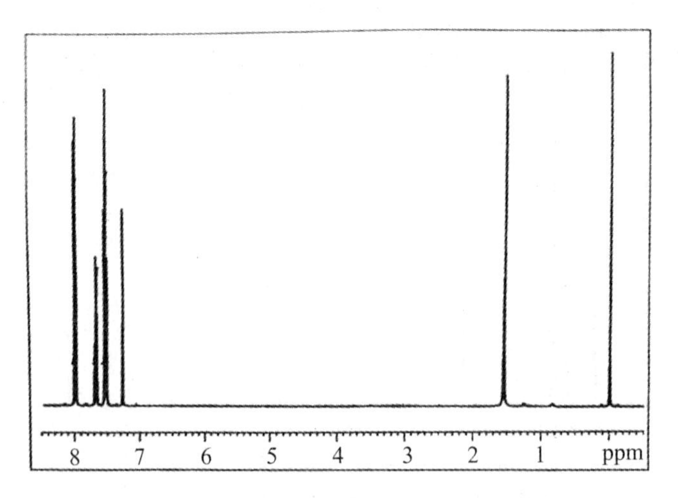

图 2.13.6　二苯基乙二酮的核磁共振氢谱谱图

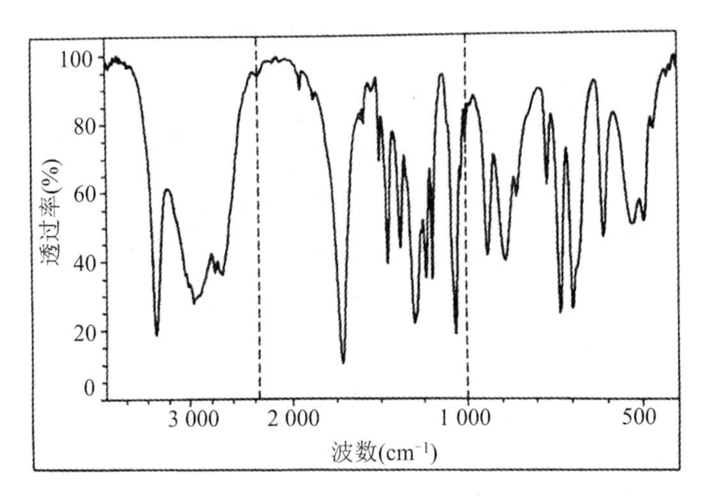

图 2.13.7　苯妥英的红外谱图

2.14 磺胺类抗菌素(对氨基苯磺酰胺)的合成

2.14.1 背景知识

19世纪末20世纪初,欧洲科学家热衷于从许多化学物质,尤其是染料中寻找抗菌药。1932年德国生物化学家多马克在一家染料工业公司工作,在研究偶氮染料的抗菌作用时,发现橘红色偶氮染料(2′,4′-二氨基偶氮苯-4-磺酰胺)可以有效杀灭细菌,可以使得老鼠、兔子和狗不受链球菌和葡萄糖球菌的感染。后来该红色染料以百浪多息为商品名应用于临床。世界上第一个被用磺胺药治疗的人竟是多马克的女儿艾丽莎。艾丽莎在玩耍时刺破了手指,感染链球菌而高热昏迷,用磺胺药起死回生。多马克也被授予诺贝尔医学和生理学奖,但因纳粹阻挠而被迫放弃。1947年,多马克访问了瑞典首都斯德哥尔摩,接受了诺贝尔奖。

体内代谢

百浪多息
(Prontosil)

磺胺
(Sulfanilamide)

研究人员最初认为百浪多息结构中的偶氮基团是染料的生色基团,可能也是使其产生抗菌作用的有效基团,但是,进一步的药物构效关系研究发现,只有含磺酰胺基团的偶氮染料才有抗菌作用,因此推断百浪多息在体内偶氮键断裂分解产生的对氨基苯磺酰胺(*p*-Aminobenzenesulfonamide)是其产生抗菌作用活性的结构。1935年对化学合成的对氨基苯磺酰胺进行研究,发现其在体内和体外均匀抗菌作用。随后又从服用百浪多息的病人尿液中分离出对乙酰氨基苯磺酰胺,由于乙酰化是体内代谢的常见反应,从而确定了对氨基苯磺酰胺才是这类化合物有效的基本结构。此后磺胺类药物的研究得以迅速发展,到1946年共合成了5 500余种对氨基苯磺酰胺类磺胺衍生物,其中有20多种在临床上用以抑制多种细菌和少数病毒的生长和繁殖。

磺胺的化学合成一般以苯胺为起始原料,具体合成路线如下,其中大多数反应中间体不需要分离纯化即可直接用于下一步反应中。然而该路线中需要使用剧毒化学品氯磺酸。氯磺酸对皮肤和衣物具有强烈的腐蚀作用,暴露在空气中还会冒出大量氯化氢气体,遇水则发生猛烈的放热反应,甚至容易出现爆炸,在合成实验过程中具有一定的危险性。

尽管磺胺类合成抗菌素药物目前临床应用已不多,但磺胺的发现和应用在药物化学史上是一个重要的里程碑。不仅使当时死亡率较高的细菌性传染疾病得以控制,开创了化学治疗的新纪元,还使人们认识到从体内代谢产物中寻找新药的可能性。随后又根据磺胺药物的副作用发现了具有磺胺结构的利尿药和降血糖药。

$$H_2N\text{—}C_6H_5 \xrightarrow{HCl} \left[H_2N\text{—}C_6H_5 \cdot HCl\right] \xrightarrow[CH_3CO_2Na]{Ac_2O} H_3C\overset{O}{\overset{\|}{C}}HN\text{—}C_6H_5$$

$$\xrightarrow{HOSO_2Cl} H_3C\overset{O}{\overset{\|}{C}}HN\text{—}C_6H_4\text{—}SO_2Cl \xrightarrow{NH_3} H_3C\overset{O}{\overset{\|}{C}}HN\text{—}C_6H_4\text{—}SO_2NH_2$$

$$\xrightarrow[2)\ NaHCO_3]{1)\ H_3O^+} H_2N\text{—}C_6H_4\text{—}SO_2NH_2$$

2.14.2 反应式

反应式如下：

$$H_2N\text{—}C_6H_5 \xrightarrow{HCl} \left[H_2N\text{—}C_6H_5 \cdot HCl\right] \xrightarrow[CH_3CO_2Na]{Ac_2O} H_3C\overset{O}{\overset{\|}{C}}HN\text{—}C_6H_5 \xrightarrow[H_2SO_4]{Ac_2O}$$

$$H_3C\overset{O}{\overset{\|}{C}}HN\text{—}C_6H_4\text{—}SO_3H \xrightarrow[DMF]{SOCl_2} H_3C\overset{O}{\overset{\|}{C}}HN\text{—}C_6H_4\text{—}SO_2Cl \xrightarrow{NH_3}$$

$$H_3C\overset{O}{\overset{\|}{C}}HN\text{—}C_6H_4\text{—}SO_2NH_2 \xrightarrow[2)\ NaHCO_3]{1)\ H_3O^+} H_2N\text{—}C_6H_4\text{—}SO_2NH_2$$

本实验为了降低实验操作过程中的危险性，以苯胺为起始原料进行多步骤连续合成实验，经磺化、氯代、磺酰化和水解脱保护合成结构最简单的磺胺类药物——对氨基苯磺酰胺，采用先磺化再氯代的两步合成策略替代直接氯磺化的方法，巧妙规避了剧毒化学品的购置、使用和存在的安全隐患。

2.14.3 主要试剂及产物的物理常数

表 2.14.1 给出了主要试剂及产物的物理常数。

表 2.14.1　主要试剂及产物的物理常数

化合物	MW	m. p. (℃)	b. p. (℃)	d	n_D^{20}
苯胺 (Aniline)	93.128	−6.2	184.4	1.0217	1.586 3
三水乙酸钠 (Sodium Acetate Trihydrate)	136.08	58		1.450	
浓盐酸 (Concentrated Hydrochloric Acid)	36.46	−35	5.8	1.179	
乙酸酐 (Acetic Anhydride)	102.09	−73	139.8	1.080	

续表

化合物	MW	m. p. (℃)	b. p. (℃)	d	n_D^{20}
乙酰苯胺 (Acetylaniline)	135.17	114.3	305	1.219	1.586
浓硫酸 (Concentrated Sulfuric Acid)	98.07	10	338	1.840	
丙酮 (Acetone)	58.08	−94.9	56.53	0.784 5	
二氯亚砜 (Thionyl Chloride)	118.97	−105	78.8	1.638	
N,*N*-二甲基甲酰胺 (*N*,*N*-Dimethylformamide)	73.1	−60.5	152.8	0.948	1.428
氢氧化钠 (Sodium Hydroxide)	39.996	318.4	1390	2.130	
氨水 (Ammonium Hydroxide)	35.045	−77	37.7	0.910	
碳酸氢钠 (Sodium Bicarbonate)	84.01	270(分解)		2.159	

2.14.4 实验步骤

1. 乙酰苯胺的合成

仪器与耗材：三口烧瓶、恒压滴液漏斗、温度计及套管、布氏漏斗、磨口三角烧瓶、玻璃空心塞、量筒、表面皿、玻璃棒、玻璃空心塞、熔点管、磁子、磁力加热搅拌器、熔点仪、电子天平、药勺、橡胶烧瓶托、铁夹、封口熔点管、称量纸、滤纸。

涉及的基本实验操作：三口圆底烧瓶的使用、减压抽气过滤。

将装有磁子的 500 mL 三口圆底烧瓶放置在橡胶烧瓶托上，依次加入 10 mL 浓盐酸和 240 mL 水，手动振摇后，将其固定在磁力加热搅拌器中。先打开搅拌器的搅拌开关，用恒压滴液漏斗缓慢滴入 11 g 新蒸苯胺。待苯胺溶解后，打开搅拌器的加热开关，在控制反应液的温度为 50 ℃的条件下，加入 14.6 mL 乙酸酐，继续搅拌溶解，然后再加入事先配置好的含有 18 g 三水乙酸钠的 40 mL 水溶液。

依次关闭磁力加热搅拌器的加热和搅拌开关，待反应混合液自然冷却后，再静置于冰水浴中冷却，使其充分析出晶体。然后进行减压抽气过滤，滤渣用少量冰水洗涤，

* 苯胺极易氧化，使用前需要重新蒸馏提纯。

* 将圆底三口烧瓶固定在磁力加热搅拌器中之前，需将烧瓶外壁擦拭干净。烧瓶外壁与电热套内壁保持 1～2 cm 左右的距离，以便利用热空气传热和防止局部过热。搭装置的顺序依照“从下至上”的顺序，拆除装置的顺序则刚好相反，即“从上至下”(图 2.14.1)。

* 减压抽气过滤可以将结晶从母液中进行快速分离。布氏漏斗的侧管应使用耐压的橡胶管与水泵相连，将容器中的液体和晶体分批倒入漏斗中，并用少量的滤液洗出黏附于容器壁上的晶体。关闭水泵前，务必将抽滤瓶与水泵间相连的橡胶管拆开，以免水泵中的水倒吸流入吸滤瓶中。

继续抽吸将溶剂尽量抽干，红外干燥后称重。产量 10～12 g，熔点：m. p. =113～114 ℃。产物无需纯化处理，直接进行下一步反应(图 2. 14. 2)。

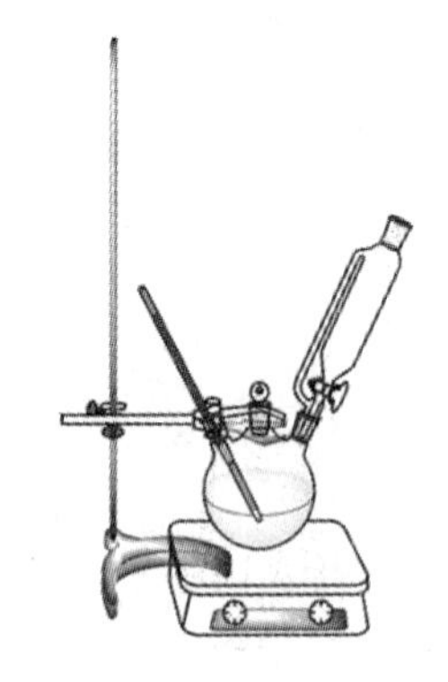

图 2. 14. 1　实验装置图

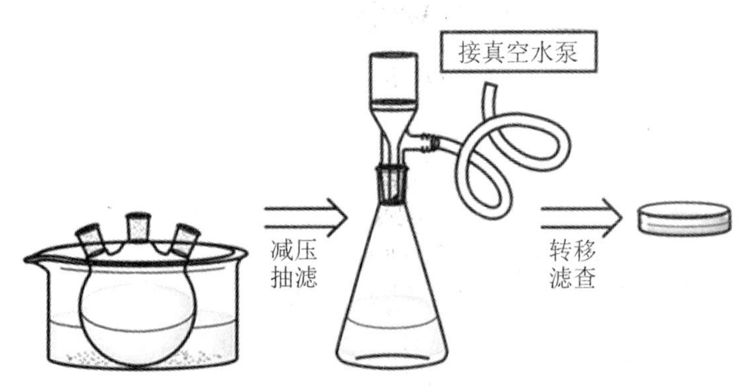

图 2. 14. 2　产物分离流程图

2. 对乙酰氨基苯磺酸的合成

仪器与耗材：单口圆底烧瓶、球形冷凝管、布氏漏斗、磨口三角烧瓶、烧杯、玻璃空心塞、量筒、表面皿、玻璃棒、磁子、磁力加热搅拌器、电子天平、药勺、橡胶烧瓶托、铁夹、称量纸、滤纸、进出水管。

涉及的基本实验操作：加热回流、减压过滤。

* 乙酸酐极易潮解，量筒、圆底烧瓶和冷凝管需提前烘干处理。

* 乙酸酐和浓硫酸混合时放热，建议依据“少量多次”的原则分批加入乙酸酐，并用冰水浴冷却圆底烧瓶。

* 圆底烧瓶放入磁力加热搅拌器前，需将外壁擦拭干净。烧瓶外壁与电热套内壁保持 1～2 cm 左右的距离，以便利用热空气传热和防止局部过热。搭装置的顺序依照“从下至上”的顺序，拆除装置的顺序则刚好相反，即“从上至下”。

将装有磁子的 100 mL 圆底烧瓶放置在橡胶烧瓶托上，依次加入 12. 5 mL 浓硫酸、20 mL 乙酸酐，在冰水浴中将其摇振混合均匀后，再分 3 次加入共 10 g 的乙酰苯胺。然后将烧瓶用铁夹固定在磁力加热搅拌器中，装上球形冷凝管，打开冷却水开关、搅拌开关和加热开关，将搅拌器的加热温度设定为 92 ℃，于此反应温度下搅拌反应 30 min。

反应结束后，依次关闭搅拌器的加热开关、搅拌开关和冷却水开关，待反应液冷却至室温后，将其倒入装有50 mL冰丙酮的烧杯中，并用玻璃棒不断搅拌，然后于冰水浴中充分冷却，减压过滤收集析出的米白色晶体，用红外灯干燥后即得到对乙酰氨基苯磺酸粗产物(图2.14.3)。产量约14.8 g，产率约93%，无需纯化处理，可直接进行下一步合成反应。

* 丙酮蒸气与空气可形成爆炸性混合物，遇明火、高热极易燃烧爆炸。与氧化剂也能发生强烈反应。其蒸气比空气重，能在较低处扩散到相当远的地方，遇火源会着火回燃，使用时应注意通风。

* 减压抽气过滤可以将结晶从母液中进行快速分离。布氏漏斗的侧管应使用耐压的橡胶管与水泵相连，将容器中的液体和晶体分批倒入漏斗中，并用少量的滤液洗出黏附于容器壁上的晶体。关闭水泵前，务必将抽滤瓶与水泵间相连的橡胶管拆开，以免水泵中的水发生倒吸而流入吸滤瓶中。

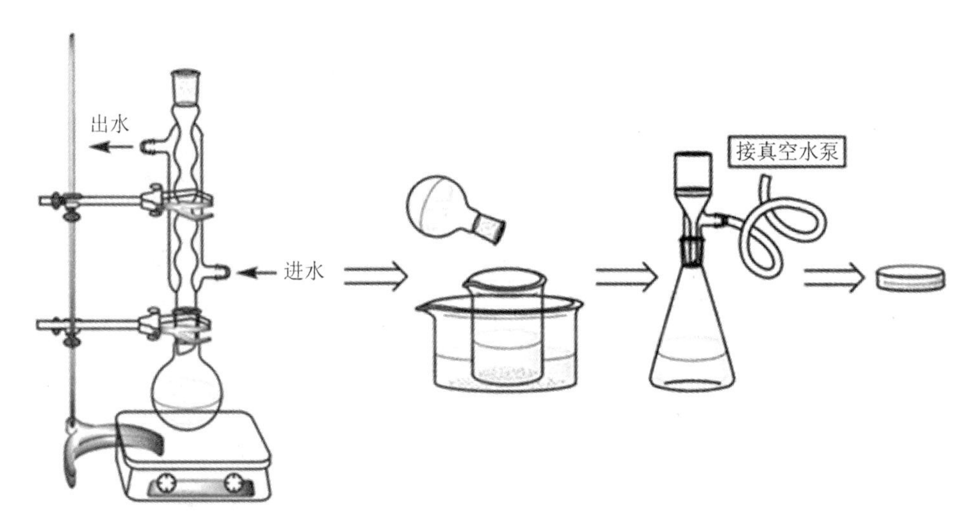

图2.14.3　合成流程图

3. 对乙酰氨基苯磺酰氯的合成

仪器与耗材：单口圆底烧瓶、恒压滴液漏斗、量筒、烧杯、玻璃三角漏斗、30度弯接管塞、布氏漏斗、磨口三角烧瓶、玻璃棒、玻璃空心塞、磁子、磁力搅拌器、电子天平、药勺、橡胶烧瓶托、称量纸、滤纸、乳胶管。

涉及的基本实验操作：低温反应、尾气吸收、减压抽滤。

将装有磁子的100 mL干燥圆底烧瓶放置在橡胶烧瓶托上，依次加入4.3 g对乙酰氨基苯磺酸、10 mL *N*,*N*-二甲基甲酰胺(DMF)，手动摇匀待固体全部溶解后，将烧瓶用铁夹固定在置有冰水浴的磁力搅拌器中，在不断搅拌的同时用恒压滴液漏斗缓慢滴加6 mL二氯亚砜。二氯亚砜滴加完毕后，使反应液继续在冰水浴中搅拌反应2 h(图2.14.4)。最后将反应液缓慢倒入装有35 g碎冰的烧杯中，并用少量冰水洗涤圆底反应烧瓶，洗涤液一并倒入

* $SOCl_2$极易潮解，量筒、圆底烧瓶、恒压滴液漏斗和球形冷凝管需提前烘干处理。

* $SOCl_2$易潮解形成酸性气体，须配制10%的氢氧化钠水溶液用于吸收和处理反应过程中产生的酸性尾气。

烧杯中。待冰溶解后，抽滤、收集得到的沉淀即为对乙酰氨基苯磺酰氯粗产品（图 2.14.5）。产量约 3.8 g，无需纯化处理，直接进行下一步反应。

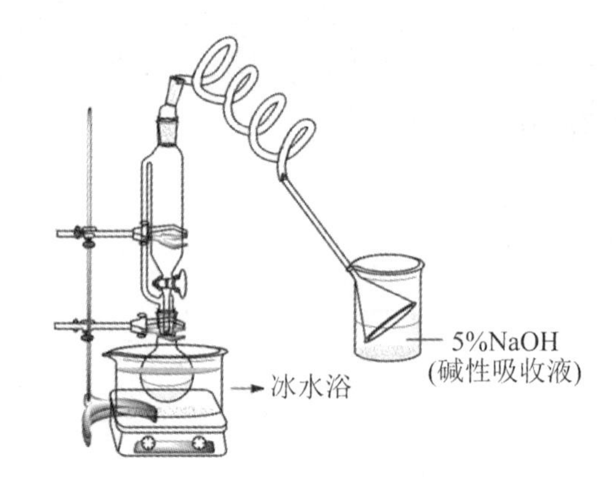

图 2.14.4　实验装置图

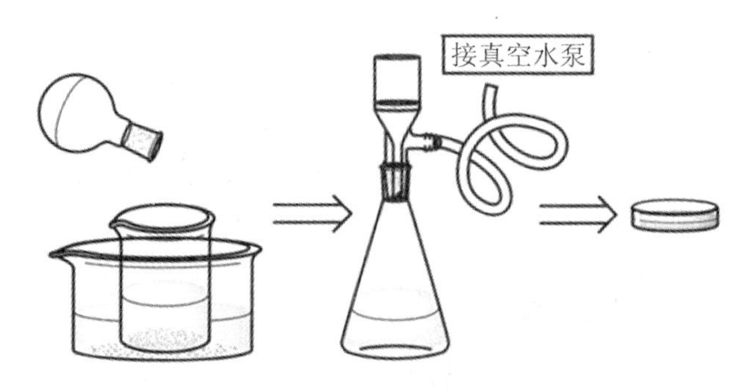

图 2.14.5　产物分离流程图

4. 对氨基苯磺酰胺的合成

仪器与耗材：单口圆底烧瓶、球形冷凝管、量筒、磨口三角烧瓶、烧杯、布氏漏斗、玻璃棒、玻璃空心塞、熔点管、酒精灯、石棉网、磁子、磁力加热搅拌器、熔点仪、电子天平、红外灯、橡胶烧瓶托、滤纸、铁圈、药勺、称量纸、pH 试纸、铁夹、进出水管。

涉及的基本实验操作：加热回流、重结晶。

将 3.8 g 对乙酰氨基苯磺酰氯粗产品转移到烧杯中，在不断搅拌状态下缓慢加入 15 mL 氨水，然后继续搅拌 15 min，得到合成中间体对乙酰氨基苯磺酰胺。向烧杯中继续加入 10 mL 水，再用酒精灯对其进行小火加热 30 min，用于去除过量的氨气。

* 用酒精灯对烧杯进行加热时，应使用石棉网，烧杯底部与石棉网的距离应为 0.5～2 cm。

最后将烧杯内的剩余溶液转移至装有磁子的 100 mL 圆底烧瓶中，再加入 4 mL 浓盐酸，然后将其用铁夹固定在磁力加热搅拌器中，装上球形冷凝管，依次打开冷却水开关、搅拌开关和加热开关，将反应液加热至回流脱除乙酰基的保护。30 min 后冷却反应液，再加入适量的碳酸氢钠中和过量的盐酸使得溶液恰成碱性，在冰水浴中充分冷却，减压过滤收集析出的固体，并用少量冰水洗涤，然后继续抽吸将溶剂尽量抽干，即得到了对氨基苯磺酰胺(图 2.14.6)。

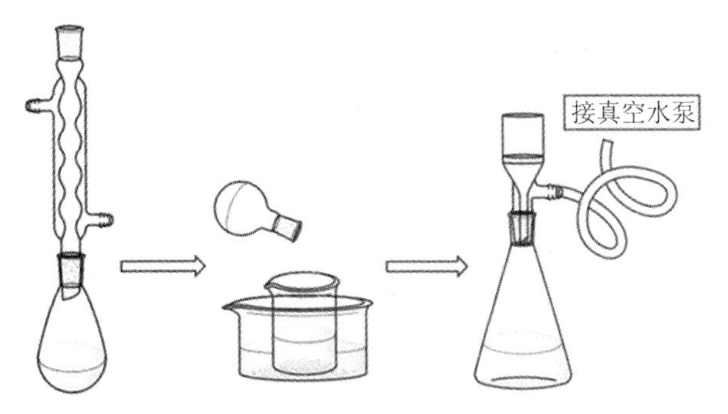

图 2.14.6 产物分离流程图

粗产物无需烘干处理，可直接用水进行重结晶提纯，得到对氨基苯磺酰胺纯品(图 2.14.7)。产量约 1.66 g，产率 65%，并用数字熔点仪测定其熔点。

* 重结晶操作步骤：将粗产物转移至 150 mL 磨口三角烧瓶中，用水进行重结晶：先加入 10 mL 水和 2 颗沸石，将三角烧瓶在石棉网上加热至微沸，并不断用玻璃棒搅拌使固体溶解。在微沸过程中仔细观察瓶内固体物质溶解的情况：如仍有固体不溶，可分批补加水，每次补加后再将溶液加热至微沸，同时注意观察每次补加少量溶剂后，溶液中残余固体量的变化，以免将不溶性杂质的存在当作固体产品未溶而误加入过多的溶剂；如有不溶性的杂质，需要进行热过滤滤除杂质。待溶液中的固体全部溶解，计算全溶后加入水的总体积，再加入过量 100%的水，继续加热溶解。保持溶液微沸 5 min 后，将溶液冷却至室温，待析晶完全后进行减压抽气过滤，三角烧瓶中残留晶体用少量滤液转移至布氏漏斗中。将滤渣转移至培养皿中，红外灯干燥至恒重，称量重结晶产物。

* 对氨基苯磺酰胺的熔点：m. p. = 158.4～159.7 ℃。

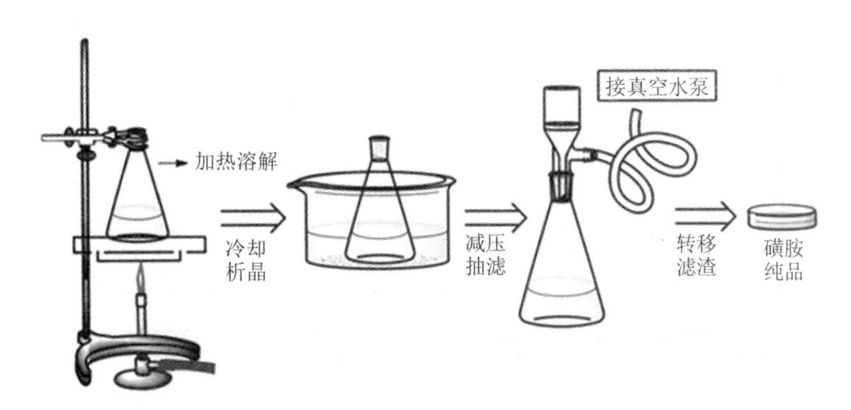

图 2.14.7 重结晶操作流程图

2.14.5 波谱图

波谱图如图 2.14.8、图 2.14.9 所示。

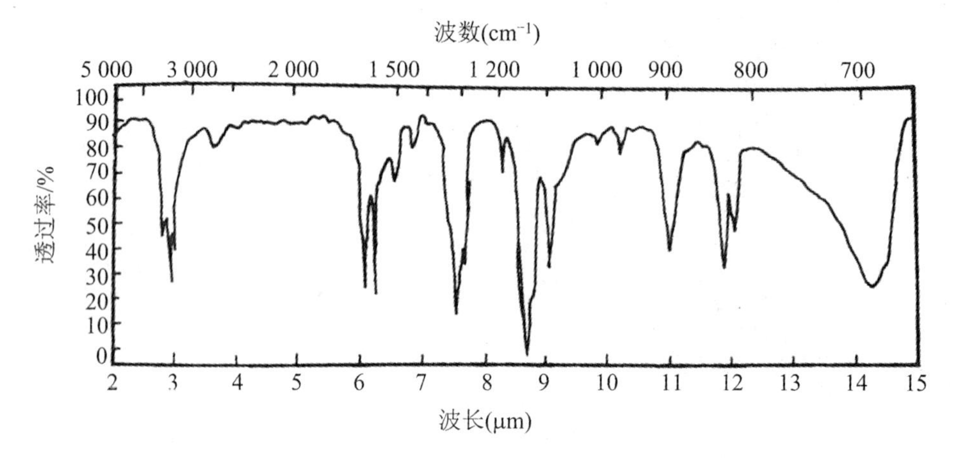

图 2.14.8　对氨基苯磺酰胺的红外谱图

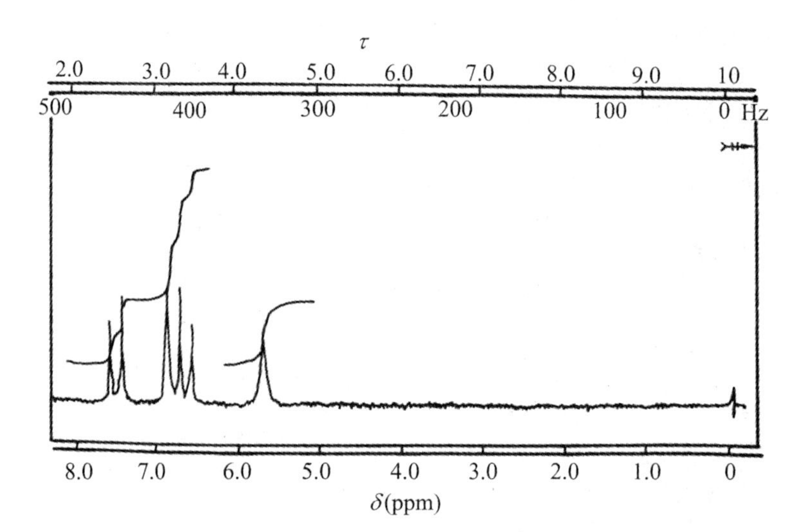

图 2.14.9　对氨基苯磺酰胺的核磁共振氢谱谱图

第3章　微型合成实验

3.1　环己烯的微量合成

3.1.1　背景知识

在化学工业上，烯烃一般通过烷烃的裂解和催化脱氢制得，因此可以通过石油和天然气的裂解大量得到烷烃。而在实验室中，烯烃主要采用醇脱水的方式获得，脱水剂常用硫酸或磷酸。例如乙醇可以在 350～400 ℃高温下通过 Al_2O_3 或 5A 分子筛催化脱水制取乙烯，其他系统也可用对应结构的醇进行类似的反应制备。

醇脱水反应的区域选择性是按照扎依采夫规则进行的，具体的消除反应机理如下图所示。采用酸性脱水剂进行消除反应时，伯醇一般按照 E_2 机理进行，叔醇一般按照 E_1 机理进行，仲醇既可以按照 E_2 机理，也可以按照 E_1 机理进行脱水反应，如果按照 E_1 机理进行消除反应，由于形成的碳正离子中间体易于发生重排，可能会有重排产物产生。而用 Al_2O_3 作为催化剂，由于反应过程中没有碳正离子中间体形成，得不到重排产物。

$$-\underset{H}{\overset{|}{C}}-\underset{OH}{\overset{|}{C}}- \xrightarrow{H^{\oplus}} -\underset{H}{\overset{|}{C}}-\underset{OH_2^{\oplus}}{\overset{|}{C}}- \begin{cases} \xrightarrow{E_2} \;\rangle C=C\langle \;+\; H_2O \;+\; HB \\ \xrightarrow{E_1} \; -\underset{H}{\overset{|}{C}}-\overset{|}{\underset{\oplus}{C}}- \longrightarrow \;\rangle C=C\langle \;+\; HB \end{cases}$$

3.1.2　反应式

反应式如下：

$$\text{C}_6\text{H}_{11}\text{OH} \xrightarrow[\triangle]{85\%\ H_3PO_4} \text{C}_6\text{H}_{10} + H_2O$$

3.1.3 主要试剂及产物的物理常数

表 3.1.1 给出了主要试剂及产物的物理常数。

表 3.1.1 主要试剂及产物的物理常数

化合物	MW	m. p. (℃)	b. p. (℃)	d	n_D^{20}
环己醇 (Cyclohexanol)	100.158	25.93	161.84	0.962 4	1.464 1
磷酸 (Phosphate)	97.994	42	261	1.874	
氯化钠 (Sodium Chloride)	58.44	801	1 465		
氯化钙 (Calcium Chloride)	111	782	1 600		
环己烯 (Cyclohexene)	82.14	−104	83	0.81	1.446 5

3.1.4 实验步骤

仪器与耗材：圆底烧瓶、微型分馏头、温度计及套管、直形冷凝管、烧杯、离心试管、微型磁子、磁力加热搅拌器、分析天平、铁夹、橡胶烧瓶托、药勺、滴管、进出水管。

涉及的基本实验操作：微量称量、微型加热回流、微型蒸馏等。

在置有微型磁子的 5 mL 圆底烧瓶中称取 500 mg 环己醇和 1 滴 85%的磷酸，然后将盛有反应液的烧瓶用铁夹固定在磁力加热搅拌器中，上端磨口处放置连有直形冷凝管和温度计套管的微型分馏头。依次打开冷却水和磁力搅拌器的加热和转速开关，设置温度并调节转速，控制加热速度使温度计读数不超过 73 ℃。当圆底烧瓶内残液变黑、出现白雾、温度计读数开始下降后，停止分馏。

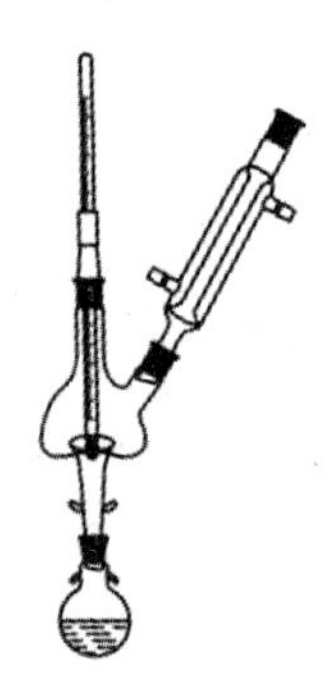

图 3.1.1 微型加热回流装置图

* 因环己醇黏度较大，用量筒量取误差较大，应直接使用圆底烧瓶称量。

* 合成实验中使用搅拌装置不但可以较好地控制反应温度，同时也能缩短反应时间和提高产率。常用的搅拌装置有电动搅拌和磁力搅拌。电动搅拌具有搅拌平稳、搅拌效果好等特点。当反应物料较少，不需要太高温度的情况下，磁力搅拌可替代电动搅拌，且具有反应体系易于密封、使用方便等特点。磁子是一个外表包裹着聚四氟乙烯，且外形为橄榄状的软铁棒。使用时应沿烧瓶壁小心地将磁子滑入瓶底，不可直接丢入，以免造成容器底部破裂。搅拌时，应小心旋转旋钮，依挡位顺序缓慢调节转速，使搅拌均匀平稳进行。如调速过急或物料过于黏稠，会使得磁子跳动而撞击瓶壁，此时应立即将调速旋钮归零，待磁子静止后再重新缓慢调高转速。

用滴管将馏出液转移至小离心试管内，用滴管吸出水层。试管内的剩余有机层再用等体积的饱和氯化钠溶液洗涤一次后，加入几粒无水氯化钙干燥 30 min，待清澈透明后，将反应物转移至另一个干燥的 5 mL 圆底烧瓶中，放入微型磁子，装上微型蒸馏头、冷凝管、温度计，蒸馏收集 82～85 ℃的馏分，产量约 100 mg。

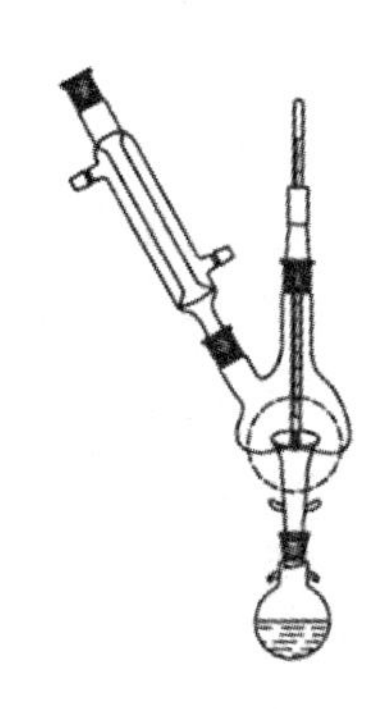

图 3.1.2　微型蒸馏装置图

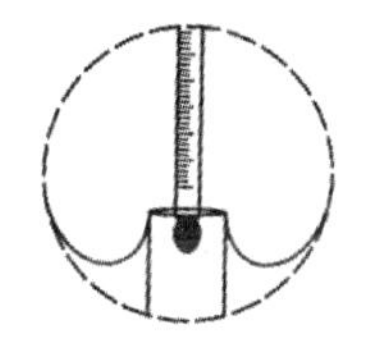

图 3.1.3　温度计位置图

* 磁力搅拌器的加热部分靠电热套加热，属于一种简易的空气浴加热，一般能从室温加热到 200 ℃。安装电热套时，要使反应瓶外壁与电热套内壁保持 1～2 cm 左右的距离，以便利用热空气传热和防止局部过热。

* β-消除反应常常需要加热进行，因此需要搭回流装置，可选用加热套加热、油浴或沙浴等方式。搭装置的顺序依照“从下至上”的顺序，拆除装置的顺序则刚好相反，即“从上至下”(图 3.1.1)。

* 沙浴加热的温度较宽，可达到 350 ℃以上，一般将沙装在铝制或不锈钢盘中，将反应容器埋在沙子中进行加热，用温度计控制沙浴的温度，温度计水银球应紧靠容器。沙浴的缺点是由于传热较差而导致的沙浴温度不均匀。

* 微型液体的蒸馏用如图 3.1.2 所示的微型蒸馏装置，如果装置用来蒸馏沸点高于 140 ℃的物质，微型蒸馏头左侧支口的直形冷凝管应替换为空气冷凝管。微型蒸馏头中温度计应该固定于温度计套管中，温度计水银球的上端应与收集阱的上边沿齐平，如图 3.1.3 所示。

3.2　7,7-二氯双环[4.1.0]庚烷的微量合成

3.2.1　背景知识

碳烯,又称卡宾,是一种二价碳的活性中间体,其通式为 R_2C:,最简单的卡宾为 H_2C:。卡宾碳核外是 6 电子结构,缺电子,比较活泼,不稳定,存在的时间很短,一般是在化学反应过程中产生的,然后立即进行下一步反应,它可以与不饱和键发生亲电加成反应。

二氯卡宾可以通过氯仿和叔丁醇钾作用,发生 α-消除反应制得。而利用氯仿在叔丁醇钾存在下,先形成活泼的卡宾中间体,然后原位立即与环己烯发生反应,可以制备 7,7-二氯双环[4.1.0]庚烷(7,7-dichlorobicyclo[4.1.0]heptane),该反应需要在强碱和绝对无水的条件下进行。

$$CHCl_3 + (CH_3)_3C\overset{\ominus}{O}\overset{\oplus}{K} \rightleftharpoons :\overset{\ominus}{C}Cl_3 + (CH_3)_3COH + K^{\oplus}$$

$$:\overset{\ominus}{C}Cl_3 \longrightarrow :CCl_2$$

3.2.2　反应式

反应式如下:

$$\text{环己烯} + CHCl_3 \xrightarrow[\overset{+}{Et_4}\overset{-}{NBr}]{NaOH} \text{7,7-二氯双环[4.1.0]庚烷}$$

3.2.3　主要试剂及产物的物理常数

表 3.2.1 给出了主要试剂及产物的物理常数。

表 3.2.1　主要试剂及产物的物理常数

化合物	MW	m.p.(℃)	b.p.(℃)	d	n_D^{20}
环己烯 (Cyclohexene)	82.14	−104	83	0.81	1.446 5
氯仿 (Trichloromethane)	119.39	−63.5	61.3	1.50	
三乙胺 (Triethylamine)	101.19	−114.8	89.5	0.728	1.401 0

续表

化合物	MW	m. p. (℃)	b. p. (℃)	d	n_D^{20}
溴乙烷 (Bromoethane)	108.97	−119	38.4	1.45	
氢氧化钠 (Sodium Hydroxide)	39.996	318.4	1 390	2.130	
石油醚 (Petroleum Ether)		60～90		0.64	
盐酸 (Hydrochloric Acid)	36.5	−27.32	110	1.18	
硫酸镁 (Magnesium Sulphate)	120.37	1124			
7,7-二氯双环[4.1.0]庚烷 (7,7-Dichlorobicyclo[4.1.0]Heptane)	165.06		208.2	1.25	1.519

3.2.4　实验步骤

仪器与耗材：二口圆底烧瓶、移液枪、微型蒸馏头、直形冷凝管、温度计及套管、温度计套管、烧杯、离心试管、毛细管、微型磁子、进出水管、磁力加热搅拌器、分析天平、铁夹、橡胶烧瓶托、药勺、称量纸。

涉及的基本实验操作：微型加热回流、微型常压和减压蒸馏等。

将置有微型磁子的 10 mL 二口圆底烧瓶放置在橡胶烧瓶托上，依次加入 0.5 mL 新蒸环己烯、20 mg 溴化四乙基铵和 1.2 mL 氯仿。手动摇匀后，将盛有反应液的烧瓶用铁夹固定在磁力加热搅拌器中，烧瓶左侧支口插温度计套管，直口安装带有进出水管的直形冷凝管。先打开冷却水和磁力搅拌器的转速开关，从冷凝管上口将 800 mg 氢氧化钠的水溶液（0.8 mL）分两次加入反应瓶中。然后再打开搅拌器的加热开关，设置温度，控制加热速度使温度计读数在 50～55 ℃之间，反应液逐渐变为橙黄色，并有氯化钠形成。加热搅拌反应 60 min 后冷却反应液，加入 2 mL 冰水溶解生成的氯化钠，然后用滴管吸出水层，并将水层转移至小离心试管内，用 1 mL 石油醚萃取，合并有机层。

合并后的有机层依次用 0.6 mL 2 mol/L 的盐酸、等体积的冰水洗涤后，加入几粒无水硫酸镁干燥 30 min。将反应物用滴管吸出转移至另一个干燥的 5 mL 圆底烧

* 季铵盐的制备方法：将 13.8 mL 三乙胺和 8.3 mL 溴乙烷置于磨口三角烧瓶中充分混合后，瓶口贴上封口膜，静置一周，待固体析出后，抽滤，用玻璃空心塞尽量压干滤渣，真空干燥后即得溴化四乙基铵，因其吸湿性较强，干燥后需放入干燥器内保存。

* 普通市售氯仿含有少量乙醇作为稳定剂（避免氯仿分解产生光气），使用前需先用等体积的水洗涤氯仿 2～3 次，然后用无水氯化钙干燥、蒸馏后方可使用。

* 电动搅拌具有搅拌平稳和效果好等特点。在反应物料较少、不需要太高温度的情况下，磁力搅拌可替代电动搅拌，且具有反应体系易于密封、使用方便等特点。磁子是一个外表包裹着聚四氟乙烯，且外形为橄榄状的软铁棒。使用时应沿烧瓶壁小心地将磁子滑入瓶底，不可直接丢入，以免造成容器底部破裂。搅拌时，应小心旋转旋钮，依挡位顺序缓慢调节转速，使搅拌均匀平稳进行。

如调速过急或物料过于黏稠，会使得磁子跳动而撞击瓶壁，此时应立即将调速旋钮归零，待磁子静止后再重新缓慢调高转速。

* 磁力搅拌器的加热部分靠电热套加热，属于一种简易的空气浴加热，一般能从室温加热到 200 ℃。安装电热套时，要使反应瓶外壁与电热套内壁保持 1～2 cm 左右的距离，以便利用热空气传热和防止局部过热。

* α-消除反应形成卡宾的过程常常需要加热进行，因此需要搭回流装置，可选用加热套加热、油浴或沙浴等方式。搭装置的顺序依照"从下至上"的顺序，拆除装置的顺序则刚好相反，即"从上至下"的顺序(图 3.2.1)。

* 沙浴加热的温度较宽，可达到 350 ℃以上，一般将沙装在铝制或不锈钢盘中，将反应容器埋在沙子中进行加热，用温度计控制沙浴的温度，温度计水银球应紧靠容器。沙浴的缺点是由于传热较差而导致的沙浴温度不均匀。

* 微型液体的蒸馏用如图 3.2.2 所示的微型蒸馏装置，如果装置用来蒸馏沸点高于 140 ℃的物质，微型蒸馏头左侧支口的直形冷凝管应替换为空气冷凝管。微型蒸馏头中的温度计应该固定于温度计套管中，温度计水银球的上端应与收集阱的上边沿齐平，如图 3.2.3 所示。

瓶中，放入微型磁子，装上微型蒸馏头、冷凝管、温度计，蒸馏收集氯仿和石油醚。最后减压蒸馏收集 79～80 ℃/15 mmHg 的馏分，产量约 100 mg。

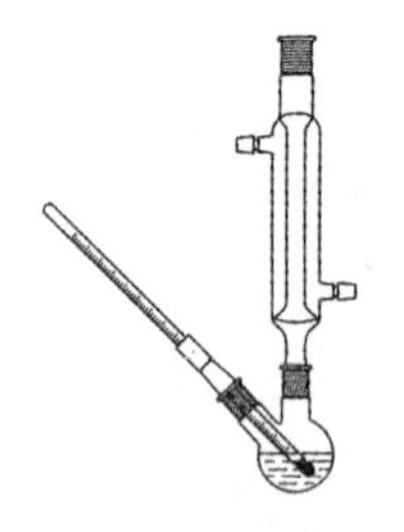

图 3.2.1　微型加热回流装置图

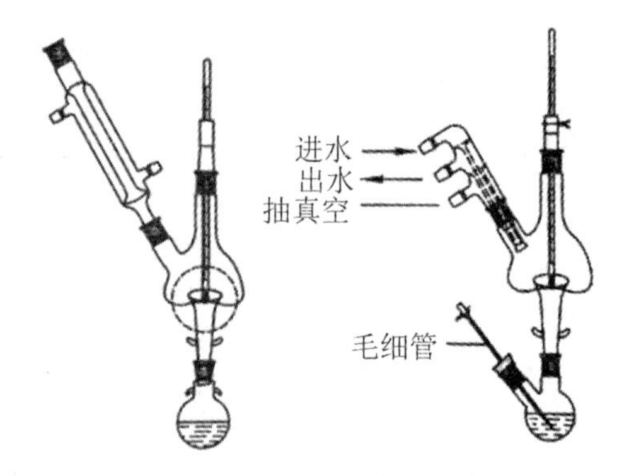

图 3.2.2　微型蒸馏装置图

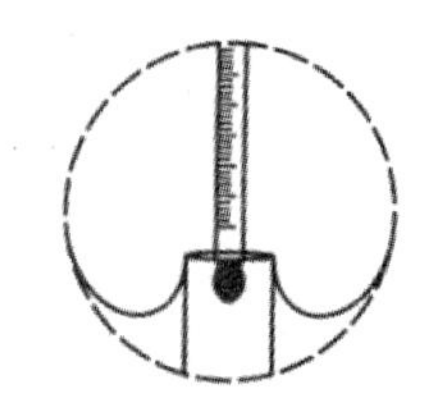

图3.2.3　温度计位置图

3.3　丁酸正丁酯的半微量合成

3.3.1　背景知识

酸和醇的失水产物成为酯，酯化反应是一个可逆反应，通常在酸催化作用下使酸与醇反应生成酯和水。醇和无机酸失水形成无机酸酯；醇和有机酸失水形成有机酸酯。常用的酸催化剂包括浓硫酸、干燥的氯化氢、有机强酸、固体超强酸、杂多酸、阳离子交换树脂等。如果参与反应的酸本身就具有足够的酸性，例如甲酸、草酸等，则酯化反应可以不另外加催化剂。酯化反应的机理如下所示：

$$R-\overset{\overset{\large\cdot\cdot}{O}}{\overset{\|}{C}}-OH + H^{\oplus} \rightleftharpoons \left[R-\overset{\overset{\oplus}{OH}}{\overset{\|}{C}}-OH \longleftrightarrow R-\overset{OH}{\overset{|}{C}}{=}\overset{\oplus}{OH} \right] \xrightleftharpoons{\text{亲核加成}}$$

$$HOR'$$

$$R-\underset{\underset{\oplus}{HOR'}}{\underset{|}{\overset{\overset{OH}{|}}{C}}}-OH \rightleftharpoons R-\underset{\underset{OR'}{|}}{\overset{\overset{OH}{|}}{C}}-\overset{\oplus}{OH_2} \xrightleftharpoons{-H_2O} R-\overset{\overset{\overset{\oplus}{OH}}{\|}}{C}-OR' \rightleftharpoons$$

$$R-\overset{\overset{O}{\|}}{C}-OR' + H^{\oplus}$$

当酯化反应达到平衡时，通常只有 65％左右的酸和醇生成酯化。为了使反应有利于酯的生成，可以从反应物中不断移去产物酯或水，可以使用过量的酸或醇。在有机合成中，为了提高产物的收率，常采用酰卤或酸酐替代酸与醇发生反应，酰氯由于处理起来比较麻烦，一般常用酸酐与醇发生反应制备酯。

3.3.2　反应式

反应式如下：

$$CH_3CO_2H + n\text{-}C_4H_9OH \rightleftharpoons CH_3COOC_4H_9\text{-}n + H_2O$$

3.3.3　主要试剂及产物的物理常数

表 3.3.1 给出了主要试剂及产物的物理常数。

表 3.3.1　主要试剂及产物的物理常数

化合物	MW	m. p.(℃)	b. p.(℃)	d	n_D^{20}
乙酸 (Acetic Acid)	60.05	16.6	117.9	1.050	
正丁醇 (Butyl Alcohol)	74.12	−88.9	117.25	0.809 8	1.399 3
浓硫酸 (*Conc.* Sulfuric Acid)	98.078	10.371	337	1.84	
碳酸钠 (Sodium Carbonate)	105.99	851	1 600		
无水硫酸镁 (Magnesium Sulphate)	120.368 7	1124			

3.3.4　实验步骤

仪器与耗材：单口圆底烧瓶、量筒、微型分馏头、直形冷凝管、橡胶塞、分液漏斗、烧杯、磨口三角烧瓶、微型磁子、注射器、长针头、磁力加热搅拌器、电子天平、铁夹、橡胶烧瓶托、滴管、称量纸、标签纸、滤纸、进出水管。

涉及的基本实验操作：微型加热回流、微型蒸馏等。

将置有一只微型磁子的 5 mL 圆底烧瓶放置在橡胶烧瓶托上，依次加入 1.68 mL 乙酸、2.76 mL 正丁醇和 1 滴浓硫酸。手动摇匀后，将盛有反应液的烧瓶用铁夹固定在磁力加热搅拌器中，上端磨口处放置微型分馏头作为分水器，并在收集阱中加入适量的水，水面略低于收集阱上边沿。依次打开冷却水和磁力搅拌器的加热和转速开关，设置温度并调节转速，将反应液加热回流。待冷凝管回流下来的液滴不含水珠(加热回流 30 min 左右)后，停止反应，冷却。

将反应液和微型蒸馏头中的液体一并转移至小分液漏斗中，分出水层。剩余有机层再依次用等体积的水、10%的碳酸钠溶液和水洗涤，然后转入干燥的磨口三角烧瓶中，用无水硫酸镁干燥 30 min，待清澈透明后，将反应物转移至另一只干燥的 5 mL 圆底烧瓶中，放入微型磁子，装

* 合成实验中使用搅拌装置不但可以较好地控制反应温度，同时也能缩短反应时间和提高产率。常用的搅拌装置有电动搅拌和磁力搅拌。电动搅拌具有搅拌平稳，搅拌效果好等特点。在反应物料较少、不需要太高温度的情况下，磁力搅拌可替代电动搅拌，且具有反应体系易于密封、使用方便等特点。磁子是一个外表包裹着聚四氟乙烯，且外形为橄榄状的软铁棒。使用时应沿烧瓶壁小心将磁子滑入瓶底，不可直接丢入，以免造成容器底部破裂。搅拌时，应小心旋转旋钮，依挡位顺序缓慢调节转速，使搅拌均匀平稳进行。如调速过急或物料过于黏稠，会使得磁子跳动而撞击瓶壁，此时应立即将调速旋钮归零，待磁子静止后再重新缓慢调高转速。

上微型蒸馏头、冷凝管、温度计，蒸馏收集 124～126 ℃的馏分。产量约 2.3 g。

图 3.3.1 微型加热回流装置图

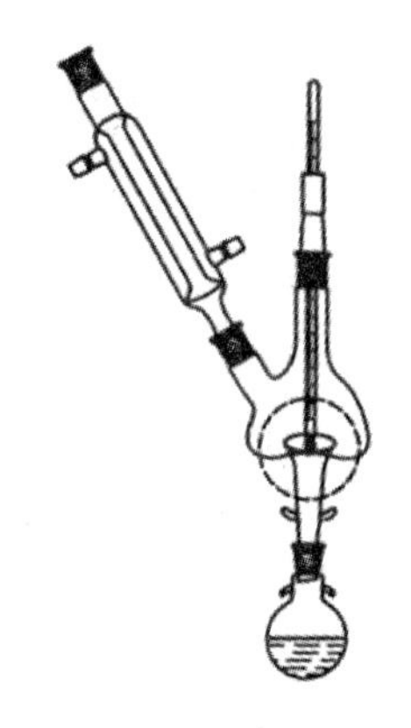

图 3.3.2 微型蒸馏装置图

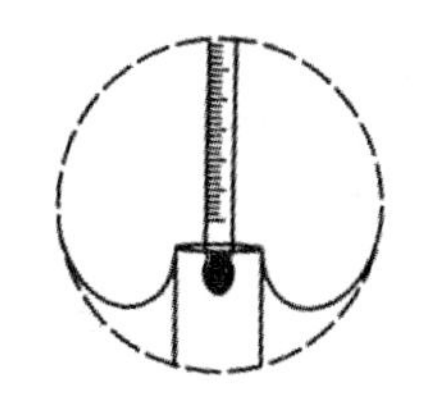

图 3.3.3 温度计位置图

* 磁力搅拌器的加热部分靠电热套加热，属于一种简易的空气浴加热，一般能从室温加热到 200 ℃。安装电热套时，要使反应瓶外壁与电热套内壁保持 1～2 cm 的距离，以便利用热空气传热和防止局部过热。

* 搭微型加热回流装置的顺序依照"从下到上"的顺序，拆除装置的顺序则刚好相反，即"从上到下"的顺序(图 3.3.1)。加热装置可选用加热套加热、油浴或沙浴等方式。

* 沙浴加热的温度较宽，可达到 350 ℃以上，一般将沙装在铝制或不锈钢盘中，将反应容器埋在沙子中进行加热，用温度计控制沙浴的温度，温度计水银球应紧靠容器。沙浴的缺点是由于传热较差而导致的沙浴温度不均匀。

* 在回流过程中，若微型蒸馏头收集阱中的水溢流返回圆底烧瓶中，可通过蒸馏头左侧支口的橡皮塞用注射器抽出部分水，保持收集阱内水流不溢流回圆底烧瓶中。

* 微型液体的蒸馏用如图 3.3.2 所示的微型蒸馏装置，如果装置用来蒸馏沸点高于 140 ℃的物质，微型蒸馏头左侧支口的直形冷凝管应替换为空气冷凝管。微型蒸馏头中的温度计应该固定于温度计套管中，温度计水银球的上端应与收集阱的上边沿齐平，如图 3.3.3 所示。

* 无水氯化钙能与酯形成配合物，不适用于产物的干燥，应选用中性干燥剂无水硫酸镁。

3.4　乙酰苯胺的微量合成

3.4.1　背景知识

酰胺可以用羧酸及其衍生物(酰氯、酸酐或酯)同浓氨水、碳酸铵或伯(仲)胺等作用制得。羧酸与氨或胺可以形成铵盐,这是一个平衡反应,低温有利于铵盐的形成,加热铵盐分解成羧酸和氨或胺。若在反应过程中不断将水蒸出,反应向产物方向移动,容易以较高的产率制备酰胺。

$$R-\overset{O}{\overset{\|}{C}}-OH \underset{}{\overset{NH_3}{\rightleftharpoons}} R-\overset{O}{\overset{\|}{C}}-O^{\ominus}\ \overset{\oplus}{N}H_4 \xrightarrow[100℃]{-H_2O} R-\overset{O}{\overset{\|}{C}}-NH_2$$

$$R-\overset{O}{\overset{\|}{C}}-OH \underset{}{\overset{R'NH_2}{\rightleftharpoons}} R-\overset{O}{\overset{\|}{C}}-O^{\ominus}\ \overset{\oplus}{N}H_3R \xrightarrow[180\sim190℃]{-H_2O} R-\overset{O}{\overset{\|}{C}}-NHR$$

$$R-\overset{O}{\overset{\|}{C}}-OH + \ddot{N}H_3 \overset{亲核加成}{\rightleftharpoons} R-\underset{\underset{\oplus}{NH_3}}{\overset{O^{\ominus}}{C}}-OH \overset{质子转移}{\rightleftharpoons} R-\underset{NH_2}{\overset{OH}{C}}-\overset{\oplus}{O}H_2 \overset{-H_2O}{\rightleftharpoons} R-\overset{O}{\overset{\|}{C}}-NH_2$$

在有机合成中一般通过羧酸的衍生物制备酰胺比较多。

$$R-\overset{O}{\overset{\|}{C}}-OH \xrightarrow{SOCl_2} R-\overset{O}{\overset{\|}{C}}-Cl \xrightarrow{R'NH_2} R-\overset{O}{\overset{\|}{C}}-NHR$$

$$R-\overset{O}{\overset{\|}{C}}-OH \xrightarrow{P_2O_5} R-\overset{O}{\overset{\|}{C}}-O-\overset{O}{\overset{\|}{C}}-R \xrightarrow{R'NH_2} R-\overset{O}{\overset{\|}{C}}-NHR$$

芳香族的酰胺通常用伯或仲芳香胺与酸酐或羧酸发生化学反应来制备。例如,乙酰苯胺(Acetanilide)常用苯胺与乙酸共热来制备,此反应式为可逆反应,在实际反应过程中,一般加入过量的乙酸,同时用分馏柱把反应中生成的含少量乙酸的水蒸除,以提高乙酰苯胺的产率。

3.4.3　反应式

反应式如下:

$$C_6H_5-NH_2 + CH_3CO_2H \rightleftharpoons C_6H_5-NHCOCH_3 + H_2O$$

3.4.3　主要试剂及产物的物理常数

表3.4.1给出了主要试剂及产物的物理常数。

表3.4.1　主要试剂及产物的物理常数

化合物	MW	m.p.(℃)	b.p.(℃)	d	n_D^{20}
乙酸 (Acetic Acid)	60.05	16.6	117.9	1.050	
苯胺 (Aniline)	93.128	−6.2	184.4	1.02	1.586 3
锌粉 (Zinc Powder)	65.39				
乙酰苯胺 (Acetanilide)	135.17	114.3	305	1.219 0	

3.4.4　实验步骤

仪器与耗材：单口圆底烧瓶、移液枪、直形冷凝管、温度计及套管、烧杯、布氏漏斗、磨口三角烧瓶、微型磁子、磁力加热搅拌器、分析天平、铁夹、酒精灯、石棉网、橡胶烧瓶托、药勺、称量纸、标签纸、进出水管。

涉及的基本实验操作：微型加热回流、重结晶、微型抽滤等。

将置有一微型磁子的5 mL圆底烧瓶放置在橡胶烧瓶托上，依次加入0.13 mL新蒸苯胺、0.19 mL乙酸和3 g锌粉。手动摇匀后，将盛有反应液的烧瓶用铁夹固定在磁力加热搅拌器中，上端磨口处放置连有直形冷凝管和温度计套管的微型分馏头。依次打开冷却水和磁力搅拌器的加热和转速开关，设置温度并调节转速，将反应液加热至沸腾，使反应形成的产物之一——水。当其完全蒸出时，反应瓶内出现白雾、温度计读数开始下降，停止加热，冷却。

在不断搅拌下，将圆底烧瓶中的反应混合物趁热缓慢倒入盛有3 mL水的小烧杯中，冷却，待析出细粒状产物后，抽滤，滤渣用0.05 mL冷水洗涤即得粗产品。

粗乙酰苯胺无需干燥处理，直接将其转移至盛有4 mL水的烧杯中，再加热至沸腾，如有不溶物或油状物，再补加水至粗产品全部溶解。冷却，抽滤析出的乙酰苯胺晶体

* 合成实验中使用搅拌装置不但可以较好地控制反应温度，同时也能缩短反应时间和提高产率。常用的搅拌装置有电动搅拌和磁力搅拌。电动搅拌具有搅拌平稳、搅拌效果好等特点。在反应物料较少、不需要太高温度的情况下，磁力搅拌可替代电动搅拌，且具有反应体系易于密封，使用方便等特点。磁子是一个外表包裹着聚四氟乙烯，且外形为橄榄状的软铁棒。使用时应沿烧瓶壁小心将磁子滑入瓶底，不可直接丢入，以免造成容器底部破裂。搅拌时，应小心旋转旋钮，依挡位顺序缓慢调节转速，使搅拌均匀平稳进行。如调速过急或物料过于黏稠，会使得磁子跳动而撞击瓶壁，此时应立即将调速旋钮归零，待磁子静止后再重新缓慢调高转速。

(图 3.4.3),红外干燥后称重并测熔点。产量约 50 mg。

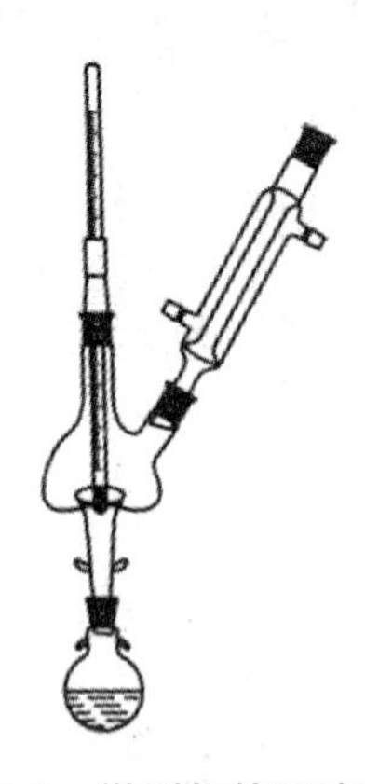

图 3.4.1　微型加热回流装置图

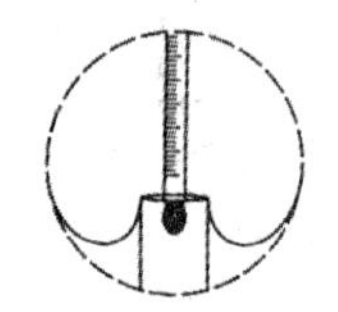

图 3.4.2　温度计位置图

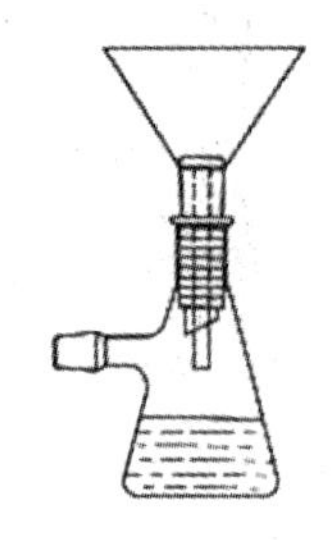

图 3.4.3　微型抽滤装置图

* 磁力搅拌器的加热部分靠电热套加热,属于一种简易的空气浴加热,一般能从室温加热到 200 ℃。安装电热套时,要使反应瓶外壁与电热套内壁保持 1～2 cm 左右的距离,以便利用热空气传热和防止局部过热。

* 搭微型加热回流装置的顺序依照"从下到上"的顺序,拆除装置的顺序则刚好相反,即"从上到下"的顺序(图 3.4.1 和图 3.4.2)。加热装置可选用加热套加热、油浴或沙浴等方式。

* 沙浴加热的温度较宽,可达到 350 ℃以上,一般将沙装在铝制或不锈钢盘中,将反应容器埋在沙子中进行加热,用温度计控制沙浴的温度,温度计水银球应紧靠容器。沙浴的缺点是由于传热较差而导致的沙浴温度不均匀。

* 微型蒸馏头中的温度计应该固定于温度计套管中,温度计水银球的上端应与收集阱的上边沿齐平,如图 3.4.2 所示。

* 微量制备乙酰苯胺时形成的水很少,在加热回流过程中微型分馏头的温度计读数基本很难达到 100 ℃,一般为 70～80 ℃。

第4章　设计性实验

有机化学设计性实验，是运用前期已具备的基础有机化学理论知识和实验操作基本技能，在现有实验条件下选择适合的实验仪器和药品，并自行设计具体的实验方案，主要用于解决有机合成中的实际问题。设计性实验研究课题要求突出设计理念，注重实验方案的可行性，允许实验失败和重复实验，不特别强调实验结果。实验研究课题选定后，学生们以2～3人为小组，共同讨论，查阅文献资料，在必要的情况下指导教师在文献检索方面对学生进行适当的引导，协助他们完成实验方案的设计，并同时列出实验仪器和药品清单。实验指导教师最后根据学生提交的实验设计方案内容进行评估，并组织学生进行可行性讨论，将提出相同或相近实验方案的同学编成相同的实验小组，不同小组之间采用不同的合成路线和实验手段，制备目标产物，并对实验结果进行探讨和比较。最后各实验小组以学术会议墙报要求的格式提交该项研究性实验的研究结果，并鼓励有兴趣的同学将实验心得和改进工作进行整理并发表。

4.1　2-氯烟酸的合成

4.1.1　背景知识

2-氯烟酸(2-Chloronicotinic Acid)是一种重要的医药和农药中间体，作为农用和医用中间体被用于制备非甾体抗炎症药物高效消炎镇痛药尼氟灭酸(Niflumicacid)、新型高效除草剂烟嘧磺隆(Nicosulfuron)、普拉洛芬(Pranoprofen)和HIV逆转录酶抑制剂奈韦拉平(Nevirapine)等，这些产品在国内外供不应求。

4.1.2　实验原理

文献报道的2-氯烟酸合成方法主要有：① 烯基胺或烯基醚与氰乙酸乙酯成环法：该方法具有原料毒性大且合成成本高等缺陷；② 氰乙酸乙酯氯化后，与丙烯醛经Michael加成、成环反应后水解：该方法步骤长、工艺复杂，且丙烯醛具有一定的毒性和刺激性；③ 以烟酸为起始原料，经*N*-氧化、氯化、水解三步法合成：该方法收率较低；④ 以3-氰基吡啶为起始原料，经*N*-氧化、氯化、水解三步法合成：该方法在钨酸钠催化作用下进行*N*-氧化，催化剂用量较大，单步收率80%；氯化步骤中氯化试剂三氯氧磷用量较大，反应大量放热，存在冲料的危险，单步收率仅65%。⑤ 对方法④进行的改进：依然以3-氰基吡啶为起始原料，改用乙酰丙酮酸钼作为*N*-氧化步骤的催化剂，单步收率从80%提高至95%，且降低了氧化剂H_2O_2

的用量，在随后的氯化步骤中，以苯磷酰二氯作为催化剂，在氯仿溶剂中使用三氯氧磷进行氧化中间体的氯代，反应比较温和，避免了剧烈的冲料现象。

4.1.3 实验要求

学习期刊文献和专利文献的查阅方法和文献获取途径，加强中英文文献的阅读，并查阅是否有 2-氯烟酸的最新合成方法报道。

按照文献已报道的 2-氯烟酸合成方法进行分组，各小组根据阅读的相关文献内容列出具体的实验操作步骤或自行设计的改进实验方案，经师生共同讨论最终确立实施方案后，再进行对比实验研究。

4.1.4 参考文献

[1] Ludwig S. Preparing of 2-Chloropyridine-3-carboxylic Acid Esters[P]. EP 372654,1990.

[2] Tony Y Z, Eric F, Scriven V. Processes for Producing 2-Halonicotonic Acid Derivatives and Precursors Thereto[P]. US 5493028,1994.

[3] Mayor J. Process of Preparing 2-Halogenonicotinic acids[P]. US,401451,1977.

[4] Adel S, Wallis B. Process for Pure White 2-Chloronicotinic Acid[P]. DE 2713316,1977.

[5] 张敏，王彰九，魏俊发，等. 2-氯烟酸及其衍生物的合成[J]. 精细化工中间体，2003,33(3):35.

[6] 张敏，魏俊发，王彰九. 2-氯烟酸的合成[J]. 中国医药工业杂志，2004,35(5):267.

4.2 复方止痛药片成分的分离与鉴定

4.2.1 背景知识

止痛药是指可部分或完全缓解疼痛的药物，有非甾体抗炎药和中枢性止痛药两类。常见止痛药有阿司匹林、去痛片、扑热息痛、保泰松、罗非昔布等。

4.2.2 实验原理

复方止痛药片(Analgesics)中通常含有非药物活性的淀粉等辅料成分和微量的药物活性有机小分子，参考柱色谱分离的原理和技术，设计分离和鉴定“复方阿司匹林”或“对乙酰氨基酚”药片中活性化学成分的实验。

微量活性成分的分离方法可以考虑采用：柱层析分析、薄层色谱层析分离(TLC 分离)、制备型高效液相色谱分离等。TLC 分离的方法如下：用 1∶1 的二氯甲烷和甲醇混合溶剂对药片进行溶解和萃取，提取出其中的活性有机物成分，先用标准样品确定提取物中各组分的 R_f 值后，再采用市售的层析板进行薄板层析分离。薄板层析分离过程中应选择吸附剂涂层比较厚的层析板，点样过程中还需要将待分离的提取混合物在层析板上均匀点呈条线状，展开剂可选用乙酸乙酯或其他混合有机溶剂，显色可用紫外灯或者碘蒸气熏蒸法。展开分离后，确定了各组分的位置后，分别将吸附于层析板上同一高度的有机物连同吸附剂一并刮下，然后用有机溶剂进行搅拌溶解，所得混合液进行过滤、旋蒸后即得药片中的活性单一有机物成分。

4.2.3　实验要求

分组或单人独立设计实验方案，并实施操作。然后进行分离所得活性化合物的波谱分析（UV-VIS、IR、NMR、MS、m. p.）和结构鉴定。

4.2.4　参考文献

[1]　米勒. 现代有机化学实验[M]. 上海：上海科学技术出版社，1987：418.

[2]　吴世辉，周景尧，林子森，等. 中级有机化学实验[M]. 北京：高等教育出版社，1986：150.

[3]　Schoffstall A M，Gaddis B A，Druelinger M L. Microscale and Miniscale Organic Chemistry Laboratory Experiments[M]. Boston：McGraw-Hill，2000.

[4]　Williamson K L. Macroscale and Microscale Organic Experiments[M]. 3rd edition. Boston：Houghton Mifflin Company，1999：511.

4.3　茉莉醛的合成

4.3.1　背景知识

茉莉醛（Pentyl Cinnamic Aldehyde）又名素馨醛或 α-戊基肉桂醛，是一种具有茉莉花香的合成香料，广泛应用于各类日化香精，调配茉莉、铃兰、紫丁香等，用作茉莉香型香精的重要成分，也用于紫丁香、风信子等的调和香料及皂用香料。同时它还是合成其他香料的重要原料之一。

4.3.2　实验原理

茉莉醛的合成比较简单，一般采用苯甲醛和庚醛反应制得。

$$\text{C}_6\text{H}_5\text{—CHO} + \text{C}_6\text{H}_{13}\text{CHO} \xrightarrow{\text{NaOH}} \text{C}_6\text{H}_5\text{—CH}=\text{C}(\text{C}_5\text{H}_{11})\text{—CHO}$$

4.3.3 实验要求

目前对茉莉醛合成研究的重点在于对催化剂、助催化剂、反应溶剂等反应条件的优化，旨在寻求产品纯度和收率更高的合成方法。按照文献已报道的茉莉醛合成方法进行分组，各小组根据阅读的相关文献内容列出具体的实验操作步骤或自行设计的改进实验方案，经师生共同讨论最终确立实施方案后，再进行对比实验研究。

4.3.4 参考文献

[1] Climent M J,Corma A,Guil-Lopez R,et al. Use of Meso-Porous MCM-41 Aluminosilicates as Catalyst in the Preparation of Fine Chemicals:A New Route for the Preparation of Jasminaldehyde with high Selectivity [J]. Catalysis, 1988 (175):70.

[2] 郑庚修,张彦重,王金洪. 茉莉醛的相转移催化合成工艺研究[J]. 化学工程师，1994(42):6.

[3] 李景宁,杨世柱. 紫馨醛的合成[J]. 华南师范大学学报,1996(2):61.

[4] 王宏青,夏黎明. KF/Al_2O_3催化下茉莉醛的合成[J]. 精细化工,1998(15):18.

[5] Climent M J,Corma A,Garica H, et al. Acid-Base Bifunctional Catalysts for the Preparation of Fine Chemicals:Synthesis of Jasminaldehyde[J]. Catalysis,2001 (197):385.

[6] 官士龙,周国辉. 茉莉醛(α-戊基肉桂醛)的合成及分离提纯工艺研究[J]. 江西化工,2005(2): 58.

4.4 苹果酯的合成

4.4.1 背景知识

苹果酯(Pentyl Cinnamic Aldehyde)的化学名称为 2-甲基-2-乙酸乙酯基-1,3-二氧环戊烷，是一种外观为无色透明液体、具有新鲜青苹果香味的日用香精原料。由于苹果酯具有香气透发、留香持久等特点而被广泛地用于洗涤剂、香波等日化用品中。苹果酯是一种低成本、高利润的产品，有着广泛的市场前景。

4.4.2 实验原理

传统的工业合成方法如方程式所示，在无机酸催化下由乙酰乙酸乙酯与乙二醇通过缩合反应制得，在该反应中，乙酰乙酸乙酯中的酮羰基先被质子化，提高了羰基碳原子上的亲电性，然后受到分子型亲核试剂乙二醇的进攻，最后发生分子内的亲核取代反应，得到目标产物苹果酯。

$$+ \text{HO}\quad\text{OH} \xrightarrow[-H_2O]{H^+}$$

4.4.3 实验要求

目前对苹果酯的合成研究重点在于对所使用催化剂的创新，旨在寻求产品纯度和收率更高的合成方法。文献报道的能够催化苹果酯合成的催化剂类型主要有无机物类、固体超强酸类、有机酸及其盐类、离子液体类、树脂类、杂多化合物及负载型杂多化合物类等。按照催化剂类型进行分组，各小组根据阅读的相关文献内容列出具体的催化剂制备、催化反应合成等实验的操作步骤或自行设计的改进实验方案，经师生共同讨论最终确立实施方案后，再进行实验研究。

4.4.1 参考文献

[1] 舒学军，桑晓燕，李发生，等. 香料苹果酯-A的合成研究[J]. 江西化工，2005(4)：106.

[2] 殷杰，白文华，刘万毅，等. 硅胶负载碘催化合成苹果酯-A[J]. 石油化工应用，2006，25(6)：18.

[3] 王青宁，张磊，方明锋，等. 苹果酯的合成工艺研究[J]. 日用化学工业，2008，38(6)：386.

[4] Wang Y Y, Wang R, Wu L C, et al. Preparation of fructone catalyzed by water-soluble Brønsted acid ionic liquids[J]. Chinese Chemical Letters, 2007(18)：24.

[5] 易封萍，张旋，潘仙华，等. 酸性功能化离子液体催化合成苹果酯及其同系物[J]. 化学试剂，2011，33(11)：1025.

4.5 内消旋环酸酐的合成

4.5.1 背景知识

内消旋环酸酐(*Meso*-Cyclic Anhydride)是很多手性药物全合成过程中的关键中间体，

例如 *cis*-1,3-二苄基咪唑啉-2*H*-呋喃并[3,4-*d*]咪唑-2,4,6-三酮是水溶性含硫 B 族维生素维生素 B_7 的重要合成中间体。维生素 B_7 又名维生素 H、(+)-生物素或辅酶 R,它在糖原异生和脂肪酸合成等关键生理过程中发挥特定的辅酶作用,同时在促进动物生长过程中也起着至关重要的作用。

4.5.2 实验原理

1,3-二苄基咪唑啉-2-酮-顺-4,5-二羧酸(二酸)是 1,3-二苄基咪唑啉-2*H*-呋喃并[3,4-*d*]咪唑-2,4,6-三酮(环状酸酐)的合成前体,使用一定量的脱水剂即可发生分子内脱水成环反应形成环状酸酐,反应式如下所示。

4.5.3 实验要求

二酸分子内脱水形成环状酸酐常用的脱水剂有乙酸酐、乙酰氯等,按照脱水剂的不同类型进行分组,各小组根据阅读的相关文献内容列出具体的实验操作步骤或自行设计的改进实验方案,经师生共同讨论最终确立实施方案后,再进行实验研究。

4.5.4 参考文献

[1] Dai H F, Chen W X, Zhao L, et al. Synthetic Studies on (+)-Biotin, Part 11: Application of Cinchona Alkaloid-Mediated Asymmetric Alcoholysis of *meso*-Cyclic Anhydride in the Total Synthesis of (+)-Biotin[J]. Adv. Synth. Catal., 2008,350:1635.

[2] Xiong F, Chen X X, Chen F E. An Improved Asymmetric Total Synthesis of (+)-Biotin via the Enantioselective Desymmetrization of a *meso*-Cyclic Anhydride Mediated by Cinchona Alkaloid-based Sulfonamide[J]. Tetrahedron: Asymmetry, 2010, 21: 665.

[3] Chen X X, Xiong F, Fu H, et al. Synthetic Studies on (+)-Biotin, Part 15: A Chiral Squaramide-Mediated Enantioselective Alcoholysis Approach toward the Total Synthesis of (+)-Biotin[J]. Chem. Pharm. Bull., 2011, 59(4): 488.

[4] Xiong F, Xiong F J, Chen W X, et al. Highly Enantioselective Methanolysis of *meso*-Cyclic Anhydride Mediated by Bifunctional Thiourea Cinchona Alkaloid Derivatives: Access to Asymmetric Total Synthesis of (+)-Biotin[J]. J. Heterocyclic Chem., 2013, 50: 1078.

附　　录

1. 常用化学元素相对原子质量

名称	符号	相对原子质量	名称	符号	相对原子质量
氢	H	1.007 94	铁	Fe	55.845
氦	He	4.002 602	钴	Co	58.933 20
锂	Li	6.941	镍	Ni	58.693 4
铍	Be	9.012 182	铜	Cu	63.546
硼	B	10.811	锌	Zn	65.39
碳	C	12.011	镓	Ga	69.732
氮	N	14.006 74	锗	Ge	72.61
氧	O	15.999 4	砷	As	74.921 59
氟	F	18.998 403 2	硒	Se	78.96
氖	Ne	20.179 7	溴	Br	79.904
钠	Na	22.989 768	氪	Kr	83.80
镁	Mg	24.305 0	银	Ag	107.868 2
铝	Al	26.981 539	镉	Cd	112.411
硅	Si	28.085 5	铟	In	114.818
磷	P	30.973 762	锡	Sn	118.710
硫	S	32.066	锑	Sb	121.760
氯	Cl	35.452 7	碲	Te	127.60
氩	Ar	39.948	碘	I	126.904 47
钾	K	39.098 3	氙	Xe	131.29
钙	Ca	40.078	铯	Cs	132.905 43
钪	Sc	44.955 910	钡	Ba	137.327
钛	Ti	47.867	铂	Pt	195.08
钒	V	50.941 5	金	Au	196.966 54
铬	Cr	51.996 1	汞	Hg	200.59
锰	Mn	54.938 05	铅	Pb	207.2

2. 常用化合物相关常数

化合物	相对分子质量	密度 d_4^{20}	重量百分浓度(%)	摩尔浓度(mol/L)
HCl	36.5	1.18	36	12
H_2SO_4	98.1	1.84	98	18
HNO_3	63.0	1.41	70	16
H_3PO_4	98.0	1.69	85	14.7
HCO_2H	46.0	1.20	90	23.7
CH_3CO_2H	60.0	1.05	99.7	17.5
$NH_3 \cdot H_2O$	35.0	0.91	25	15

3. 水的蒸气压力表

温度(℃)	蒸气压(kPa)	温度(℃)	蒸气压(kPa)	温度(℃)	蒸气压(kPa)	温度(℃)	蒸气压(kPa)	温度(℃)	蒸气压(kPa)
0	0.609	12	1.399	24	2.976	40	7.358	92	75.410
1	0.655	13	1.494	25	3.160	45	9.560	93	78.284
2	0.794	14	1.594	26	3.353	50	12.304	94	81.250
3	0.749	15	1.701	27	3.556	55	15.699	95	84.309
4	0.811	16	1.813	28	3.770	60	19.868	96	87.463
5	0.870	17	1.932	29	3.996	65	24.943	97	90.715
6	0.933	18	2.058	30	4.233	70	31.082	98	94.067
7	0.999	19	2.191	31	4.481	75	38.450	99	97.521
8	1.070	20	2.332	32	4.743	80	47.228	100	101.080
9	1.073	21	2.480	33	5.018	85	57.669		
10	1.225	22	2.637	34	5.306	90	69.926		
11	1.309	23	2.802	35	5.609	91	72.625		

4. 常用有机溶剂沸点和密度表

溶剂	沸点(℃)	密度 d_4^{20}	溶剂	沸点(℃)	密度 d_4^{20}
甲醇	64.96	0.791 4	四氯化碳	76.54	1.594 0
乙醇	78.50	0.789 3	苯	80.10	0.878 7
异丙醇	82.45	0.786 3	甲苯	110.60	0.866 9
乙醚	34.51	0.713 8	对二甲苯	138.37	0.861 1
丙酮	56.20	0.789 9	硝基苯	210.80	1.203 7
甲酸	100.80	1.220	氯苯	132.00	1.105 8
乙酸	117.90	1.049 2	二硫化碳	46.25	1.263 2
乙酸酐	139.80	1.080 0	乙腈	81.60	0.785 4
乙酸乙酯	77.06	0.900 3	DMSO	189.00	1.101 4
1,4-二氧六环	101.10	1.033 7	DMF	153.00	0.945 0
二氯甲烷	40.00	1.326 6	DMA	165.10	0.936 6
氯仿	61.70	1.483 2	MTBE	55.20	0.740 4
环己烷	80.70	0.780 0	THF	66.00	0.889 0

5. 压力换算表

压力换算表(1)

压力单位(kPa)	压力单位(mmHg)	压力单位(kPa)	压力单位(mmHg)	压力单位(kPa)	压力单位(mmHg)	压力单位(kPa)	压力单位(mmHg)
0.013	0.1	0.400	3.0	1.463	11.0	2.527	19.0
0.027	0.2	0.533	4.0	1.596	12.0	2.666	20.0
0.040	0.3	0.667	5.0	1.729	13.0	3.999	30.0
0.053	0.4	0.800	6.0	1.862	14.0	5.332	40.0
0.080	0.6	0.931	7.0	1.995	15.0	6.665	50.0
0.107	0.8	1.067	8.0	2.218	16.0	7.998	60.0
0.133	1.0	1.197	9.0	2.261	17.0	10.994	80.0
0.267	2.0	1.333	10.0	2.394	18.0	13.332	100.0

压力换算表(2)

牛顿/米² (N/m^2)	毫米水银柱 (mmHg)	千克/厘米² (kg/cm^2)	大气压 (atm)
1	$7.500\ 62\times10^{-2}$	$1.019\ 72\times10^{-5}$	$9.869\ 23\times10^{-6}$
$1.333\ 22\times10^{2}$	1	$1.359\ 51\times10^{-3}$	$1.315\ 79\times10^{-3}$
$9.806\ 65\times10^{4}$	$7.355\ 59\times10^{2}$	1	$9.678\ 41\times10^{-1}$
$1.013\ 25\times10^{5}$	760	1.033 23	1

6. 常用溶剂与水形成的二元共沸物表

溶剂	沸点(℃)	共沸点(℃)	含水量(%)	溶剂	沸点(℃)	共沸点(℃)	含水量(%)
氯仿	61.2	56.1	2.5	二硫化碳	46.3	44.0	2.0
四氯化碳	76.8	66.0	4.0	乙醚	34.5	2.666	20.0
二氯乙烷	83.7	72.0	19.5	甲酸	13.0	34.0	1.0
苯	80.4	69.2	8.8	异丁醇	108.4	89.9	88.2
二甲苯	137～40.5	92.0	37.5	丁醇	117.7	92.2	37.5
甲苯	110.5	85.0	20	丙醇	97.2	87.7	28.8
丙烯腈	78.0	70.0	13.0	异丙醇	82.4	80.4	12.1
乙腈	82.0	76.0	16.0	戊醇	138.3	95.4	44.7
乙酸乙酯	77.1	70.4	8.0	氯乙醇	129.0	97.8	59.0
吡啶	115.5	94.0	42	乙醇	78.3	78.1	4.4

7. 常用三元共沸物表

第一组分		第二组分		第三组分		沸点(℃)
名称	质量分数(%)	名称	质量分数(%)	名称	质量分数(%)	
水	7.80	乙醇	9.00	乙酸乙酯	83.20	70.3
水	4.30	乙醇	9.70	四氯化碳	86.00	61.8
水	7.40	乙醇	18.50	苯	74.1	64.9
水	7.00	乙醇	17.00	环已烷	76	62.1
水	3.50	乙醇	4.00	氯仿	92.50	55.5
水	7.50	异丙醇	18.70	苯	73.80	66.5
水	0.81	二硫化碳	75.21	丙酮	23.98	30.0

8. 常用试剂的配置

(1) 卢卡斯(Lucas)试剂

将 34 g 无水氯化锌在蒸发皿中强热熔融，稍冷后放在干燥器中冷至室温。取出捣碎，溶于 23 mL 浓盐酸中。配制时须加以搅动，并把容器放在冰水浴中冷却，以防氯化氢逸出。Lucas 试剂一般是现配现用。

(2) 托伦(Tollens)试剂

① 取 0.5 mL 10%的硝酸银溶液于试管里，滴加氨水，开始出现黑色沉淀，再继续滴加氨水，边滴边摇动试管，滴到沉淀刚好溶解为止，得澄清的硝酸银氨水溶液，即 Tollens 试剂。

② 取一支干净试管，加入 1 mL 5%的硝酸银，滴加 5%的氢氧化钠 2 滴，产生沉淀，然后滴加 5%的氨水，边摇边滴加，直到沉淀消失为止，此时即为 Tollens 试剂。

无论Ⅰ法或Ⅱ法，氨的量不宜多，否则会影响试剂的灵敏度。Ⅰ法配制的 Tollens 试剂较Ⅱ法的碱性弱，在进行糖类实验时，用Ⅰ法配制的试剂较好。

(3) 谢里瓦诺夫(Seliwanoff)试剂

将 0.05 g 间苯二酚溶于 50 mL 浓盐酸中，再用蒸馏水稀释至 100 mL。

(4) 希夫(Schiff)试剂

在 100 mL 热水中溶解 0.2 g 品红盐酸盐，放置冷却后，加入 2 g 亚硫酸氢钠和 2 mL 浓盐酸，再用蒸馏水稀释至 200 mL。或先配制 10 mL 二氧化硫的饱和水溶液，冷却后加入 0.2 g 品红盐酸盐，溶解后放置数小时使溶液变成无色或淡黄色，用蒸馏水稀释至 200 mL。

此外，也可将 0.5 g 品红盐酸盐溶于 100 mL 热水中，冷却后用二氧化硫气体饱和至粉红色消失，加入 0.5 g 活性炭，振荡过滤，再用蒸馏水稀释至 500 mL。

本试剂所用的品红是假洋红(Para-rosaniline 或 Para-Fuchsin)，此物与洋红(Rosaniline 或 Fuchsin)不同。希夫试剂应密封贮存在暗冷处，倘若受热或见光，或露置空气中过久，试剂中的二氧化硫易失，结果又显桃红色。遇此情况，应再通入二氧化硫，使颜色消失后使用。但应指出，试剂中过量的二氧化硫愈少，反应就愈灵敏。

(5) 0.1%茚三酮溶液

将 0.1 g 茚三酮溶于 124.9 mL 95%的乙醇中，需现配现用。

(6) 饱和亚硫酸氢钠

先配制 40%的亚硫酸氢钠水溶液，然后在每 100 mL 的 40%的亚硫酸氢钠水溶液中，加不含醛的无水乙醇 25 mL，溶液呈透明清亮状。

由于亚硫酸氢钠久置后易失去 SO_2 而变质，所以上述溶液也可按下法配制：将研细的碳酸钠晶体($Na_2CO_3 \cdot 10H_2O$)与水混合，使粉末上只覆盖一薄层水为宜，然后在混合物中通入 SO_2 气体，至碳酸钠近乎完全溶解，或将二氧化硫通入 1 份碳酸钠与 3 份水的混合液中，至碳酸钠全部溶解为止，配制好后密封放置，但不可放置太久，最好是现配现用。

(7) 饱和溴水

溶解 15 g 溴化钾于 100 mL 水中，加入 10 g 溴，振荡即成。

(8) 淀粉碘化钾试纸

取 3 g 可溶性淀粉，加入 25 mL 水，搅匀，倾入 225 mL 沸水中，再加入 1 g 碘化钾及 1 g

结晶硫酸钠，用水稀释到 500 mL，将滤纸片（条）浸渍，取出晾干，密封备用。

(9) 斐林(Fehling)试剂

Fehling 试剂由 Fehling 试剂 A 和 Fehling 试剂 B 组成，使用时将两者等体积混合，其配法分别是：

① Fehling 试剂 A：将 3.5 g 含有 5 个结晶水的硫酸铜溶于 100 mL 的水中即得淡蓝色的 Fehling 试剂 A。

② Fehling 试剂 B：将 17 g 含有 5 个结晶水的酒石酸钾钠溶于 20 mL 热水中，然后加入含有 5 g 氢氧化钠的水溶液 20 mL，稀释至 100 mL，即得无色清亮的斐林试剂 B。

(10) 碘溶液

① 将 20 g 碘化钾溶于 100 mL 蒸馏水中，然后加入 10 g 研细的碘粉，搅动使其全溶呈深红色溶液。

② 将 1 g 碘化钾溶于 100 mL 蒸馏水中，然后加入 0.5 g 碘，加热溶解即得红色清亮溶液。

9. 单人单组实验仪器配置列表

位置	编号	名称	规格	数量	备注
蓝色整理框：玻璃仪器	1	直形冷凝管		1	
	2	球形冷凝管		1	
	3	量筒	25 mL	1	
	4	培养皿		2	
	5	玻璃空心塞		2	
	6	温度计	0～200 ℃	1	
	7	玻璃棒		1	
	8	分液漏斗-顶塞		1	聚四氟塞
	9	单口圆底烧瓶	100 mL	1	
	10	单口茄形圆底烧瓶	50、100 mL	1+1	
	11	磨口三角烧瓶	100、250 mL	1+1	
	12	烧杯	250 mL	1	
	13	蒸馏头		1	
	14	真空尾接管		1	
	15	温度计套管		1	
	16	锥型标口夹		2	

续表

位置	编号	名称	规格	数量	备注
试剂架	1	布氏漏斗		1	1+2+3 集中放置于 4 内存放
	2	酒精灯		1	
	3	磁子+烧杯/50 mL	枣核、圆柱形	1+1	
	4	结晶皿		1	
	5	升降台		1	
	6	小抹布		1	
	7	迷你抽水泵+储水箱		1	
滴水架	1	分液漏斗		1	
	2	恒压滴液漏斗		1	
	3	三口烧瓶	500 mL	1	
	4	三角烧瓶刷		3	
抽屉：小型实验器材	1	不锈钢剪刀		1	
	2	镊子		1	
	3	铁夹+S 扣		3	
	4	铁圈		2	一大一小
	5	石棉网		1	
	6	透明硅胶进水+出水管		2	
	7	不锈钢刮刀		1	
	8	橡胶烧瓶托		1	
台面	1	磁力搅拌器		1	
	2	铁架台		2	
柜子	1	磁力加热搅拌器		1	
	2	水浴加热器		1	

实验预习报告

2.1 节实验预习报告

<table>
<tr><td>姓名</td><td colspan="2"></td><td>班级</td><td colspan="2"></td><td>成绩</td><td></td></tr>
<tr><td>实验地点</td><td colspan="2"></td><td>实验时间</td><td colspan="2"></td><td>指导老师签名</td><td></td></tr>
<tr><td>实验名称</td><td colspan="7"></td></tr>
<tr><td>实验目的
与要求</td><td colspan="7"></td></tr>
<tr><td>实验原理</td><td colspan="7"></td></tr>
<tr><td rowspan="5">主要试剂
及产物的
物理常数</td><td>名称</td><td>相对分子量</td><td>性状</td><td>折射率</td><td>相对密度</td><td>熔点</td><td>沸点</td></tr>
<tr><td></td><td></td><td></td><td></td><td></td><td></td><td></td></tr>
<tr><td></td><td></td><td></td><td></td><td></td><td></td><td></td></tr>
<tr><td></td><td></td><td></td><td></td><td></td><td></td><td></td></tr>
<tr><td></td><td></td><td></td><td></td><td></td><td></td><td></td></tr>
<tr><td rowspan="2">实验步骤
及现象</td><td colspan="4">实验步骤</td><td colspan="3">实验现象</td></tr>
<tr><td colspan="4"></td><td colspan="3"></td></tr>
</table>

数据处理		
思考题	(1) 浓磷酸在乙酰水杨酸的合成过程中，起什么作用？如果实验室没有浓磷酸，可以用什么替代？ (2) 乙酰水杨酸的合成反应过程中有哪些副产物？如何去除这些副产物？ (3) 重结晶操作中加入活性炭起什么作用？一般加入多少量？抽滤后所得滤渣应用什么洗涤？ (4) 提勒管测熔点，距熔点还有 10～15 ℃时，调整火焰使温度上升的速度为多少？ (5) 熔点管的内径一般为多少？样品在管内的高度控制在多少？测得某一化合物熔点为 121 ℃，对吗？	

2.2 节实验预习报告

<table>
<tr><td>姓名</td><td colspan="2"></td><td>班级</td><td colspan="2"></td><td>成绩</td><td></td></tr>
<tr><td>实验地点</td><td colspan="2"></td><td>实验时间</td><td colspan="2"></td><td>指导老师签名</td><td></td></tr>
<tr><td>实验名称</td><td colspan="7"></td></tr>
<tr><td>实验目的
与要求</td><td colspan="7"></td></tr>
<tr><td>实验原理</td><td colspan="7"></td></tr>
<tr><td rowspan="6">主要试剂
及产物的
物理常数</td><td>名称</td><td>相对分子量</td><td>性状</td><td>折射率</td><td>相对密度</td><td>熔点</td><td>沸点</td></tr>
<tr><td></td><td></td><td></td><td></td><td></td><td></td><td></td></tr>
<tr><td></td><td></td><td></td><td></td><td></td><td></td><td></td></tr>
<tr><td></td><td></td><td></td><td></td><td></td><td></td><td></td></tr>
<tr><td></td><td></td><td></td><td></td><td></td><td></td><td></td></tr>
<tr><td></td><td></td><td></td><td></td><td></td><td></td><td></td></tr>
<tr><td rowspan="2">实验步骤
及现象</td><td colspan="4">实验步骤</td><td colspan="3">实验现象</td></tr>
<tr><td colspan="4"></td><td colspan="3"></td></tr>
</table>

数据处理		
思考题	(1) 2-氯丁烷的合成过程中加热回流的速度应怎样控制？反应过程中有哪些副产物？ (2) 2-氯丁烷的合成反应过程中有哪些标志性的实验现象说明亲核取代反应发生了？ (3) 常压蒸馏时，温度计的正确位置是什么？如何根据被蒸馏物质的量来选用接收容器？ (4) 为什么不用蒸馏操作替代简单分馏操作纯化和收集终产物？蒸馏完毕拆除仪器应先取下什么？ (5) 干燥剂的用量一般是怎么确定的？	

2.3 节实验预习报告

<table>
<tr><td>姓名</td><td colspan="2"></td><td>班级</td><td colspan="2"></td><td>成绩</td><td></td></tr>
<tr><td>实验地点</td><td colspan="2"></td><td>实验时间</td><td colspan="2"></td><td>指导老师签名</td><td></td></tr>
<tr><td>实验名称</td><td colspan="7"></td></tr>
<tr><td>实验目的与要求</td><td colspan="7"></td></tr>
<tr><td>实验原理</td><td colspan="7"></td></tr>
<tr><td rowspan="4">主要试剂及产物的物理常数</td><td>名称</td><td>相对分子量</td><td>性状</td><td>折射率</td><td>相对密度</td><td>熔点</td><td>沸点</td></tr>
<tr><td></td><td></td><td></td><td></td><td></td><td></td><td></td></tr>
<tr><td></td><td></td><td></td><td></td><td></td><td></td><td></td></tr>
<tr><td></td><td></td><td></td><td></td><td></td><td></td><td></td></tr>
<tr><td rowspan="2">实验步骤及现象</td><td colspan="4">实验步骤</td><td colspan="3">实验现象</td></tr>
<tr><td colspan="4"></td><td colspan="3"></td></tr>
</table>

数据处理		
思考题	(1) 装柱过程中，若柱内留有气泡或各部分松紧不均匀，会有何影响？ (2) 某同学用硅胶做固定相吸附剂，采用柱层析分离生物碱，用下列哪一个化合物处理层析柱后，可以获得很好的分离效果？A. 乙醇；B. NEt_3；C. 稀 HCl	

2.4 节实验预习报告

<table>
<tr><td>姓名</td><td colspan="2"></td><td colspan="2">班级</td><td colspan="2"></td><td>成绩</td><td></td></tr>
<tr><td>实验地点</td><td colspan="2"></td><td colspan="2">实验时间</td><td colspan="2"></td><td>指导老师签名</td><td></td></tr>
<tr><td>实验名称</td><td colspan="9"></td></tr>
<tr><td>实验目的
与要求</td><td colspan="9"></td></tr>
<tr><td>实验原理</td><td colspan="9"></td></tr>
<tr><td rowspan="3">主要试剂
及产物的
物理常数</td><td>名称</td><td>相对分子量</td><td>性状</td><td colspan="2">折射率</td><td>相对密度</td><td>熔点</td><td colspan="2">沸点</td></tr>
<tr><td></td><td></td><td></td><td colspan="2"></td><td></td><td></td><td colspan="2"></td></tr>
<tr><td></td><td></td><td></td><td colspan="2"></td><td></td><td></td><td colspan="2"></td></tr>
<tr><td rowspan="2">实验步骤
及现象</td><td colspan="4">实验步骤</td><td colspan="5">实验现象</td></tr>
<tr><td colspan="4"></td><td colspan="5"></td></tr>
</table>

数据处理		
思考题	(1) 从茶叶中提取出的粗咖啡因有绿色光泽，为什么？ (2) 升华提纯咖啡因前，加入氧化钙起哪两个作用？ (3) 在用水蒸汽浴焙炒的过程中，如果焙炒氧化钙的时间不够，在后续加热升华的过程中有什么影响？ (4) 为什么采用升华的方法可以得到较纯的咖啡因？	

2.5 节实验预习报告

<table>
<tr><td>姓名</td><td colspan="2"></td><td>班级</td><td colspan="2"></td><td>成绩</td><td></td></tr>
<tr><td>实验地点</td><td colspan="2"></td><td>实验时间</td><td colspan="2"></td><td>指导老师签名</td><td></td></tr>
<tr><td>实验名称</td><td colspan="7"></td></tr>
<tr><td>实验目的
与要求</td><td colspan="7"></td></tr>
<tr><td>实验原理</td><td colspan="7"></td></tr>
<tr><td rowspan="6">主要试剂
及产物的
物理常数</td><td>名称</td><td>相对分子量</td><td>性状</td><td>折射率</td><td>相对密度</td><td>熔点</td><td>沸点</td></tr>
<tr><td></td><td></td><td></td><td></td><td></td><td></td><td></td></tr>
<tr><td></td><td></td><td></td><td></td><td></td><td></td><td></td></tr>
<tr><td></td><td></td><td></td><td></td><td></td><td></td><td></td></tr>
<tr><td></td><td></td><td></td><td></td><td></td><td></td><td></td></tr>
<tr><td></td><td></td><td></td><td></td><td></td><td></td><td></td></tr>
<tr><td rowspan="2">实验步骤
及现象</td><td colspan="4">实验步骤</td><td colspan="3">实验现象</td></tr>
<tr><td colspan="4"></td><td colspan="3"></td></tr>
</table>

数据处理		
思考题	(1) 在本实验中,具体是通过什么原理和措施来提高平衡反应产率的? (2) 在本实验中,在哪些具体的实验操作中可以运用化合物的物理常数分析现象和指导实验操作? (3) 用 12.2 g 苯甲酸、25 mL 95%的乙醇及 20 mL 苯采用油水分离器分水制备苯甲酸乙酯时,反应完成后,理论上应该分出多少毫升的水? (4) 在苯甲酸乙酯合成的过程中,某同学在最后蒸馏收集产物时,有部分白色固体在冷凝管和蒸馏瓶中被析出,该白色固体可能是什么?产生的原因是什么?	

2.6 节实验预习报告

<table>
<tr><td>姓名</td><td colspan="2"></td><td colspan="2">班级</td><td></td><td>成绩</td><td></td></tr>
<tr><td>实验地点</td><td colspan="2"></td><td colspan="2">实验时间</td><td></td><td>指导老师签名</td><td></td></tr>
<tr><td>实验名称</td><td colspan="8"></td></tr>
<tr><td>实验目的
与要求</td><td colspan="8"></td></tr>
<tr><td>实验原理</td><td colspan="8"></td></tr>
<tr><td rowspan="6">主要试剂
及产物的
物理常数</td><td>名称</td><td>相对分子量</td><td>性状</td><td>折射率</td><td>相对密度</td><td>熔点</td><td>沸点</td></tr>
<tr><td></td><td></td><td></td><td></td><td></td><td></td><td></td></tr>
<tr><td></td><td></td><td></td><td></td><td></td><td></td><td></td></tr>
<tr><td></td><td></td><td></td><td></td><td></td><td></td><td></td></tr>
<tr><td></td><td></td><td></td><td></td><td></td><td></td><td></td></tr>
<tr><td></td><td></td><td></td><td></td><td></td><td></td><td></td></tr>
<tr><td rowspan="2">实验步骤
及现象</td><td colspan="4">实验步骤</td><td colspan="3">实验现象</td></tr>
<tr><td colspan="4"></td><td colspan="3"></td></tr>
</table>

数据处理		
思考题	(1) 试比较 Cannizzaro 反应与羟醛缩合反应在醛的结构上有何不同。 (2) 本实验中两种产物是根据什么原理分离提纯的? (3) 用饱和亚硫酸氢钠和饱和碳酸氢钠溶液洗涤的目的分别是什么? (4) 乙醚萃取后的水溶液,用浓盐酸酸化至中性是否最恰当? 为什么? 不用试纸或试剂检验,如何判断酸化已恰当? (5) 对某一有机物进行重结晶时,最适合的溶剂应具备哪些性质? (6) 加热溶解重结晶产物时,为何先加入比计算量(根据溶解度计算)略少的溶剂? 然后逐渐添加至刚好溶解,最后再多加少量溶剂? (7) 在用活性炭进行溶液脱色处理时,为什么活性炭要在固体物质完全溶解后加入,而不能在溶液沸腾时加入? (8) 用水泵抽气过滤收集固体时,为什么在关闭水泵前,要先拆开水泵和吸滤瓶之间的连接? (9) 在布氏漏斗中用溶剂洗涤固体时应注意些什么?	

2.7 节实验预习报告

<table>
<tr><td>姓名</td><td></td><td colspan="2">班级</td><td></td><td colspan="2">成绩</td><td></td></tr>
<tr><td>实验地点</td><td></td><td colspan="2">实验时间</td><td></td><td colspan="2">指导老师签名</td><td></td></tr>
<tr><td>实验名称</td><td colspan="7"></td></tr>
<tr><td>实验目的
与要求</td><td colspan="7"></td></tr>
<tr><td>实验原理</td><td colspan="7"></td></tr>
<tr><td rowspan="8">主要试剂
及产物的
物理常数</td><td>名称</td><td>相对分子量</td><td>性状</td><td>折射率</td><td>相对密度</td><td>熔点</td><td>沸点</td></tr>
<tr><td></td><td></td><td></td><td></td><td></td><td></td><td></td></tr>
<tr><td></td><td></td><td></td><td></td><td></td><td></td><td></td></tr>
<tr><td></td><td></td><td></td><td></td><td></td><td></td><td></td></tr>
<tr><td></td><td></td><td></td><td></td><td></td><td></td><td></td></tr>
<tr><td></td><td></td><td></td><td></td><td></td><td></td><td></td></tr>
<tr><td></td><td></td><td></td><td></td><td></td><td></td><td></td></tr>
<tr><td></td><td></td><td></td><td></td><td></td><td></td><td></td></tr>
<tr><td rowspan="2">实验步骤
及现象</td><td colspan="4">实验步骤</td><td colspan="3">实验现象</td></tr>
<tr><td colspan="4"></td><td colspan="3"></td></tr>
</table>

数据处理		
思考题	(1) 加热回流反应装置中冷凝管上端为何需要安装氯化钙干燥管？干燥管后的尾气吸收液用什么溶液比较合适？ (2) 无水三氯化铝为何需要快速称量？ (3) 加热搅拌器为何需要放置在升降台上？ (4) 加热搅拌器的搅拌杆距离三口圆底烧瓶底部大概有多少距离？原因是什么？ (5) 分液漏斗使用过程中，为何需要勤放气？起什么作用？放气的频率该如何把握？ (6) 旋转蒸发仪蒸除甲苯的过程属于常压蒸馏还是减压蒸馏？理论上水浴加热锅设置的温度应该比甲苯的沸点高还是低？ (7) 除了常压蒸馏提纯对甲苯乙酮，还可以用什么操作纯化该产物？	

2.8 节实验预习报告

姓名		班级		成绩	
实验地点		实验时间		指导老师签名	
实验名称					
实验目的与要求					
实验原理					

主要试剂及产物的物理常数	名称	相对分子量	性状	折射率	相对密度	熔点	沸点

实验步骤及现象	实验步骤	实验现象

<table>
<tr><td></td><td></td><td></td></tr>
<tr><td>数据处理</td><td colspan="2"></td></tr>
<tr><td>思考题</td><td colspan="2">(1) 三口圆底烧瓶、球形冷凝管是否有必要提前洗涤并彻底烘干再使用?

(2) 如果冷却反应液无固体析出,可采用什么方法让其析出固体产物?

(3) 粗产物是否有必要待完全烘干后,再进行重结晶操作?

(4) 用乙醇作为重结晶溶剂与用水作为重结晶溶剂在实验装置上有何区别?

(5) 在重结晶过程中,如果第一次加入 10 mL 95%的乙醇,加热回流后固体完全消失,是否说明重结晶溶剂的用量刚好合适?</td></tr>
</table>

2.9 节实验预习报告

<table>
<tr><td>姓名</td><td colspan="2"></td><td colspan="2">班级</td><td></td><td colspan="2">成绩</td></tr>
<tr><td>实验地点</td><td colspan="2"></td><td colspan="2">实验时间</td><td></td><td colspan="2">指导老师签名</td></tr>
<tr><td>实验名称</td><td colspan="7"></td></tr>
<tr><td>实验目的
与要求</td><td colspan="7"></td></tr>
<tr><td>实验原理</td><td colspan="7"></td></tr>
<tr><td rowspan="7">主要试剂
及产物的
物理常数</td><td>名称</td><td>相对分子量</td><td>性状</td><td>折射率</td><td>相对密度</td><td>熔点</td><td>沸点</td></tr>
<tr><td></td><td></td><td></td><td></td><td></td><td></td><td></td></tr>
<tr><td></td><td></td><td></td><td></td><td></td><td></td><td></td></tr>
<tr><td></td><td></td><td></td><td></td><td></td><td></td><td></td></tr>
<tr><td></td><td></td><td></td><td></td><td></td><td></td><td></td></tr>
<tr><td></td><td></td><td></td><td></td><td></td><td></td><td></td></tr>
<tr><td></td><td></td><td></td><td></td><td></td><td></td><td></td></tr>
<tr><td rowspan="2">实验步骤
及现象</td><td colspan="3">实验步骤</td><td colspan="4">实验现象</td></tr>
<tr><td colspan="3"></td><td colspan="4"></td></tr>
</table>

数据处理		
思考题	(1) 在使用乙醚萃取的操作过程中,应注意哪些方面? (2) 拆分过程中的关键步骤是什么? (3) 如何控制反应条件,才能分离好旋光异构体? (4) (+)-α-苯乙胺表示的是右旋体还是左旋体? (5) 为何不用无水氯化钙干燥 α-苯乙胺?	

2.10 节实验预习报告

<table>
<tr><td>姓名</td><td></td><td>班级</td><td></td><td>成绩</td><td colspan="3"></td></tr>
<tr><td>实验地点</td><td></td><td>实验时间</td><td></td><td>指导老师签名</td><td colspan="3"></td></tr>
<tr><td>实验名称</td><td colspan="7"></td></tr>
<tr><td>实验目的
与要求</td><td colspan="7"></td></tr>
<tr><td>实验原理</td><td colspan="7"></td></tr>
<tr><td rowspan="10">主要试剂
及产物的
物理常数</td><td>名称</td><td>相对分子量</td><td>性状</td><td>折射率</td><td>相对密度</td><td>熔点</td><td>沸点</td></tr>
<tr><td></td><td></td><td></td><td></td><td></td><td></td><td></td></tr>
<tr><td></td><td></td><td></td><td></td><td></td><td></td><td></td></tr>
<tr><td></td><td></td><td></td><td></td><td></td><td></td><td></td></tr>
<tr><td></td><td></td><td></td><td></td><td></td><td></td><td></td></tr>
<tr><td></td><td></td><td></td><td></td><td></td><td></td><td></td></tr>
<tr><td></td><td></td><td></td><td></td><td></td><td></td><td></td></tr>
<tr><td></td><td></td><td></td><td></td><td></td><td></td><td></td></tr>
<tr><td></td><td></td><td></td><td></td><td></td><td></td><td></td></tr>
<tr><td></td><td></td><td></td><td></td><td></td><td></td><td></td></tr>
<tr><td rowspan="2">实验步骤
及现象</td><td colspan="3">实验步骤</td><td colspan="4">实验现象</td></tr>
<tr><td colspan="3"></td><td colspan="4"></td></tr>
</table>

数据处理		
思考题	(1) 结合文献资料,简述离子液体作为反应溶剂的优点。 (2) 离子液体的制备过程中,原料均为等摩尔比例的加入,有什么好处? (3) 苯甲醛为何需要重新蒸馏才能使用? (4) 6-甲基-4-苯基-5-乙氧酰基-1,3-二氢嘧啶-2-酮的产率计算应该以哪种物质为基准? 为什么? (5) 乙酸乙酯重结晶 6-甲基-4-苯基-5-乙氧酰基-1,3-二氢嘧啶-2-酮前为何不用把粗产物烘干?	

2.11 节实验预习报告

<table>
<tr><td>姓名</td><td></td><td colspan="2">班级</td><td colspan="2"></td><td>成绩</td><td></td></tr>
<tr><td>实验地点</td><td></td><td colspan="2">实验时间</td><td colspan="2"></td><td>指导老师签名</td><td></td></tr>
<tr><td>实验名称</td><td colspan="7"></td></tr>
<tr><td>实验目的与要求</td><td colspan="7"></td></tr>
<tr><td>实验原理</td><td colspan="7"></td></tr>
<tr><td rowspan="10">主要试剂及产物的物理常数</td><td>名称</td><td>相对分子量</td><td>性状</td><td>折射率</td><td>相对密度</td><td>熔点</td><td>沸点</td></tr>
<tr><td></td><td></td><td></td><td></td><td></td><td></td><td></td></tr>
<tr><td></td><td></td><td></td><td></td><td></td><td></td><td></td></tr>
<tr><td></td><td></td><td></td><td></td><td></td><td></td><td></td></tr>
<tr><td></td><td></td><td></td><td></td><td></td><td></td><td></td></tr>
<tr><td></td><td></td><td></td><td></td><td></td><td></td><td></td></tr>
<tr><td></td><td></td><td></td><td></td><td></td><td></td><td></td></tr>
<tr><td></td><td></td><td></td><td></td><td></td><td></td><td></td></tr>
<tr><td></td><td></td><td></td><td></td><td></td><td></td><td></td></tr>
<tr><td></td><td></td><td></td><td></td><td></td><td></td><td></td></tr>
<tr><td rowspan="2">实验步骤及现象</td><td colspan="3">实验步骤</td><td colspan="4">实验现象</td></tr>
<tr><td colspan="3"></td><td colspan="4"></td></tr>
</table>

数据处理		
思考题	(1) 在扁桃酸的合成实验中,加入 TEBA 所起的作用是什么? (2) 在扁桃酸的合成实验中,加入硫酸后,产生的沉淀是什么? (3) 在扁桃酸的合成实验中,酸化前后两次用乙醚萃取的目的分别是什么? (4) 在扁桃酸的合成实验中,为什么必须保持充分的搅拌?	

2.12 节实验预习报告

<table>
<tr><td>姓名</td><td colspan="2"></td><td>班级</td><td colspan="2"></td><td>成绩</td><td></td></tr>
<tr><td>实验地点</td><td colspan="2"></td><td>实验时间</td><td colspan="2"></td><td>指导老师签名</td><td></td></tr>
<tr><td>实验名称</td><td colspan="7"></td></tr>
<tr><td>实验目的
与要求</td><td colspan="7"></td></tr>
<tr><td>实验原理</td><td colspan="7"></td></tr>
<tr><td rowspan="10">主要试剂
及产物的
物理常数</td><td>名称</td><td>相对分子量</td><td>性状</td><td>折射率</td><td>相对密度</td><td>熔点</td><td>沸点</td></tr>
<tr><td></td><td></td><td></td><td></td><td></td><td></td><td></td></tr>
<tr><td></td><td></td><td></td><td></td><td></td><td></td><td></td></tr>
<tr><td></td><td></td><td></td><td></td><td></td><td></td><td></td></tr>
<tr><td></td><td></td><td></td><td></td><td></td><td></td><td></td></tr>
<tr><td></td><td></td><td></td><td></td><td></td><td></td><td></td></tr>
<tr><td></td><td></td><td></td><td></td><td></td><td></td><td></td></tr>
<tr><td></td><td></td><td></td><td></td><td></td><td></td><td></td></tr>
<tr><td></td><td></td><td></td><td></td><td></td><td></td><td></td></tr>
<tr><td></td><td></td><td></td><td></td><td></td><td></td><td></td></tr>
<tr><td rowspan="2">实验步骤
及现象</td><td colspan="4">实验步骤</td><td colspan="3">实验现象</td></tr>
<tr><td colspan="4"></td><td colspan="3"></td></tr>
</table>

数据处理		
思考题	(1) 在(4*S*,5*R*)-半酯的合成实验中,用盐酸洗涤乙酸乙酯层的目的是什么? (2) 在奎宁的回收实验中,纯化奎宁粗产品的原理是什么?	

2. 13 节实验预习报告

姓名		班级		成绩	
实验地点		实验时间		指导老师签名	
实验名称					
实验目的 与要求					
实验原理					

主要试剂及产物的物理常数	名称	相对分子量	性状	折射率	相对密度	熔点	沸点

实验步骤 及现象	实验步骤	实验现象

数据处理		
思考题	(1) 请写出苯甲醛在氰基负离子催化下发生安息香缩合的反应机理。 (2) 在二苯乙二酮的合成实验中,选用浓硝酸做氧化剂的缺点是什么? (3) 制备苯妥英为什么在碱性条件下进行?	

2.14 节实验预习报告

姓名		班级		成绩	
实验地点		实验时间		指导老师签名	
实验名称					
实验目的与要求					
实验原理					

主要试剂及产物的物理常数	名称	相对分子量	性状	折射率	相对密度	熔点	沸点

实验步骤及现象	实验步骤	实验现象

数据处理		
思考题	(1) 酒精灯加热烧杯时,烧杯底部与石棉网的高度应为多少? (2) 重结晶操作中,抽滤所得晶体应该用什么洗涤? (3) 在加热回流反应中,回流的速度为多少?	

3.1 节实验预习报告

<table>
<tr><td>姓名</td><td colspan="2"></td><td colspan="2">班级</td><td></td><td>成绩</td><td></td></tr>
<tr><td>实验地点</td><td colspan="2"></td><td colspan="2">实验时间</td><td></td><td>指导老师签名</td><td></td></tr>
<tr><td>实验名称</td><td colspan="7"></td></tr>
<tr><td>实验目的
与要求</td><td colspan="7"></td></tr>
<tr><td>实验原理</td><td colspan="7"></td></tr>
<tr><td rowspan="6">主要试剂
及产物的
物理常数</td><td>名称</td><td>相对分子量</td><td>性状</td><td>折射率</td><td>相对密度</td><td>熔点</td><td>沸点</td></tr>
<tr><td></td><td></td><td></td><td></td><td></td><td></td><td></td></tr>
<tr><td></td><td></td><td></td><td></td><td></td><td></td><td></td></tr>
<tr><td></td><td></td><td></td><td></td><td></td><td></td><td></td></tr>
<tr><td></td><td></td><td></td><td></td><td></td><td></td><td></td></tr>
<tr><td></td><td></td><td></td><td></td><td></td><td></td><td></td></tr>
<tr><td rowspan="2">实验步骤
及现象</td><td colspan="4">实验步骤</td><td colspan="3">实验现象</td></tr>
<tr><td colspan="4"></td><td colspan="3"></td></tr>
</table>

数据处理		
思考题	(1) 醇反应的脱水剂常用浓硫酸或浓磷酸,用磷酸作为脱水剂有何优势? (2) 微量加热回流装置为何选用直形冷凝管? (3) 微量合成实验的产率与小量合成实验相比,哪一种合成产率较高? (4) 在总结微量合成液体产物的过程中,微量合成操作步骤中应注意些什么?	

3.2 节实验预习报告

姓名		班级		成绩	
实验地点		实验时间		指导老师签名	
实验名称					
实验目的与要求					
实验原理					

主要试剂及产物的物理常数

名称	相对分子量	性状	折射率	相对密度	熔点	沸点

实验步骤及现象

实验步骤	实验现象

<table>
<tr><td></td><td></td><td></td></tr>
<tr><td>数据处理</td><td colspan="2"></td></tr>
<tr><td>思考题</td><td colspan="2">(1) 请简述相转移催化剂的简称和催化原理分别是什么。
(2) 为何需要使用无乙醇的氯仿?
(3) 能否使用其他的相转移催化剂,如氯化四乙基铵或氯化四苄基铵?
(4) 减压蒸馏操作过程中需要注意什么?</td></tr>
</table>

3.3 节实验预习报告

<table>
<tr><td>姓名</td><td colspan="2"></td><td colspan="2">班级</td><td></td><td>成绩</td><td></td></tr>
<tr><td>实验地点</td><td colspan="2"></td><td colspan="2">实验时间</td><td></td><td>指导老师签名</td><td></td></tr>
<tr><td>实验名称</td><td colspan="7"></td></tr>
<tr><td>实验目的
与要求</td><td colspan="7"></td></tr>
<tr><td>实验原理</td><td colspan="7"></td></tr>
<tr><td rowspan="6">主要试剂
及产物的
物理常数</td><td>名称</td><td>相对分子量</td><td>性状</td><td>折射率</td><td>相对密度</td><td>熔点</td><td>沸点</td></tr>
<tr><td></td><td></td><td></td><td></td><td></td><td></td><td></td></tr>
<tr><td></td><td></td><td></td><td></td><td></td><td></td><td></td></tr>
<tr><td></td><td></td><td></td><td></td><td></td><td></td><td></td></tr>
<tr><td></td><td></td><td></td><td></td><td></td><td></td><td></td></tr>
<tr><td></td><td></td><td></td><td></td><td></td><td></td><td></td></tr>
<tr><td rowspan="2">实验步骤
及现象</td><td colspan="4">实验步骤</td><td colspan="3">实验现象</td></tr>
<tr><td colspan="4"></td><td colspan="3"></td></tr>
</table>

数据处理		
思考题	(1) 在本实验中,硫酸起什么作用? (2) 微型加热回流装置是采用什么原理来提高乙酸正丁酯的产率的? (3) 用碳酸钠洗涤的目的是什么? (4) 产物的干燥为何不选用更价廉易得的无水氯化钙? (5) 干燥剂的用量一般是怎么确定的?	

3.4 节实验预习报告

<table>
<tr><td>姓名</td><td colspan="2"></td><td colspan="2">班级</td><td></td><td>成绩</td><td></td></tr>
<tr><td>实验地点</td><td colspan="2"></td><td colspan="2">实验时间</td><td></td><td>指导老师签名</td><td></td></tr>
<tr><td>实验名称</td><td colspan="7"></td></tr>
<tr><td>实验目的
与要求</td><td colspan="7"></td></tr>
<tr><td>实验原理</td><td colspan="7"></td></tr>
<tr><td rowspan="5">主要试剂
及产物的
物理常数</td><td>名称</td><td>相对分子量</td><td>性状</td><td>折射率</td><td>相对密度</td><td>熔点</td><td>沸点</td></tr>
<tr><td></td><td></td><td></td><td></td><td></td><td></td><td></td></tr>
<tr><td></td><td></td><td></td><td></td><td></td><td></td><td></td></tr>
<tr><td></td><td></td><td></td><td></td><td></td><td></td><td></td></tr>
<tr><td></td><td></td><td></td><td></td><td></td><td></td><td></td></tr>
<tr><td rowspan="2">实验步骤
及现象</td><td colspan="4">实验步骤</td><td colspan="3">实验现象</td></tr>
<tr><td colspan="4"></td><td colspan="3"></td></tr>
</table>

数据处理		
思考题	(1) 结合基础有机化学理论知识,乙酰苯胺还可以用哪些反应物来制备? (2) 判断反应生成的水完全蒸出的标志之一是圆底烧瓶中出现白雾和温度计读数下降,此时的白雾是什么? (3) 用水作为重结晶溶剂与用有机溶剂重结晶在反应装置上有何区别? (4) 如何在重结晶过程中使得重结晶产率高和产品纯度高? (5) 在微量有机物重结晶的过程中,为什么一般不需要加入活性炭?	

参 考 文 献

[1] 兰州大学,复旦大学化学系有机化学教研室.有机化学实验[M].2版.北京:高等教育出版社,1994.
[2] 李妙葵,贾瑜,高翔,等.大学有机化学实验[M].上海:复旦大学出版社,2006.
[3] 初文毅,孙志忠,侯艳君.基础有机化学实验[M].北京:北京大学出版社,2016.
[4] 丁长江.有机化学实验[M].北京:科学出版社,2006.
[5] 兰州大学.有机化学实验[M].3版.北京:高等教育出版社,2010.
[6] 黄枢,谢如刚,田宝芝,等.有机合成试剂制备手册[M].2版.北京:科学出版社,2005.
[7] 高占先,于丽梅.有机化学实验[M].5版.北京:高等教育出版社,2016.
[8] 王兴涌,尹文萱,高宏峰.有机化学实验[M].北京:科学出版社,2004.
[9] 王玉良,陈华.有机化学实验[M].北京:化学工业出版社,2009.
[10] 苏桂发,潘英名,崔建国,等.有机化学实验[M].桂林:广西师范大学出版社,2012.
[11] 申东升,曹高,杜鼎,等.有机化学及实验[M].北京:化学工业出版社,2018.
[12] 孙林,徐胜广,刘春萍,等.苯甲酸乙酯合成实验的改进[J].大学化学,2013,28(3):52-54.
[13] 熊非,李晋,陈圣赟,等.磺胺类抗菌素药物的合成方法改进[J].广州化工,2016,44(10):192-193.
[14] 熊非,王伟祥,顾尚武.科研成果转化为有机化学教学实验之探索[J].实验室研究与探索,2017,36(11):162-165.
[15] 熊非,刘文广,吴思琴,等.手性氯霉胺拆分扁桃酸对映体的研究[J].实验室研究与探索,2018,37(7):13-15.